AF453118

ENCYCLOPÉDIE-RORET

—

DISTILLATEUR

LIQUORISTE

MANUELS-RORET

NOUVEAU MANUEL COMPLET

DU

DISTILLATEUR

LIQUORISTE

CONTENANT

L'ART DE FABRIQUER LES SIROPS, ESPRITS PARFUMÉS, HUILES ESSENTIELLES, EAUX DISTILLÉES, RATAFIAS ET HYPOCRAS

renfermant

TOUTES LES RECETTES ET FORMULES DE

LIQUEURS DISTILLÉES ET PAR INFUSION

LE PLUS GÉNÉRALEMENT EN USAGE, AINSI QUE LA PRÉPARATION DES FRUITS A L'EAU-DE-VIE ET AU SIROP ;

suivi de

LA FABRICATION DES ALCOOLATS EMPLOYÉS EN PARFUMERIE ET PRÉPARÉS PAR LE LIQUORISTE

PAR MESSIEURS

LEBEAUD ET JULIA DE FONTENELLE,

Distillateurs-Chimistes.

Nouvelle Edition, entièrement refondue

Par M. **F. MALEPEYRE.**

OUVRAGE UTILE AUX FABRICANTS ET AUX MÉNAGES.

PARIS

LIBRAIRIE ENCYCLOPÉDIQUE DE RORET

RUE HAUTEFEUILLE, 12.

1868

AVIS.

Le mérite des ouvrages de l'**Encyclopédie-Roret** leur a valu les honneurs de la traduction, de l'imitation et de la contrefaçon. Pour distinguer ce volume, il porte la signature de l'Editeur, qui se réserve le droit de le faire traduire dans toutes les langues, et de poursuivre, en vertu des lois, décrets et traités internationaux, toutes contrefaçons et toutes traductions faites au mépris de ses droits.

Le dépôt légal de ce Manuel a été fait dans le cours du mois de juillet 1868, et toutes les formalités prescrites par les traités ont été remplies dans les divers Etats avec lesquels la France a conclu des conventions littéraires.

PRÉFACE

—

Le *Manuel du Distillateur-Liquoriste* ne formait dans notre première édition qu'un seul ouvrage avec le *Manuel du Distillateur*. Cette confusion présentait plusieurs inconvénients : d'abord, il ne nous avait pas été permis de donner à la description des divers procédés de l'art du distillateur toute l'étendue que cette importante industrie a méritée de nos jours, et ensuite notre Manuel s'en était ressenti lui-même dans les limites étroites où nous avions été obligé de le renfermer.

Depuis l'avant-dernière édition, publiée en 1862, nous avons séparé ces deux arts qui n'ont presque rien de commun, si ce n'est que l'un fabrique l'alcool, et l'autre en fabrique des liqueurs, et nous avons pu ainsi donner au *Manuel du Distillateur-Liquoriste* tout le développement qu'ont nécessité les progrès de cet art.

De nombreuses lettres nous sont parvenues, nous demandant sur le titrage et le mouillage des alcools des renseignements plus étendus que ceux que contenait notre ancienne édition. Afin de donner satisfaction à ces observations réitérées, nous avons publié un petit *Manuel d'Alcoométrie,* auquel nous renvoyons nos lecteurs. Nous croyons avoir ainsi répondu à leur besoin ; et, en publiant séparément ce petit ouvrage, nous avons pensé le mettre par son prix modique à la portée de tous les industriels qui fabriquent l'alcool ou en font usage dans l'industrie, sans que le cadre du *Manuel du Distillateur-Liquoriste* en soit surchargé, ce qui nous aurait conduit naturellement à en augmenter le prix.

Nous aurions pu multiplier bien plus les formules de liqueurs, ainsi qu'on le remarque dans d'autres ouvrages consacrés à l'art du liquoriste, mais tout le monde sait aujourd'hui que bon nombre de liqueurs dites nouvelles sont composées sur des formules parfaitement connues auxquelles on a fait subir quelques légères modifications, puis qu'on décore d'un nom bizarre ou fastueux, soit pour faire preuve d'habileté dans son art, soit pour en imposer au consommateur. Nous ne pouvions pas, en publiant ces formules, nous rendre complice de cette espèce de fraude, et nous n'avons en conséquence admis que les liqueurs dont la réputation est la mieux établie et la plus en vogue au moment où nous écrivons.

D'ailleurs, une considération bien simple doit frapper l'esprit de tous ceux qui ont quelques notions de cet art, c'est que dès qu'on possède la formule d'un type de liqueur, un liquoriste habile saura toujours y apporter les modifications de nature à l'approprier au goût du jour, aux exigences des localités ou aux caprices du consommateur. C'est même là une partie importante de l'art, celle qui constitue le praticien véritable.

On remarquera enfin que nous avons aussi cherché à réunir un assez grand nombre de formules étrangères, et cela avec une intention que nous croyons bonne. Les liqueurs françaises jouissent d'une réputation méritée à l'étranger, mais une fois qu'on connaîtra le goût des consommateurs du dehors, rien n'empêchera nos fabricants de tenter de satisfaire à ce goût, de lutter contre la fabrication étrangère, de faire preuve d'habileté dans leur art et enfin de s'ouvrir de nouveaux débouchés qui tourneront au profit de l'industrie de notre patrie.

Nous avons le plus généralement, dans nos formules, donné un dosage des ingrédients pour fabriquer 20 litres de liqueur. Nous avons choisi cette quantité de produit comme un terme moyen et un utile intermédiaire entre la fabrication industrielle et la fabrication dans les ménages. Rien de plus facile en effet que de prendre les multiples ou les sous-multiples de ces dosages et de fabriquer ainsi toutes les quantités de liqueurs dont on peut avoir besoin.

L'art du liquoriste consiste à composer diverses boissons ou à confectionner certaines préparations dans lesquelles il entre de l'alcool, du sucre, des eaux aromatiques, des huiles volatiles ou essences, des couleurs, etc.; c'est dans le choix judicieux des matières, leur combinaison suivant des formules empiriques ou raisonnées, et des manipulations soignées que consiste tout le mérite de cette industrie.

Le liquoriste prépare donc les eaux aromatiques qui doivent leurs propriétés à la présence, dans divers corps, d'une certaine quantité d'huiles volatiles qui communiquent à ces eaux des odeurs ou des saveurs particulières qu'on veut transmettre aux liqueurs. Il cherche par les moyens appropriés à fixer les parfums contenus dans les plantes, les résines, etc., qui sont parfois très-fugaces et à les conserver et les développer. Il a recours pour cela à la distillation qui est le moyen le plus rationnel et le plus sûr pour se procurer ces eaux et leur donner toute la suavité désirable.

C'est lui aussi qui prépare les huiles volatiles ou essences liquides, solides ou cristallisées que renferment beaucoup de plantes et de matières d'origine végétale, et qu'il obtient par la distillation, l'expression ou la macération.

Le liquoriste confectionne aussi les sirops, les alcools aromatiques ou esprits parfumés, les infusions et les teintures aromatiques. Il fabrique encore les fruits à l'eau-de-vie, les conserves de fruits, les fruits au sirop ou compotes, les vins de liqueur, les hydromels, les hypocras, etc.

Enfin, et c'est là le principal objet de l'art du liquoriste, il compose, parfume, mélange, tranche, colore, colle, filtre et conserve toutes les espèces de liqueurs qu'on peut composer avec l'alcool, le sucre et les aromates, fait varier à l'infini les formules suivant le goût du consommateur, le prix des matières premières et le soin qu'il se propose d'apporter dans sa fabrication.

Un liquoriste qui apporte tous ses soins à la fabrication n'a donc nul besoin de dénaturer les noms de produits connus depuis longtemps, de leur imposer de nouveaux noms qui abusent le public, d'employer dans ses formules des substances dangereuses ou toxiques dont il masque la saveur et le goût par d'autres substances d'une saveur plus piquante et plus forte, de prodiguer la couleur pour dissimuler certains côtés faibles de sa fabrication, de ne se servir que de matières inférieures dont il modère le goût peu flatteur par un abus de certains aromates d'un prix peu élevé. Enfin, tous ses produits doivent être fabriqués loyalement, offrir un goût pur, une saveur franche et un parfum agréable.

Ainsi compris, l'art du liquoriste ne livre que des produits qui deviennent un bienfait pour l'humanité, qui n'y cherche pas seulement une jouissance passagère, mais qui en attend souvent le rétablissement de ses forces épuisées et le développement d'une nouvelle énergie pour le travail. C'est sous ce point de vue que nous avons écrit le présent manuel, où nous croyons avoir renfermé tout ce qui peut être utile à apprendre à un liquoriste qui commence, ou qu'il est bon de rappeler à un praticien.

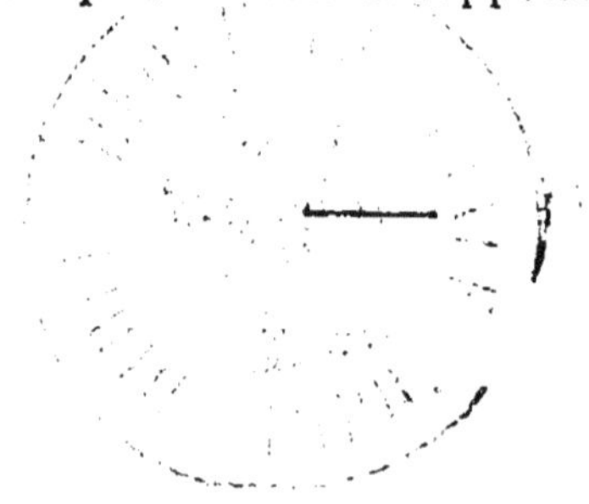

NOUVEAU MANUEL COMPLET

DU

DISTILLATEUR

LIQUORISTE

CHAPITRE Ier.

LOCAL ET INSTRUMENTS. DISTILLATION ET RECTIFICATION.

SECTION I.

LABORATOIRE ET SES DÉPENDANCES.

L'emplacement nécessaire aux divers travaux du distillateur liquoriste se divise en trois parties principales et essentielles : le laboratoire, le magasin et la cave.

Le laboratoire doit être spacieux, afin que le service puisse s'y faire avec aisance et sans embarras ; plus long que large, isolé autant que possible de tous les édifices, afin de pouvoir circonscrire le feu en cas d'incendie ; situé au rez-de-chaussée, de plain-pied avec la rue ou avec une cour charretière ; pavé en grès ou carrelé en pierre de liais, ce qui vaut infiniment mieux sous tous les rapports ; voûté ou plafonné ; suffisamment élevé pour que l'air n'y soit pas étouffé et pour que les flammes n'atteignent que difficilement le plafond en cas d'accident ; enfin, bien aéré et parfaitement éclairé.

Comme il est essentiel d'avoir toujours à sa disposition la quantité d'eau nécessaire pour rafraîchir les appareils, laver les ustensiles et le pavé du laboratoire, s'opposer sur-le-champ aux progrès d'un incendie et pour une foule d'autres usages, il est indispensable de placer le laboratoire dans le voisinage d'un puits d'où l'on puisse, sans sortir, faire arriver l'eau partout où le besoin sera, au moyen d'une pompe et de tuyaux de distribution.

Ce local doit réunir tous les ustensiles nécessaires au service, mais ne contenir ni marchandises fabriquées, ni matières premières : celles-ci seront déposées dans des pièces voisines ainsi que le combustible.

Contre l'une des murailles du laboratoire sera adossée une vaste hotte de cheminée sous laquelle seront : le fourneau distillatoire garni d'un ou plusieurs alambics, selon l'étendue des travaux, et un autre fourneau pour les bassines, chaudières, etc., destinées à divers usages. Ce fourneau contiendra, outre plusieurs foyers ronds de diverses grandeurs, un foyer oblong pour le grillage du cacao et du café ; celui-ci portera à ses extrémités deux supports pour le cylindre, et sera garni d'un recouvrement demi-cylindrique en tôle, semblable à celui qui garnit les brûloirs portatifs des épiciers et des limonadiers. Il faut, autant que possible, que les deux fourneaux soient séparés par un espace de 65 à 97 centimètres pour la commodité du service.

Les parois de la hotte et le dessus du manteau seront garnis de crémaillères, de râteliers et de crosses pour accrocher tous les ustensiles à feu, les poêlons, bassines, etc.; les autres trouveront leur place dans les diverses parties du laboratoire, selon l'usage auquel ils sont affectés. Contre le mur faisant face à la cheminée, et sur l'un des côtés en équerre, pourront être adossés une longue table en bois de chêne, solide et assise d'aplomb, l'appareil à filtrer, la presse, un vaste cuvier en bois de chêne cerclé en fer pour les mélanges. Il sera bon que le quatrième côté et le milieu restent libres.

L'ordre le plus parfait et une grande propreté doivent régner dans toutes les parties d'un laboratoire et dans les moindres opérations d'un liquoriste : sans ordre, la confusion entraverait à chaque instant le travail ; les ustensiles se dégraderaient très-promptement ; les opérations les plus simples seraient souvent manquées faute d'avoir sous la main, à l'instant du besoin, les objets nécessaires. Sans la propreté, on serait assailli par des nuées de mouches ; les substances les mieux choisies ne donneraient souvent que des produits très-médiocres; en un mot, sans l'ordre et la propreté, on compromettrait infailliblement sa fortune et sa réputation.

Il est donc plus nécessaire que l'on ne le pense d'assigner à chaque objet la place qu'il doit occuper habituellement; de l'y mettre chaque fois que l'on s'en est servi; de rincer et récurer chaque soir tous les ustensiles qui ont servi dans la journée, si le temps n'a pas permis de le faire immédiatement ; de les entretenir dans le meilleur état possible ; de visiter souvent les alambics pour voir s'ils n'ont pas besoin de réparation ; de laver fréquemment les diverses parties du laboratoire ; de n'y laisser séjourner aucune matière susceptible d'attirer les mouches et d'engendrer la malpropreté ; d'en faire écouler les eaux au moyen d'une rigole qui le traverserait dans toute sa longueur; de dégorger fréquemment les tuyaux par où passe la fumée, etc.

Le laboratoire doit être pourvu de *poids* et *balances;* et il est bon d'avoir une étuve dans son voisinage, quoique cette pièce ne soit pas absolument nécessaire pour la fabrication proprement dite des liqueurs.

On doit aussi y placer une *grande table* pour le service et munie de tiroirs dans lesquels on serre des *forets*, des *pinces* diverses, des *couteaux* à sucre et à peler les citrons, des *râpes* à liége, etc.

Le magasin doit se trouver, autant que possible, de plain-pied avec le laboratoire, sans que le feu puisse cependant se communiquer de cette pièce dans la première. Il serait à désirer qu'il fût carrelé et plafonné comme le laboratoire; mais comme il est essentiel qu'il ne soit pas humide, il est ordinairement planchéié.

Le pourtour de cete pièce est garni de *tonnes* de liqueurs confectionnées et toutes prêtes à être livrées à la consommation. Ces tonnes sont posées à demeure et debout sur deux solives ou chantiers, et garnies d'un robinet; on les remplit par le haut. Au-dessus sont placés plusieurs étages de tablettes sur lesquelles sont rangées graduellement, selon l'ordre de leur grandeur, des *barils, dames-jeannes, bocaux, flacons* et autres vases de même nature; de même que dans une bibliothèque bien ordonnée, les in-folios sont placés dans le bas et les petits formats dans les étages supérieurs. Les essences, la vanille et tous les objets qui demandent à être serrés particulièrement, sont enfermés dans des *armoires.*

L'ordre et la propreté ne sont pas moins utiles dans le magasin que dans le laboratoire. Cette pièce étant uniquement destinée à servir d'entrepôt aux liqueurs fabriquées en attendant qu'elles soient employées, ne doit pas contenir autre chose. Il doit être à l'abri des grands froids, des fortes chaleurs, et disposé de manière à ce qu'on puisse l'aérer et l'éclairer à volonté ; il faut néanmoins éviter d'y faire du feu, tant pour ne pas exposer les liqueurs à *travailler*, qu'afin d'écarter, autant que faire se peut, la possibilité d'un incendie.

Enfin, il est à remarquer que le bruit de la rue et le voisinage des ateliers à marteaux excitent dans les liqueurs des oscillations qui remuent leur lie quand elles en ont, et troublent leur limpidité ; d'ailleurs l'ébranlement est souvent assez fort pour faire entre-choquer et casser les flacons. Le magasin serait donc plus convenablement placé dans le fond d'une cour que sur la rue. Cette pièce n'a rien de commun avec la boutique où se fait le détail, ni avec les magasins qui renferment les matières premières.

Quant à la cave, je ne saurais mieux faire que de transcrire ici, à peu de chose près, la description qu'en donne Chaptal, dans son *Traité de la vinification*. « La meilleure cave, dit ce savant, est, sans contredit, celle où le thermomètre Réaumur se maintient toujours aux environs de dix degrés (12º5 C.). Plus la température d'une cave s'éloigne de ce point, moins elle est bonne : voilà la véritable pierre de touche et la condition par excellence.

« Une cave doit avoir la profondeur de 5ᵐ.2 environ ; la voûte sous la clef aura 4 mètres de hauteur, et toute la voûte chargée de 1ᵐ.30 de terre ; quant à la longueur, elle est indéfinie. L'expérience, ajoute M. Chaptal, m'a appris que de telles caves sont excellentes lorsque les autres circonstances s'y rencontrent ; si elles sont plus profondes, elles n'en vaudront que mieux. »

Ces circonstances sont : l'ouverture ou entrée, les soupiraux et la position de la cave.

L'entrée doit être placée dans la maison et garnie de deux portes, l'une en haut de l'escalier, l'autre en bas. Si l'entrée est hors de la maison, il faut absolument qu'elle soit tournée au nord, et la porte intérieure séparée de l'extérieure par une longue galerie.

C'est la plus grande de toutes les maladresses de faire les soupiraux assez grands pour que l'on y voie, pour ainsi dire, autant dans une cave que dans une chambre. L'action de l'air étant toujours en raison de leur nombre et de leur grandeur, il ne faut pas les multiplier sans nécessité et ne leur donner que l'ouverture nécessaire pour assainir la cave sans l'éclairer. Il faut même, à mesure que la chaleur de l'atmosphère monte au-dessus de 8 ou 10 degrés, fermer successivement presque tous les soupiraux, parce que l'air de la cave tend à se mettre en équilibre avec celui du dehors. Il convient, au contraire, de les ouvrir à mesure que la température diminue, excepté cependant lorsqu'elle baisse de plusieurs degrés au-dessous de huit, parce que le froid entrerait alors dans la cave.

Les caves placées à toute autre exposition que le nord ou le levant sont détestables. Une cave ne saurait être trop sèche. L'humidité pourrit les cerceaux et fait éclater les futailles ; d'ailleurs elle pénètre insensiblement le bois et communique à la longue un goût de moisi. J'ai parlé plus haut, et j'aurai occasion de parler encore du mal que les secousses multipliées font aux vins et à toutes les liqueurs susceptibles de passer à la fermentation acide : c'est donc surtout dans le choix d'une cave qu'il faut éviter le fracas des voitures et celui des ouvriers à marteaux.

Ce que nous venons de dire sur les caves ne s'applique d'une manière générale qu'aux alcools et aux esprits en cercles, et à la conservation des essences, des eaux distillées, des sirops, ainsi que des matières qui ont besoin d'une température fraîche et uniforme pour se conserver avec toutes leurs propriétés odorantes ou sapides. Quant aux liqueurs en cruchons ou en bouteilles, elles ne craignent nullement les changements de température ni les temps chauds ou la lumière solaire; on serait même tenté d'affirmer qu'une élévation de la température leur est favorable, qu'elle les mûrit et leur acquiert plus promptement cette qualité qu'on appelle fondu et le développement de tout leur arome, en un mot, les qualités qui les font rechercher des gourmets.

SECTION II.

USTENSILES.

Il est inutile de dire ici que le laboratoire d'un liquoriste doit être abondamment pourvu de *poêlons à bec* et autres, *écumoires, cuillers creuses, terrines* et *cruches de grès* de diverses grandeurs; *dames-jeannes, flacons* et *bouteilles* de verre empaillées et nues; *balances* et *poids* assortis; *mesures métriques* en étain étalonnées pour le mesurage des liquides; *entonnoirs* en fer-blanc et en verre; *pèse-liqueurs, pèse-sirops* et *thermomètres; mortiers* de diverses sortes et dimensions, et une foule d'autres ustensiles communs à plusieurs professions. Ceux qui appartiennent le plus spécialement à celle-ci sont:

Des *bassines* en cuivre rouge de plusieurs dimensions. Ces vaisseaux étant le plus souvent destinés à faire fondre des sucres ou réduire des sirops, doivent être plus larges que profonds, afin d'offrir une plus grande surface évaporatoire ; le fond en est bombé et presque sphérique, tant pour présenter plus de surface à la chaleur que pour éviter les parties rentrantes où les matières pourraient s'attacher et brûler. Les fruits au sirop se font, au contraire, dans des bassines à fond plat.

Une ou deux chaudières *à demeure*, enclavées dans le fourneau, et nécessaires à divers usages.

Quelques *alambics* portatifs, dont un ou deux en verre, pour les distillations au bain de sable.

Un petit *alambic* de Descroisilles. Cet instrument, qui permet de distiller de très-petites quantités (3 à 4 décilitres) et en quelques minutes, est extrêmement commode pour les essais, ou les alambics d'essai de MM. Salleron et Eug. Lormé, qui sont décrits dans le *Manuel de la Distillation des Alcools*.

Un *cylindre* pour torréfier le café et le cacao. Cet appareil est infiniment plus commode que la poêle, en ce que les grains s'y grillent d'une manière beaucoup plus uniforme.

Un ou deux *mortiers* en pierre avec leur pilon en bois, un *mortier* en fonte pour les substances dures ; on le recouvre au besoin d'une sorte de poche en peau, percée dans le fond pour laisser passer le corps du pilon, autour duquel on l'attache ; quelques *mortiers* portatifs, dont un en verre ou en porcelaine pour broyer les substances qui attaqueraient le cuivre ou le marbre.

Un *brûloir* ou un *moulin* à café.

Un *appareil* à broyer les amandes, soit une grande sébille à bouler, soit un moulin semblable à celui à faire la moutarde.

Des *tamis* de diverses sortes et dimensions pour passer les liquides ; deux autres *tamis* couverts, dont l'un en soie et l'autre en crin pour tamiser les poudres.

Un assortiment de *spatules* plates et rondes pour remuer les mélanges. On les fait de préférence en buis ou en chêne, parce que les spatules d'une certaine grosseur en métal ne seraient pas maniables.

Des *vases* de grès munis de leur couvercle pour certaines infusions qui se détérioreraient dans l'étain, telles que celles de violette et d'œillet.

Quelques *matras* de diverses grandeurs pour certaines digestions qui ne demandent pas de très-grands vases. (Le matras est un ballon de verre surmonté d'un long col; on le place au bain de sable si la digestion doit se faire à chaud, sinon on le pose sur un rond de paille).

Un *siphon* à pompe pour dépoter les liqueurs en tonne, et plusieurs autres plus petits, soit en verre, soit en fer-blanc pour les petites opérations.

Des *entonnoirs* à couvercle fermant hermétiquement. Les plus grands sont en cuivre étamé ou en fer-blanc; on en fait aussi en verre qui ont à peu près la forme d'un compotier.

Des *récipients florentins* en verre, un *puisard* ou *pochon* pour les sirops, des *brocs*, etc.

Un ample assortiment de *blanchets* et de *chausses* de toute nature et dimensions.

La chausse est, comme tout le monde le sait, une sorte de poche de drap ou autre étoffe de laine, terminée en pointe, qui sert à passer les liqueurs. Le bord est monté sur un cercle de fil-de-fer ou d'osier, afin de la tenir ouverte; ce bord lui-même est garni de cordons qui servent à la suspendre quand elle est pleine, ou mieux encore, de petits anneaux que l'on accroche dans l'intérieur d'un vaste entonnoir à couvercle, afin de prévenir les effets du contact de l'air et l'évaporation. Ces entonnoirs sont ordinairement en cuivre étamé, munis d'une tige très-courte et d'un robinet qui s'ouvre et se ferme à volonté ; on les suspend au-dessus du vase destiné à recevoir la liqueur, ou on les pose sur une cruche couverte d'un bouchon percé d'un trou pour recevoir la tige de l'entonnoir.

Dans les grands établissements, on se sert d'un appareil beaucoup plus expéditif : il consiste en un certain nombre de caisses assises sur un fort bâti de menuiserie. Ces caisses formées de panneaux minces de bois de chêne très-sec, solidement joints entre eux et recouverts d'une forte couche de peinture à l'huile, sont doublées intérieurement d'une feuille de cuivre, et garnies d'un cercle à charnière, le fond forme un plan incliné en avant, et il y a, au niveau de ce fond, une ouverture garnie d'une gouttière en cuivre ; on suspend dans chaque caisse un panier carré qui porte une chausse de même forme.

La décoloration des sirops préparés avec les sucres bruts, exige encore qu'un laboratoire soit garni d'un filtre Dumont, qui consiste en une caisse carrée en forme de pyramide tronquée et renversée, construite en bois, garnie, à l'intérieur, de feuilles de cuivre étamé soudées sur les bords. Dans le bas, est un robinet par lequel on fait égoutter les sirops. Dans ce filtre sont disposés à une certaine distance entre eux des diaphragmes carrés en cuivre étamé, percés de trous, et c'est dans l'espace libre entre ces deux diaphragmes qu'on place le charbon animal ou le mélange de charbon animal et de charbon végétal qui sert à décolorer les sirops. Un tube qui part du fond du filtre et s'élève à travers les diaphragmes jusqu'au sommet, sert à l'évacuation de l'air contenu dans l'appareil qui enfin est fermé par un couvercle pour éviter que les sirops refroidissent trop promptement et les mettre à l'abri des malpropretés qui flottent dans l'atmosphère ou qui pourraient y tomber.

Non-seulement il faut avoir des chausses appropriées à la consistance des liqueurs à filtrer, mais encore il faut les avoir en assez grand nombre pour ne jamais se servir, même après l'avoir parfaitement rincée, de la même chausse pour deux liqueurs d'odeurs et de liqueurs tout à fait différentes.

Les liquoristes sont souvent obligés d'exprimer plus fortement que l'on ne pourrait le faire à la main, des substances qui ne rendraient que difficilement les parties fluides qu'elles retiennent.

On les enferme alors dans une forte toile ou dans un tissu de crin, et on les soumet à la *presse*.

Si le liquoriste peut disposer d'un petit appareil centrifuge, tel qu'on en construit aujourd'hui, il parviendra à extraire plus complétement et plus rapidement qu'on ne peut le faire à la presse les liquides contenus dans des matières solides désaggrégées et à épuiser entièrement celles-ci.

On doit aussi trouver dans l'atelier du liquoriste plusieurs *conges* qui servent à opérer le mélange des liqueurs. Le conge est un cylindre en cuivre étamé en dedans, portant une échelle qui indique la quantité de liquide qui se trouve à l'intérieur, en un mot, est une fontaine métrique qui sert à faire des mélanges en proportion définie, sans avoir recours à d'autres mesures en volume. L'appareil, du reste, est muni d'un robinet et d'un couvercle.

Enfin, les liquoristes doivent avoir, selon l'étendue de leur fabrication, un grand nombre de tonnes et de barils en bois de chêne cerclés en fer et recouverts de plusieurs couches de peinture à l'huile, tant pour les garantir des vers et des effets de l'humidité, que pour prévenir toute espèce d'évaporation à travers les pores du bois. Les liqueurs se bonifient et se conservent infiniment mieux dans ces vaisseaux que partout ailleurs : la peinture et le vernis qui les recouvrent ne sont donc point un ornement inutile.

SECTION III.

VASES DISTILLATOIRES.

Les appareils distillatoires dont le liquoriste fait le plus communément usage sont des appareils simples.

Le principal de ces appareils est celui dit l'alambic à col de cygne qui se compose de cinq pièces : 1° la *cucurbite* ou chaudière qui est un vase en cuivre étamé qu'on introduit dans le fourneau ; 2° le *bain-marie*, autre vase en cuivre étamé qu'on pose sur la cucurbite ; 3° le *chapiteau*, pièce aussi en cuivre étamé en forme d'entonnoir renversé qui s'adapte sur le bain-marie ; 4° le *col de cygne*, long tuyau courbé qui surmonte le chapiteau ; 5° enfin, le *serpentin*, en étain ou en cuivre contourné en hélice qui baigne dans l'eau dont est rempli un vase appelé réfrigérant, et communique par le col de cygne avec l'appareil où s'opère la distillation.

Nous n'entrerons pas dans des détails sur cet appareil, dont on trouvera une description plus étendue dans le *Manuel de la Distillation des Alcools*.

Le liquoriste fait un fréquent usage, entre autres, pour la distillation des huiles volatiles, des eaux aromatiques et de l'absinthe, d'un autre genre d'alambic, dit à *tête de Maure*, qui ne diffère du précédent que par son chapiteau en cuivre ou en étain qui se place sur la cucurbite ou sur le bain-marie.

L'alambic *à col de cygne* rectifie l'alcool en enlevant les huiles essentielles. L'alambic *à tête de Maure* rectifie également l'alcool, mais sans enlever les huiles essentielles qui l'accompagnent.

L'absinthe se rectifie mieux par l'alambic à tête de Maure que par l'alambic à col de cygne. Avec ce dernier, elle est moins bonne et coûte le double.

Dans l'*alambic à colonne*, on interpose entre la cucurbite et le chapiteau une colonne dans laquelle sont plusieurs diaphragmes percés de trous, sur lesquels on pose les plantes et les fleurs dont on veut extraire les aromes.

Enfin, la *cornue* ou *retorte* est un vase en verre, composé de trois pièces, à savoir : la cornue proprement dite, l'allonge et le ballon. Cet appareil sert encore, dans quelques établissements, à de petites distillation; mais on l'a généralement supprimé à raison de sa fragilité, et on l'a remplacé par des alambics dits d'essai en cuivre.

Les appareils distillatoires doivent être parfaitement bien établis, toujours tenus en bon état et très-propres. C'est un moyen de travailler économiquement et de fabriquer des produits recommandables.

SECTION IV.

DISTILLATION ET RECTIFICATION.

Le liquoriste ne distille guère les alcools; il les achète tout préparés et à divers degrés de concentration; mais souvent il opère des distillations pour se procurer des eaux aromatiques, volatiliser des huiles essentielles ou volatiles, distiller des marcs et extraire l'alcool qu'ils peuvent encore renfermer.

On a recours dans cet art à deux modes de distillation, savoir : la *distillation à feu nu* et la *distillation au bain-marie.*

Distillateur-Liquoriste.   2

La distillation à feu nu s'opère en plaçant l'appareil distillatoire sur le fourneau, et en plaçant dans la cucurbite une grille, à quelque distance de son fond, pour empêcher que les matières solides, plantes, fleurs ou autres qu'on introduit dans l'appareil, ne touchent ce fond et ne brûlent par le contact direct avec les parois. On charge cette grille, on remplit cette cucurbite avec le liquide à distiller, on monte dessus les autres pièces de l'appareil, et enfin, on lute toutes les jointures avec des bandes de toile imprégnées de colle de farine ou d'amidon délayé, et on procède à l'opération.

Pour cela, on allume le feu dans le fourneau, on chauffe d'abord doucement, puis on augmente peu à peu l'intensité de la chaleur, sans jamais l'élever au-delà d'un certain terme qui est celui où les produits s'élèvent avec lenteur et ont tout le temps de se condenser dans le serpentin, sans trop élever la température de l'eau du réfrigérant, et surtout en évitant les *coups de feu* toujours funestes à la délicatesse et à la pureté des produits. Le liquide distillé doit couler du serpentin d'une manière uniforme, être d'une odeur et d'une saveur franches et sans goût d'empyreume.

Il faut, avons-nous dit, éviter les coups de feu, maintenir l'eau du réfrigérant toujours fraîche ou du moins à une température aussi basse que possible ; appliquer une attention soutenue au travail pour qu'il marche avec régularité et suivant les préceptes de l'art, ainsi que pour éviter les accidents toujours graves qui résultent souvent de la négligence qu'on apporte dans le travail de substances éminemment inflammables et volatiles, et enfin pour obtenir des produits irréprochables sous tous les rapports.

La distillation à feu nu est plus rapide que celle au

bain-marie; elle convient mieux quand la cucurbite est remplie d'eau ou d'un liquide peu chargé en matières solides et où on ne court aucun risque de brûler, ou quand il s'agit d'ailleurs de substances peu altérables et facilement volatiles. Elle exige aussi plus d'attention pour éviter les accidents.

La distillation au bain-marie s'opère en introduisant de l'eau dans la cucurbite et plongeant dans cette eau le vase qui renferme les substances à distiller. Ce mode de distillation marche avec plus de lenteur; il convient mieux pour la distillation des matières fugaces, des parfums les plus suaves et des produits les plus délicats et les plus légers. On y est moins exposé aux coups de feu.

On peut, dans certains cas, composer le bain-marie dont la température avec l'eau ne s'élève pas à plus de 100° C. On peut aussi composer ces bains avec l'huile ou des liquides qui bouillent à une température plus élevée que celle de l'eau, mais où l'on est certain de ne pas dépasser un certain degré qui est plus favorable à l'opération, et où on ne court pas risque de brûler les substances et de les altérer.

Il y a un troisième mode de distillation encore peu répandu dans l'art du liquoriste, mais qui mériterait de l'être davantage, surtout dans les grands établissements : c'est la *distillation à la vapeur.*

Dans ce mode de distillation, on a besoin d'un générateur de vapeur, c'est-à-dire d'une chaudière semblable à celles des machines à vapeur, et d'une capacité proportionnée à l'importance des travaux qu'on exécute dans l'établissement. C'est dans cette chaudière et dans la partie remplie seulement de vapeur qu'est introduite jusqu'à son collet la cucurbite qu'on charge comme à l'ordinaire des matières à distiller, et qu'on surmonte ensuite du chapiteau et du col qui se rend au serpentin, ou bien encore, on dispose la cucurbite dans une caisse fermée, dans laquelle on fait arriver la vapeur qu'on emprunte à la chaudière.

Dans l'un ou dans l'autre cas, on peut distiller à telle température qu'on désire, et, pour cela, il ne faut que faire varier la pression dans la chaudière, en chargeant ou en déchargeant la soupape de sûreté et observant les indications du manomètre.

On obtient ainsi des produits d'une qualité supérieure, parce que, quand on connaît la pratique de son état, on n'applique juste que la température nécessaire pour obtenir tout l'arome ou toutes les parties suaves des substances.

Le travail est plus facile et n'a pas besoin d'autant de surveillance, puisqu'une fois la température de la vapeur réglée, l'opération marche d'elle-même à l'aide de quelques soins intermittents.

Aussi, dans les établissements importants, il peut n'y avoir qu'un seul feu pour toutes les opérations, et il y a là une source d'économie qui n'est pas à dédaigner.

On pratique encore, dans l'art du distillateur, une opération qui se rattache à la distillation et à laquelle on donne le nom de *rectification*. Voici à quel sujet on applique cette opération :

Quand on distille à feu nu, il arrive souvent, surtout vers la fin de l'opération, ou quand on n'a pas apporté toute l'attention désirable dans les opérations, ou enfin, qu'il a fallu employer une température un peu vive pour chasser, extraire ou volatiliser les produits essentiels, que les liquides qu'on obtient ont une saveur peu agréable qui masque celle qu'on veut obtenir.

D'un autre coté, une première distillation ne suffit

pas toujours pour marier complétement les diverses substances dont se compose une liqueur, pour faire dominer la saveur de l'une, atténuer celle de l'autre, et enfin, pour fondre ensemble toutes ces saveurs et leur faire prendre, par cette combinaison, celle qu'on veut en définitive obtenir et faire dominer.

Dans ces divers cas, il faut avoir recours à une rectification qui consiste à remettre les produits obtenus, soit seuls, soit combinés à d'autres, dans l'alambic, et les soumettre à une nouvelle distillation qui s'opère au bain-marie ou à la vapeur. En même temps qu'on verse ces produits dans l'alambic, on y ajoute une certaine quantité d'eau.

Jusqu'à présent, on n'a pas très-bien expliqué la nécessité de cette présence de l'eau dans la rectification, mais nous croyons qu'une observation bien simple servira à jeter quelque lumière sur cette opération, ou du moins mettre sur la voie d'une explication rationnelle.

Quand on distille avec l'alcool certaines substances aromatiques, celles-ci abandonnent à ce liquide des produits qui sont entraînés à la distillation et viennent se condenser avec l'alcool qui passe dans le serpentin. Ces produits sont généralement de la nature des huiles, des résines ou des essences, et parmi eux il y en a qu'il faut éliminer et d'autres conserver. Ces matières huileuses, résineuses ou essentielles, étant toutes solubles dans l'alcool, elles repasseraient avec lui à la distillation, si l'on exposait celui-ci seul à l'action du feu. Or, en ajoutant de l'eau à l'alcool, celui-ci devenant alors un dissolvant moins parfait de ces substances, elles se séparent de la liqueur et se rapprochent en globules huileux ou résineux qui viennent nager à la surface, et qui, sous cette forme, sont moins attaquables par la chaleur. Il en résulte que quand on rectifie au bain-marie, il n'y a que les parties les plus subtiles, les plus délicates et les plus suaves qui passent à la distillation, tandis que les résines qui donnent surtout une saveur âcre, ou les huiles lourdes ou empyreumatiques qui nuisent à la finesse du goût et ne distillent qu'à une température plus haute, restent dans le cucurbite et ne se trouvent plus mélangées au produit de la rectification.

On peut mesurer, au moyen du thermomètre, la portion de l'alcool renfermé dans un liquide qui bout, ainsi que la proportion d'alcool dans les vapeurs qui se dégagent d'un appareil à distillation. Groning a, dans ce but, publié la table suivante, qui a été corrigée avec soin par M. le professeur Otto, et pourra être utile aux liquoristes dans leurs opérations.

PROPORTION D'ALCOOL dans le liquide bouillant.	POINT D'ÉBULLITION en degrés centésimaux.	PROPORTION D'ALCOOL dans les vapeurs dégagées.
90	78°75	92
80	79.375	90.5
70	80.00	89
60	81.25	87
50	82.50	85
40	83.75	82
30	85.00	78
20	87.25	71
18	88.00	68
15	90.00	66
12	91.00	61
10	92.50	55
7	93.75	50
5	95.00	42
3	96.25	36
2	97.50	28
1	98.75	13
0	100.00	0

CHAPITRE II.

ALCOOLS OU EAUX-DE-VIE.

Les substances principales sur lesquelles le liquoriste exerce son industrie, avons-nous dit, sont l'alcool et le sucre. A ces deux substances il unit ou combine ensuite une foule de matières sapides, odorantes, toniques, diffusibles, etc., qui lui servent à composer des formules et où, en faisant varier ces divers ingrédients, il fabrique une foule de boissons ou de liqueurs propres à flatter le goût et l'odorat des consommateurs. Nous nous occuperons donc d'abord de faire connaître tout spécialement l'alcool, sa nature, ses propriétés et les diverses méthodes qui ont été proposées pour reconnaître son degré de pureté.

Les anciens chimistes ne connaissaient qu'un seul alcool, celui qui provenait de la fermentation des liquides sucrés naturellement, tels que les jus de raisin, de poires, de pommes, d'extraits de grains, etc. Mais aujourd'hui la chimie moderne en a découvert d'autres, tels, par exemple, que l'*alcool méthylique* ou esprit de bois qu'on extrait de la distillation du bois, l'*alcool amylique* ou huile essentielle de pommes de terre, les alcools *butyrique* et *propylique*, etc. Mais nous n'aurons à nous occuper ici que de l'alcool ou esprit-de-vin ordinaire, qui est le seul que le liquoriste emploie dans ses compositions.

L'alcool ordinaire peut être considéré comme la combinaison d'un carbure d'hydrogène ou, comme on dit aujourd'hui en chimie organique, d'un radical complexe combiné à un équivalent d'eau. Ce radical complexe a reçu le nom d'*éthyle*. On est parvenu à l'isoler et à constater qu'il se comporte en effet comme un véritable radical. On a donné, en conséquence, à l'alcool ordinaire et pour le distinguer des autres, le nom d'*alcool éthylique* ou d'*hydrate d'éthyle*.

L'alcool est toujours dans les arts industriels et économiques le produit du dédoublement du sucre de raisin ou glucose sous l'influence de l'air, de l'eau et de certains corps particuliers, contenant toujours de l'azote et auxquels on a donné le nom de *ferment,* de *levure,* etc. Le travail qui s'opère pour la transformation du glucose en alcool sous l'influence du ferment et de l'eau est appelé *fermentation alcoolique.*

SECTION Ire

FERMENTATION ALCOOLIQUE.

La fermentation alcoolique exige donc pour se produire les conditions suivantes :

1° Du sucre ou matière saccharine ;

2° Une quantité d'eau huit ou dix fois plus considérable que celle du sucre ;

3° Le contact de l'air ou de l'oxygène ;

4° De la levure de bière ou un ferment ;

5° Une température de $+20$ à $+25°$ C.

Ces conditions réunies, la fermentation alcoolique a toujours lieu ; il y a toujours décomposition du sucre, production relative d'alcool, dégagement d'acide carbonique et développement de chaleur. Une addition de 2 pour 100 d'acide sulfurique, calculée sur le poids du sucre, active la fermentation et la rend plus complète.

La transformation du sucre en alcool et en acide carbonique a été démontrée par divers chimistes, et notamment par Lavoisier, Gay-Lussac et Liebig. Nous nous bornerons à indiquer l'expérience de Liebig.

On introduit dans une éprouvette graduée et remplie de mercure 1 centimètre cube de levure de bière sous forme de bouillie liquide, et 10 grammes d'eau sucrée contenant 1 gramme de sucre pur. Le tout étant exposé à une température de $+20$ à $+25°$, on trouve, au bout de vingt-quatre heures, un volume d'acide carbonique qui, à 0,76 de pression et à 0, représente 259 centimètres cubes ou 51,27 pour 100 de sucre.

M. Thénard a obtenu de 100 parties de sucre pur, 52,62 d'alcool absolu.

La composition du sucre est représentée par

Carbone.	42.11
Hydrogène.	6.37
Oxygène.	51.52
	100.00

En réunissant les éléments de l'alcool 52,62, et ceux de l'acide carbonique 51,27, leur somme représente à peu près le poids du sucre mis en fermentation ; mais il y a de plus fixation des éléments d'un équivalent d'eau.

51,27 d'acide carbonique renferment :

Oxygène.	37.29
Carbone	13.98

52,62 d'alcool renferment :

Oxygène.	18.30
Carbone.	27.45
Hydrogène.	6.86

Ces chiffres montrent que la somme des poids du carbone, de l'alcool et de l'acide carbonique est à peu près égale au poids du carbone du sucre.

Suivant M. F. Girardin, voici quelle est la composition de l'alcool chimiquement pur :

Carbone.	52.67
Oxygène.	34.43
Hydrogène.	12.90
	100.00

Nous ne croyons pas nécessaire de nous étendre ici sur les procédés et surtout sur les appareils multipliés au moyen desquels on extrait l'alcool des jus sucrés, d'abord, parce que le liquoriste achète toujours ce liquide tout fabriqué, et, en second lieu, parce qu'on trouve à cet égard les développements les plus complets dans le *Manuel de la Distillation des Alcools,* qui fait partie de l'*Encyclopédie-Roret.* Nous passons donc de suite aux propriétés de l'alcool.

SECTION II.

PROPRIÉTÉS DE L'ALCOOL.

L'alcool constitue la partie essentielle de toutes les liqueurs fermentées, et c'est à ce principe qu'elles doivent leur vinosité et leur action stimulante sur l'économie animale. En étudiant les conditions théoriques de la fermentation vineuse, on reconnaît que le sucre est le seul agent nécessaire à la formation de l'alcool, les autres, quoique indispensables, ne sont que les auxiliaires de sa décomposition.

Tous les fruits qui contiennent du sucre au nombre de leurs éléments peuvent produire de l'alcool. Les seules conditions à observer, c'est de mettre le principe sucré en liberté, de l'étendre, s'il y a lieu, dans une quantité d'eau suffisante pour amener le liquide à une densité de 5 à 6° Baumé, et d'abandonner le tout à la fermentation à une température de 20 à 25°.

Parmi tous les fruits sucrés, le raisin est, sans contredit, le plus favorisé pour la production de l'alcool.

Quoique d'un arome supérieur à celui de toutes les autres liqueurs fermentées, l'alcool de vin n'est plus aujourd'hui le seul qu'on trouve dans le commerce. Depuis que ce produit a trouvé de nouvelles et importantes applications dans les arts industriels et chimiques, on l'extrait manufacturièrement de différentes substances saccharines, autrefois peu connues ou négligées. Celles les plus avantageusement employées sont les betteraves, les pommes de terre, les topinambours, les grains, le riz, les sirops de fécule ou glucose, et enfin les mélasses de betteraves.

L'*alcool absolu* ou *anhydre* est un produit que ne donnent jamais les procédés industriels. Obtenu au maximum de concentration, l'alcool des arts contient encore de 3 à 6 centièmes d'eau, que l'on ne peut en éliminer que par le concours d'agents chimiques ayant une grande affinité pour ce liquide, et susceptibles de le retenir à une température supérieure à celle de l'ébullition de l'alcool pur.

L'alcool anhydre est un liquide incolore, transparent, d'une odeur agréable, d'une saveur chaude et brûlante ; il agit comme poison sur l'économie animale ; mais étendu d'eau à l'état *d'eau-de-vie*, il est un stimulant précieux. Suivant Gay-Lussac, la densité de l'alcool anhydre est, à la température de $+15°$, égale à 0,7947 ; à 17°, elle est égale à 0,79235 ; à 20°, égale à 0,791, et à 78°41, égale à 0,73869. Sous la pression de 76 centimètres de mercure, il entre en ébullition à $+78°,4$, et se réduit complétement en vapeur. L'alcool brûle à l'air avec une flamme blanche très-pâle. Sa chaleur spécifique est 0,52, et la densité de sa vapeur est de 1,60138 à 1,6011 suivant son degré de concentration.

L'alcool absolu se combine avec l'eau en toutes proportions; son affinité pour ce liquide est telle, que lorsqu'il est exposé à l'action de l'air, il en attire promptement l'humidité. A raison de cette propriété, on doit toujours conserver l'alcool dans des vases hermétiquement bouchés.

L'alcool du commerce est toujours mélangé de proportions plus ou moins considérables d'eau; on détermine facilement son titre réel au moyen des alcoomètres. En opérant à la température de $+15°$, ces instruments indiquent les centièmes en volume d'alcool pur contenu dans des mélanges d'alcool et d'eau. Ainsi, un alcool qui marque 85° à ces instruments, contient 85 pour 100 d'alcool absolu. Nous n'entrerons dans aucun détail sur la mesure du degré de spirituosité des alcools, nous contentant de renvoyer le lecteur à notre *Manuel d'Alcoométrie*, qui fait partie de l'*Encyclopédie-Roret*.

L'alcool de vin s'emploie principalement pour la préparation des liqueurs fines et pour l'alcoolisation des vins peu spiritueux. L'alcool de mélasse de betteraves bien épuré a sensiblement les mêmes propriétés que l'alcool de vin, et peut le remplacer dans ses diverses applications.

L'alcool rectifié des autres provenances est employé pour la fabrication des eaux-de-vie et des liqueurs communes. La parfumerie en emploie des quantités considérables pour la préparation des essences d'odeur, des eaux de Cologne et des vinaigres aromatiques, dits de toilette. En chimie, on en fait usage dans un grand nombre d'opérations, notamment pour l'extraction des alcalis organiques.

L'alcool dit *mauvais goût* sert pour la préparation des vernis siccatifs et de l'*hydrogène liquide*. Ce composé (jadis très-employé pour l'éclairage) s'obtient par le mélange de 75 parties d'alcool à 98°, et 25 parties d'essence de térébenthine rectifiée. Outre ces diverses applications, l'alcool est encore employé pour la préparation des éthers, et notamment de l'éther sulfurique.

L'alcool anhydre n'est guère utilisé que dans les analyses chimiques.

L'alcool à des températures basses n'éprouve aucune altération au contact de l'air ; mais il absorbe l'humidité que celui-ci renferme et s'affaiblit peu à peu. A une température élevée (100 à 120° C.), il éprouve une combustion lente qui le transforme en acide acétique.

L'alcool a une très-grande affinité pour l'eau, et il se dégage un peu de chaleur quand on le mélange à ce liquide. Il y a au contraire production de froid quand on le mêle avec de la neige ou de la glace.

En mêlant l'alcool avec de l'eau, il y a une contraction qui augmente peu à peu jusqu'à ce que le mélange se trouve composé de 100 parties d'alcool et 116,23 parties d'eau. A partir de ce point, la contraction produite par de nouvelles additions d'eau devient de plus en plus faible et se change même en une dilatation apparente. La contraction absolue de l'alcool diminue avec la température.

La volatilité ainsi que la dilatation de l'alcool par la chaleur diminuent quand on le mélange avec l'eau. L'alcool aqueux, quand on le distille, est toujours plus riche que celui qui reste dans le vase distillatoire, et la température à laquelle la liqueur bout s'élève peu à peu.

Nous n'entrerons pas dans plus de détails sur la nature et les propriétés de l'alcool, les notions que nous venons d'exposer suffiront aux négociants, surtout à ceux que la pratique aura déjà initiés aux caractères physiques de ce liquide.

SECTION III.

AROME OU BOUQUET DES EAUX-DE-VIE.

L'arome ou bouquet des eaux-de-vie diffère suivant la liqueur d'où elles proviennent. Ainsi, celles qui résultent de la distillation des grains ou des pommes de terre présentent une odeur et un goût désagréables, dus à une huile volatile particulière que contiennent les téguments de la fécule; c'est, du reste, un sujet important sur lequel nous reviendrons plus loin. Davy a fait à ce sujet quelques recherches dont nous allons offrir ici l'analyse. D'après cet illustre chimiste, les meilleures eaux-de-vie doivent leur parfum à une matière huileuse particulière produite par l'action de l'acide tartrique sur l'alcool. Le rhum tire son goût caractéristique d'un principe contenu dans la canne à sucre. Davy dit s'être convaincu que tous les esprits du commerce peuvent être délivrés de leur goût et saveur étrangers, en les faisant digérer à plusieurs reprises avec du charbon bien brûlé et de la chaux vive ; soumis ensuite à la distillation, ils donnent un excellent alcool. Nous ne partageons point l'opinion de Davy ; l'expérience démontre que l'alcool en se distillant entraîne avec lui de la chaux en dissolution. Ce chimiste dit s'être assuré également que les eaux-de-vie dites de Cognac renferment de l'acide hydrocyanique (prussique), et qu'elles peuvent être imitées en ajoutant à de l'alcool affaibli convenablement par l'eau quelques gouttes de l'huile éthérée du vin qui se produit pendant la formation de l'éther et autant d'acide prussique extrait des feuilles de laurier-cerise, ou des amandes amères. Nous devons ajouter à cela que le bouquet de certains esprits se trouve en partie formé dans une partie des substances employées à leur fabrication. Ainsi, l'arome du muscat réside dans la pellicule du grain, celui du kirsch dans l'amande de la cerise, etc.

Tous les fruits mucilagineux, tous les fruits charnus à noyau, à l'exception de ceux qui donnent de l'huile; toutes les graines qui contiennent du gluten, du sucre ou de la fécule, sont susceptibles de subir la fermentation spiritueuse ou alcoolique. Quand les fruits contiennent beaucoup de suc, il suffit de l'en exprimer et l'exposer à une température convenable pour en déterminer la fermentation. On se borne à écraser les fruits et l'on fait fermenter la pulpe avec le suc; mais lorsque les fruits sont peu succulents, et qu'ils contiennent néanmoins du sucre et du mucilage, ou lorsqu'on les fait sécher pour mieux les conserver, on emploie l'eau chaude pour délayer ou dissoudre les parties fermentescibles. De ce nombre sont les fruits des arbres, arbustes et plants suivants :

Sorbier,	Arbousier,
Cornouiller,	Prunellier sauvage,
Mûrier,	Prunier.
Troëne,	Figuier,
Genévrier,	Caroubier,
Azérolier,	Groseillier,
Aubépine,	Fraisier,
Néflier,	

et d'un grand nombre d'autres arbustes et arbrisseaux. On obtient des boissons très-agréables en mêlant ensemble plusieurs de ces fruits.

Indépendamment des fruits, la sève de plusieurs arbres peut donner des liqueurs spiritueuses. En

Allemagne, en Pologne, et dans une partie de la Russie, dès que les chaleurs commencent à imprimer le mouvement à la sève du bouleau, on y fait, avec une vrille, un trou de 50 à 80 millimètres de profondeur; on y introduit une paille, et l'on reçoit dans un vase le suc clair et sucré qui en découle, et qui donne une excellente eau-de-vie après sa fermentation. En Amérique on opère de même sur l'érable qui fournit un jus sucré susceptible de fermenter et de donner de l'alcool.

Les Indiens de la côte de Coromandel fabriquent leur *calon* avec la sève du cocotier; les sauvages de l'Amérique préparent leur *chica* avec le suc du maïs; les nègres de Congo composent leur boisson avec la sève du palmier. Il n'est pas douteux que la sève de tous les arbres, lorsqu'elle est douce et sucrée, ne puisse donner de l'eau-de-vie.

SECTION IV.

DEGRÉ DE SPIRITUOSITÉ DES ALCOOLS.

Autrefois, par la distillation des vins, on ne préparait que deux espèces d'alcool faible; l'un, marquant environ 18 à 20 degrés de l'aréomètre de Cartier, est connu encore dans le commerce sous le nom de *preuve de Hollande*, et l'autre, de 22 à 23, sous celui de *preuve d'huile*. Maintenant, avec le secours de nouveaux appareils distillatoires, on en obtient qui marquent depuis 28 jusqu'à 41 degrés.

Voici, du reste, un tableau des quantités d'eau qui servaient à réduire l'alcool de divers degrés à ce qu'on appelait *preuve de Hollande*, en supposant que cette preuve marquât 18 degrés de l'aréomètre de Cartier et la preuve de Hollande 22 degrés. La première était celle de l'eau-de-vie pour boisson et ne variait que d'environ 1 à 2 degrés au-dessus.

Eau 5/6 marquant 22 1/2 on ajoutait 1/5 de son poids d'eau.

5/9.	30 1/3	4/5
3/4.	25	1/3
3/5.	29	2/3
3/6.	34	poids égal.
3/7.	36	4/3
3/8.	38	5/3
4/5.	23	1/4
4/7.	30	4/5
6/11	32	5/6
2/3.	23	1/4

Pour déterminer la force ou degré de spirituosité des alcools, c'est-à-dire la proportion d'alcool absolu et d'eau qu'ils renferment, on a recours à divers moyens, tels que les aréomètres, les alcoomètres.

La température joue un rôle important dans une opération de ce genre, aussi rappellerons-nous sommairement ici qu'on se sert assez généralement en France du *thermomètre centigrade* où la différence des températures entre la glace fondante et celle de l'eau, bouillant sous une pression atmosphérique égale à une colonne de mercure de $0^m.760$, est divisée en 100 degrés; mais on fait encore usage du thermomètre de Réaumur où cette différence est partagée en 80 degrés.

Toutefois, disons un mot des travaux des physiciens pour s'assurer de la densité de l'alcool à divers degrés de dilution.

Plusieurs physiciens se sont occupés de la détermination de la densité de l'alcool absolu et de son mélange avec différentes proportions d'eau. Le premier qui ait entrepris des recherches sérieuses à ce sujet est Gilpin qui, de 1790 à 1794, fit de nombreuses expériences qui ont servi aux calculs de Tralles. Plus tard, Gay-Lussac reprit la question à l'occasion de l'établissement de son alcoomètre centésimal et y apporta le soin et la précision qu'il mettait dans toutes ses expériences. Enfin, ce sujet qui a fait l'objet d'une controverse pendant près d'un siècle paraît aujourd'hui parfaitement établi par les calculs de M. Pouillet, ainsi que par les expériences récentes de M. Baumhauer et de M. Kuppfer.

SECTION V.

CHOIX DES EAUX-DE-VIE ET DES ESPRITS.

Si le degré de concentration ou de spirituosité des eaux-de-vie et alcools leur donne une plus grande valeur, il en est de même de leur bon goût et de leur bouquet. Comme dans les vins de certains crûs, cet arome ne se développe dans les eaux-de-vie qu'en vieillissant, et jamais dans l'alcool au-dessus de 30 degrés; ce qui nous porte à croire que le principe créateur du bouquet étant moins volatil que l'alcool rectifié, celui-ci s'en trouve dépouillé : aussi prépare-t-on l'eau-de-vie de Cognac qui est si estimée des gourmets, par la distillation des vins blancs, à une chaleur peu élevée, afin d'éviter la vaporisation de l'huile essentielle qui est contenue dans la pellicule des raisins. On l'obtient aussi en distillant les vins aux appareils de Derosne et de Solimani, montés pour l'eau-de-vie.

Nous ajouterons à cela que l'on ne prépare pas à Cognac la millième partie de l'eau-de-vie qui est vendue sous ce nom. Dans les départements de l'Aude, de l'Hérault et des Pyrénées-Orientales et notamment à Narbonne, Rivesaltes, Perpignan, Pézénas, Mèse, etc., etc., on prépare des eaux-de-vie par la distillation directe ; ces eaux-de-vie sont ensuite colorées par l'addition d'une sorte de mélasse caramélisée, et livrées au commerce dans des futailles particulières, sous le nom de cognac. Nous devons l'avouer, ces eaux-de-vie sont excellentes, elles acquièrent par la vétusté un moelleux et un arome qui n'est pas inférieur à l'odeur tirant sur le musqué des véritables cognacs. Quant à l'*eau-de-vie de muscat*, qui est si recherchée, elle est due à la distillation de ce vin liquoreux et aromatique. Cette eau-de-vie est cependant presque inodore et n'acquiert une légère odeur et saveur de muscat qu'en vieillissant. On en fabrique à Rivesaltes, où elle est vendue jusqu'à 6 fr. la bouteille. J'en ai envoyé, dans le temps, à Berthollet, une caisse de vingt-cinq bouteilles, qu'il trouva exquise, et cependant elle n'était pas naturelle. Je l'avais obtenue en mélangeant :

Alcool à 34 degrés. . . . . 10 litres.
Eau pure. 8
Vin muscat et vieux. 2

Cette eau-de-vie ainsi préparée a une légère couleur ambrée et un bouquet et une saveur de vin de muscat très-développés. Nous avons déjà dit qu'il était beaucoup plus lucratif de fabriquer d'une seule distillation des alcools concentrés que des eaux-de-vie. Aussi, dans le commerce, on expédie beaucoup plus d'esprits concentrés qu'on réduit ensuite aux preuves ou degrés de spirituosité que l'on désire, par l'addition de l'eau. Ainsi, en admettant que l'on veuille réduire une barrique de trois-six en eau-de-vie, on ne fait qu'y ajouter une barrique d'eau, et l'on obtient ainsi deux barriques d'eau-de-vie à 19 degrés, qui constituent ce qu'on nomme la preuve de Hollande, qui est celle que l'on donne aux eaux-de-

vie pour boisson. Dans ce mélange, il y a production
de chaleur; la liqueur se trouble, et en s'éclaircissant
elle laisse un dépôt salin. Cela est facile à concevoir :
l'eau, qui contient en dissolution plusieurs sels, en
s'unissant à l'alcool, voit sa faculté dissolvante très-
affaiblie, et même détruite; dès lors ces sels flottent
dans la liqueur, et à cause de leur poids spécifique
plus grand, se déposent. On est donc obligé de soutirer ou transvaser les eaux-de-vie. Nous ajouterons
que cette boisson, obtenue par le mouillage des esprits, n'a pas la saveur aussi agréable que les eaux-
de-vie que nous nommerons naturelles; dans le commerce, on dit qu'elles sont *rudes*, et les négociants ne
s'y trompent jamais.

Les eaux-de-vie, en vieillissant, perdent un peu de
leur spirituosité; mais, en compensation, elles acquièrent une pointe de douceur ainsi qu'une saveur et un
bouquet agréables. Quant à leur couleur, à peine su-
bit-elle des changements, elle est légèrement ambrée.

La vétusté est tellement prisée dans les eaux-de-
vie de bouche, qu'il n'est sorte de fraude que l'on
n'emploie pour leur donner l'apparence de cette qualité. Les procédés employés pour leur donner la couleur en question, sont si grossiers qu'il est bien difficile aux personnes les moins exercées de s'y laisser
tromper; on parvient plus aisément à corriger leur
âcreté en y mêlant deux ou trois gouttes, par litre,
d'ammoniaque liquide (alcali volatil), parce que cette
petite quantité d'alcali neutralise une portion d'huile
dissoute dans la liqueur, et qui ne s'y combine qu'à
la longue.

La vétusté et le degré de force ne constituent pas
uniquement la qualité des eaux-de-vie; le terroir, la
nature des vins qui les ont fournies et le soin avec

lequel elles ont été distillées, y influent beaucoup plus.

Toutes choses égales d'ailleurs, les vins blancs donnent une eau-de-vie plus suave que les rouges.

Nous savons déjà que toutes les substances sucrées fournissent, par la distillation, des liqueurs plus ou moins spiritueuses; que l'eau-de-vie que l'on retire de ces liqueurs retient plus ou moins le goût de la substance qui les a fournies; il est en outre généralement reconnu que les substances naturellement très-succulentes donnent l'eau-de-vie la plus délicate; que celles qui sont âpres et acerbes lui communiquent cette saveur; enfin, que les liqueurs visqueuses et épaisses sont sujettes à brûler, et donnent une eau-de-vie empyreumatique.

L'eau-de-vie destinée à la fabrication des liqueurs fines doit donc être d'une blancheur parfaite, exempte de goût d'empyreume, de terroir ou de toute saveur étrangère; quand on le promène dans la bouche, elle doit imprimer à la langue et aux parties voisines une sensation chaude mais agréable à la fois et moelleuse; son odeur doit être suave, éthérée, exempte de tout mélange étranger; il faut prendre garde de s'en laisser imposer par le bouquet de certaines eaux-de-vie qui laissent après elles une saveur âpre, une sorte d'arrière-goût inhérent au canton d'où elles proviennent.

Les eaux-de-vie chargées de caramel ou de suc de réglisse, celles qui, au lieu de chatouiller agréablement le palais et la gorge, semblent les déchirer, ne sont bonnes tout au plus que pour les buveurs de profession, dont une longue habitude a émoussé la sensualité. Celles qui, à travers une extrême âcreté, ne laissent qu'un goût insipide et plat, sont moins de véritables eaux-de-vie que des mélanges d'eau et de poivre de Cayenne; elles ne donnent qu'un faible degré au pèse-liqueur.

L'eau-de-vie, à quelque titre qu'on la prenne, n'étant autre chose qu'un mélange d'alcool et d'eau combinés en diverses proportions, avec un peu d'huile douce de vin, il est infiniment plus commode de n'employer dans la fabrication des liqueurs que des eau-de-vie de 85° réduites au titre voulu par le mouillage. On y trouve, outre l'économie, l'avantage d'avoir toujours des eaux-de-vie parfaitement blanches, au degré que l'on désire, et de faire soi-même la manipulation que font tous les marchands-d'eaux-de-vie qui vendent, pour du cognac, de l'eau-de-vie factice préparée de cette manière.

D'un autre côté, l'alcool paraît conserver, quelle que soit la quantité d'eau dans laquelle on l'étende, une saveur âcre qui perce quelquefois dans les liqueurs à travers le sirop et les aromates dont on peut les charger. Il y a plus, l'eau-de-vie obtenu au titre de preuve de Hollande, 19 à 20 Cartier, 50 à 54,4 alcoomètre centésimal, par une seule distillation, sera toujours plus douce, plus suave que celle que l'on aura été obligé de rectifier pour la renforcer, ou de couper avec l'eau pour la ramener au titre voulu; parce que l'eau-de-vie qui a passé plusieurs fois à l'alambic est plus fortement imprégnée de ce goût qu'on nomme *goût de feu;* elle perd d'ailleurs, à chaque distillation, une partie des constituants de son arome.

L'expérience nous a convaincu que, pour la fabrication des liqueurs, il fallait des alcools dépourvus de toute couleur et toute saveur et odeur étrangères, parce que celles-ci pourraient être préjudiciables à celles qu'on voudrait donner aux liqueurs qu'on veut fabriquer. Ainsi, pour obtenir la crème de rose, l'alcool ne saurait être choisi trop pur ; il en est de même pour toutes les liqueurs à odeur suave. Quant à celles qui ont une odeur et une saveur fortes, comme la liqueur de menthe, d'absinthe, les eaux-de-vie anisées, etc., leur saveur est trop prononcée pour ne pas prédominer sur le goût que pourrait avoir l'alcool employé. Malgré cela, on doit toujours choisir de bon alcool de vin et rejeter, pour la fabrication des liqueurs, les esprits des substances farineuses, ceux de la betterave, etc., jusqu'à ce qu'on soit parvenu à les dépouiller de la saveur et de l'odeur qui leur sont propres. Si l'alcool est à un degré trop fort, on le réduit au moyen de l'eau par un mouillage (1).

SECTION VI.

COULEUR DES EAUX-DE-VIE.

Les eaux-de-vie et esprits bien préparés sont incolores et doivent être choisis tels par les liquoristes. En vieillissant, ils n'acquièrent qu'une très-légère couleur ambrée. La couleur jaune doré qu'ont les eaux-de-vie de Cognac, et celles auxquelles on donne également ce nom, ainsi que toutes celles qu'on vend à bas prix, ces couleurs, dis-je, sont factices ; elles sont dues à une addition de mélasse ordinaire, et bien mieux encore à la *mélasse caramélisée.* C'est avec cette dernière qu'on colore dans le midi de la France les eaux-de-vie livrées au commerce sous le nom de Cognac. Les eaux-de-vie caramélisées acquièrent ainsi une couleur et une saveur agréables, tandis que, par la mélasse ordinaire, cette saveur n'est pas, bien s'en faut, aussi bonne.

(1) On trouvera dans le *Manuel d'Alcoométrie,* de l'*Encyclopédie-Roret,* une table toute faite des mélanges d'alcool et d'eau ou des mouillages.

SECTION VII.

PROCÉDÉS POUR VIEILLIR LES EAUX-DE-VIE (1).

Ce procédé consiste à verser par litre d'eau-de-vie nouvelle de 5 à 6 gouttes d'ammoniaque (alcali volatil), et à agiter ensuite fortement. En peu de jours, cette eau-de-vie perd sa dureté et paraît aussi bonne que l'eau-de-vie qui a plusieurs années. Il paraît que cet alcali se combine avec la substance huileuse contenue dans l'eau-de-vie. Nous devons ajouter que cette addition ne peut être nuisible à la santé.

En général, on améliore la qualité des eaux-de-vie nouvelles véritables de Montpellier, d'Armagnac, de Cognac ou d'autres pays, en leur ajoutant 15 grammes de sucre candi par litre ou 3 centilitres de sirop de raisin, qui leur enlève le mordant et les rend plus douces et plus agréables.

L'arome et le goût des eaux-de-vie d'Armagnac peuvent être rehaussés à l'aide d'un litre d'infusion de brou de noix et d'un litre d'infusion de coques d'amandes amères, ou, à défaut de ces deux infusions, par 2 litres de rhum, pour chaque hectolitre d'eau-de-vie, avec addition de sucre.

Le goût, l'arome et la vieillesse des eaux-de-vie de Cognac, Saint-Jean-d'Angély, Saintonge, etc., peuvent être augmentés aussi par l'addition de diverses matières, dont voici les doses pour 1 hectolitre d'eau-de-vie :

Rhum vieux.	1 lit. 50 c.
Kirsch vieux.	1 50
Infusion de brou de noix.	» 50
Alcali volatil.	» 2
Sirop de raisin.	2 litres.

(1) Voir à la fin du volume la liste des produits de la maison F. Lebœuf et Cie.

Dans l'Angoumois, la Saintonge et l'Aunis, les négociants en spiritueux ont l'habitude de mouiller les eaux-de-vie avec des petites eaux préparées pour les vieillir. Voici comment on opère :

On recueille une certaine quantité d'eau de pluie et on la laisse reposer pendant plusieurs jours pour qu'elle dépose toutes les matières qui auraient pu être entraînées avec elle. Après un repos suffisant, on la tire à clair et on la met dans des pipes ou des barriques, en lui ajoutant 10 à 12 litres pour 100 d'eau-de-vie à 58 degrés, ou d'esprit à 85°, afin de la conserver. Lorsque cette eau ainsi disposée est restée pendant six à huit mois dans les futailles, elle a acquis un mérite incontestable par le moelleux et la vieillesse qu'elle communique aux eaux-de-vie. Il est certains négociants qui considèrent la valeur vénale de cette petite eau vieille de trois ou quatre ans à l'égal de celle des cognacs nouveaux.

Il existe une autre manière de préparer les petites eaux destinées au mouillage qui, indépendamment du moelleux et de la vieillesse, donne du parfum aux eaux-de-vie qui en manquent. La voici :

On prend une pièce vide d'une contenance quelconque et défoncée d'un bout, on y introduit environ 10 kilogrammes par hectolitre de copeaux, de débris et de sciure de bois de *chêne blanc*, provenant de la fabrication des futailles à eau-de-vie de Cognac, puis on la remplit d'eau, afin de faire dégorger le bois. Après six ou huit jours d'infusion, on retire cette eau qui ne doit jamais être employée, et on remplit la pièce d'eau de pluie, en y ajoutant un dixième d'esprit ou d'eau-de-vie.

Cette eau en vieillissant acquiert de la couleur et de la qualité ; mélangée en proportion convenable, elle donne aux eaux-de-vie un excellent bouquet, connu sous le nom de *rancio*.

Les eaux-de-vie de divers pays et de diverses natures, préalablement adoucies avec du sucre candi ou du sirop de raisin, s'accommodent très-bien de la préparation dont voici la recette pour un hectolitre d'eau-de-vie :

Baume de Tolu pulvérisé.	10 gram.
Cachou.	100
Essence d'amandes amères.	1
Vanille du Mexique.	5
Alcali volatil.	2 centil.
Alcool à 85° bon goût.	50

Faire macérer le tout pendant huit jours, en agitant souvent et fortement; puis, après un repos de vingt-quatre heures, tirer à clair et verser cet extrait dans l'eau-de-vie que l'on veut améliorer, en ayant soin de battre convenablement, afin de bien opérer le mélange.

Amélioration de divers spiritueux (1).

Les rhums, les kirschs, les genièvres et les extraits d'absinthe suisse ou autres, lorsqu'ils sont nouvellement fabriqués, possèdent toujours, ainsi que les eaux-de-vie en général, une dureté et un mordant désagréables; on peut corriger facilement cette imperfection en leur ajoutant 15 grammes de sucre blanc ou de sucre candi par litre de spiritueux, ou mieux, peut-être, en les exposant pendant quelque temps dans des bouteilles à une température un peu élevée.

(1) Voir le *Manuel de l'Amélioration des Liquides*, par F. Lebeuf. 1 vol. in-18, 3 fr. à la Librairie Roret.

SECTION VIII.

ALTÉRATIONS ET FALSIFICATIONS DES ALCOOLS.

Les alcools ainsi que les eaux-de-vie subissent des altérations spontanées ou qui proviennent de leur séjour dans des vases métalliques. Occupons-nous d'abord des altérations des alcools et des moyens de les reconnaître en prenant pour guide les indications fournies par M. Th. Chateau, dans un beau mémoire qu'il a publié sur la *falsification des alcools* (1).

Altérations spontanées. — Les alcools et les eaux-de-vie de moyenne force, conservés pendant un certain temps en vidange, deviennent acides et renferment de l'acide acétique formé par l'action de l'oxygène de l'air. Ces spiritueux rougissent le papier de tournesol ; si on les sature par la potasse ou la magnésie caustique et que l'on évapore à siccité, le résidu traité par quelques gouttes d'acide sulfurique ordinaire, dégage de l'acide acétique qu'on reconnaît aisément à son odeur.

Les alcools conservés dans des tonneaux ayant contenu du vin rouge, acquièrent au bout d'un certain temps une coloration rougeâtre et un goût de fût de vin facilement appréciable. Ainsi colorés, ces alcools verdissent ou bleuissent par l'acétate de plomb et les alcalis. On leur enlève leur couleur en les agitant avec du noir animal pur ajouté dans la proportion de 1 à 5 p. 100 de l'alcool.

Altérations par les sels métalliques. — Les alcools ou les eaux-de-vie peuvent contenir des sels de plomb, de cuivre et de zinc, suivant qu'ils ont séjourné dans des vases fabriqués avec l'un ou l'autre de ces métaux.

(1) Brochure in-8°. 1 fr., à la Librairie Roret.

La présence des sels de plomb et de cuivre provient soit de la conservation dans des estagnons de cuivre anciennement étamés ou attaqués par l'acide acétique qui s'est formé spontanément, soit par la négligence avec laquelle on entretient les vases distillatoires, soit par l'emploi de serpentins construits ou soudés avec un alliage d'étain et de plomb substitué à l'étain pur. Le plomb peut aussi provenir de l'emploi dangereux de l'acétate de plomb (extrait de saturne) pour faciliter la clarification des alcools de grains ou de fécule coupés avec de l'eau.

On reconnaît la présence des sels de plomb par la potasse ou la soude qui donnent un précipité blanc soluble dans un excès d'alcali; par l'hydrogène sulfuré ou un sulfure soluble qui donne une coloration ou un précipité noir; par le sulfate de soude, l'acide sulfurique, le prussiate jaune de potasse qui forment un précipité blanc; enfin, par l'iodure de potassium, le chromate de potasse qui fournissent un précipité jaune. La réaction par l'hydrogène sulfuré ou les sulfures solubles est caractéristique.

Les sels de cuivre se reconnaissent par l'ammoniaque qui produit une coloration bleue, ou par le prussiate jaune de potasse qui produit une coloration rougeâtre ou un précipité brun-marron.

Les sels de zinc sont décelés par la potasse qui donne un précipité blanc soluble dans un excès d'alcali; par le cyanoferride rouge de potassium qui donne un précipité jaune; par un précipité blanc avec l'hydrogène sulfuré.

Voyons maintenant comment on reconnaît quelques falsifications. Nous savons qu'on constate le titre d'un alcool ou d'une eau-de-vie au moyen de l'alcoomètre centésimal de Gay-Lussac, mais cet instrument n'est plus d'aucune utilité quand l'alcool tient en dissolution un corps étranger, entre autres du chlorure de calcium que quelques commerçants ajoutent à l'alcool pour diminuer sa force et tromper le fisc. On constate cette fraude de deux manières :

1° On évapore une certaine quantité d'alcool suspect, le résidu repris par l'eau distillée fournit une solution qui, avec l'acide oxalique ou l'oxalate d'ammoniaque, donne un précipité blanc insoluble dans l'acide acétique, et avec le nitrate d'argent un précipité blanc, caillebotté, soluble dans l'ammoniaque, insoluble dans l'acide azotique et devenant violet à la lumière.

2° On verse dans l'alcool préalablement étendu d'eau distillée, de l'acide oxalique ou de l'oxalate d'ammoniaque pour déterminer le calcium et du nitrate d'argent pour déterminer le chlore.

Il arrive assez souvent que les commerçants infectent à dessein les alcools pour en faire des esprits de mauvais goût qui sont d'habitude les derniers produits qui passent à la distillation et qui dès lors sont exempts des droits, le fisc ne portant que sur les esprits destinés comme boissons.

Ces alcools se distinguent de prime-abord à leur odeur particulière et à leur saveur qui diffère de celle de l'alcool de bonne qualité.

On reconnaît, suivant M. Chateau, l'essence de térébenthine dans l'alcool en agitant celui-ci avec de l'eau qui devient laiteuse, quelquefois opaline, et par l'intensité du trouble on juge approximativement de la quantité d'essence contenue dans l'alcool.

SOPHISTICATION DES EAUX-DE-VIE.

On sophistique les eaux-de-vie comestibles par des additions de substances étrangères destinées soit à leur donner plus de saveur, plus de couleur, soit pour y développer artificiellement le bouquet qui caractérise les vieilles eaux-de-vie.

1° *Saveur artificielle.* — Pour donner à l'eau-de-vie plus de saveur, on y ajoute des substances âcres, telles que le poivre ordinaire, le poivre-long, des poudres ou extraits de gingembre, de piment, de pyrèthre, de stramoine, d'ivraie, de l'alun, du laurier-cerise.

Pour reconnaître les premières substances, on mélange l'eau-de-vie avec son volume d'acide sulfurique, et l'eau-de-vie prend une teinte d'autant plus foncée que la proportion des matières étrangères ainsi brûlées est plus forte. D'ailleurs, l'eau-de-vie fraudée laisse en l'évaporant doucement les matières âcres ajoutées qu'on reconnaît à leur saveur âcre et brûlante.

On reconnaît qu'on a donné de la saveur à l'eau-de-vie au moyen de l'alun, parce que le mélange qui rougit parfois le papier de tournesol, donne un précipité floconneux par l'ammoniaque ou le carbonate de potasse ou de soude, ou qu'il précipite en blanc par le chlorure de baryum ou le nitrate de baryte. On peut d'ailleurs, par évaporation, recueillir l'alun en totalité et le doser qualitativement par les réactifs indiqués.

On décèle l'addition de laurier-cerise qui peut être nuisible à la santé, par quelques gouttes de sulfate de protoxyde de fer et d'acide chlorhydrique qui déterminent un précipité de bleu de Prusse. Le nitrate d'argent y détermine aussi un précipité blanc soluble dans l'acide azotique.

Une petite proportion d'éther nitreux ajoutée aux esprits de malt et de mélasse pour imiter la saveur des eaux-de-vie, se décèle en ajoutant quelques gouttes d'une solution de protosulfate de fer pur dans l'acide sulfurique pur et distillé. La coloration rose qui se développe indique la fraude.

2° *Coloration artificielle*. — Les eaux-de-vie blanches sont souvent colorées par du caramel, du brou de noix, du cachou ou une sauce.

Une eau-de-vie colorée au caramel devient verte, et si c'est par le cachou, vert plus ou moins foncé.

Voici la formule, suivant M. Chateau, de l'une des recettes employées par les fabricants d'eau-de-vie pour faire une sauce.

Cachou en poudre.	250 gram.
Sassafras.	408
Fleur de genet.	500
Thé suisse (véronique).	192
Thé Hytwin.	128
Capillaire de Canada.	128
Réglisse verte.	500
Iris de Florence.	16
Alcool à 33 degrés.	6 litres.

teinture alcoolique qu'on remplace quelquefois par une infusion aqueuse ajoutée à chaud à l'eau-de-vie et faite avec la quantité d'eau nécessaire pour couper ce spiritueux.

3° *Bouquet artificiel*. — Le bouquet artificiel est produit par des additions d'acide sulfurique, d'ammoniaque, d'acétate d'ammoniaque ou de savon.

L'acide sulfurique, par son action, développe quelques éthers composés qui caractérisent les vieilles eaux-de-vie. Ainsi fraudée, l'eau-de-vie a une réaction acide et précipite en blanc par le chlorure de baryum, le nitrate de baryte, l'eau de chaux, l'acétate . de plomb.

L'eau-de-vie contenant de l'ammoniaque a, au contraire, une réaction alcaline et une légère odeur ammoniacale. Une trace d'oxyde de cuivre la colore en bleu plus ou moins intense; enfin, quand on en approche une baguette en verre trempée dans l'acide chlorhydrique, il se développe des vapeurs blanches.

L'acétate d'ammoniaque se retrouve dans le résidu de l'évaporation; ce résidu, mis en contact avec un peu de potasse, de soude ou de chaux, exhale une odeur sensible d'ammoniaque, a une réaction alcaline, et donne des fumées blanches avec l'acide chlorhydrique.

Mélanges d'alcool. — On falsifie aussi les eaux-de-vie en coupant celles de vin avec des alcools de betteraves, de pommes de terre, de grain, etc., bon goût.

Voici quelques moyens organoleptiques pour reconnaître et distinguer les alcools de matières sucrées autres que le raisin des alcools de vin proprement dits.

On verse quelques gouttes d'alcool dans le creux de la main, on en facilite l'évaporation en frottant les mains l'une contre l'autre, puis on approche de l'organe olfactif; l'alcool bon goût développe une odeur suave et agréable. S'il y a une odeur étrangère, elle se manifeste à l'odorat des personnes exercées à ce genre d'essai.

Ce moyen pratique ne révèle guère, comme on voit, que la présence d'un alcool possédant un mauvais goût ou une odeur pénétrante et désagréable, mais il ne fournit plus de résultat satisfaisant dès qu'il s'applique à des produits francs de goût.

Il convient d'ajouter aussi qu'on juge mieux les alcools au bout d'un certain temps de fabrication qu'au sortir des alambics où ils ont alors un goût de feu.

Les alcools de grains, de fécule, de marc, etc., se distinguent par une saveur et une odeur particulière dues à la présence du fusel ou d'huiles essentielles ou de produits empyreumatiques provenant d'une opération mal conduite.

Un autre moyen de rendre sensibles l'odeur et la saveur des alcools et qu'emploient assez généralement les commerçants consiste à étendre l'alcool de 4 à 5 fois son volume d'eau et à goûter le mélange, ainsi qu'on le pratique pour le vin et sans l'avaler.

On parvient encore à constater qu'un alcool ou une eau-de-vie est falsifié par l'eau-de-vie de grain ou un autre alcool étranger par les moyens suivants :

1° On chauffe une certaine quantité de l'alcool suspect, de manière à ce qu'il n'entre pas en ébullition et jusqu'à ce que sa vapeur ne s'enflamme plus. Si l'alcool ou l'eau-de-vie est pur, le résidu a une légère acidité vineuse, une saveur un peu âcre, une odeur douce analogue à celle du vin cuit. S'il est falsifié, le résidu a une odeur empyreumatique et une saveur âcre ou une odeur analogue à celle de la farine brûlée.

2° On ajoute à l'alcool suspect quelques gouttes de nitrate d'argent et on expose le tout à l'action des rayons solaires ou de la lumière diffuse. S'il ne se produit aucune coloration, l'alcool est pur, mais s'il contient de l'alcool étranger, de grain, par exemple, il se forme un précipité noir provenant de la réduction du sel d'argent par les huiles essentielles contenues dans l'alcool.

Un alcool sophistiqué par l'esprit de bois qu'on emploie fréquemment aujourd'hui en Angleterre sous le nom de *methylated spirit* et qui consiste en 10 pour 100 d'alcool méthylique et 90 pour 100 d'alcool ordinaire, est facile à reconnaître par sa saveur et son odeur désagréables. L'odorat peut donc déjà servir à constater la présence de l'esprit de bois dans ces mélanges, mais non plus quand on l'ajoute par exemple dans la préparation d'essences ou de teintures odorantes avec diverses huiles éthérées. M. E.-J. Reynolds ne pense pas que le procédé indiqué par Ure et qui consiste à ajouter au liquide de l'hydrate de potasse en poudre et à constater au bout d'environ une demi-heure la présence de cet alcool par le développement d'une coloration en brun soit suffisant, et il conseille en conséquence le suivant.

On introduit dans une cornue tubulée une petite quantité de la liqueur suspecte, on distille et on reçoit dans un tube à réactif qu'on maintient froid. Au produit distillé, on ajoute 2 à 3 gouttes d'une dissolution très-étendue de perchlorure de mercure et enfin un excès de lessive de potasse. Après avoir agité suffisamment, on observe si l'oxyde de mercure qui s'est précipité se dissout quand on chauffe. Dans le cas contraire, il n'y a pas addition d'esprit de bois, tandis que s'il y a dissolution complète, on partage le mélange chauffé en 2 portions, à l'une d'elles on ajoute de l'acide acétique qui doit produire un précipité abondant, floconneux et blanc jaunâtre. L'autre portion est chauffée jusqu'à l'ébullition et on reconnaît à la formation d'un précipité semblable au précédent, la présence de l'esprit de bois. M. Reynolds conseille dans l'application de cette méthode d'opérer avec précaution, de ne pas ajouter trop de solution de sel de mercure, autrement on peut obtenir un composé insoluble et par suite un résultat négatif.

On sait que quand on distille les liquides ou les jus sucrés qui ont fermenté, l'alcool entraîne toujours avec lui des matières d'apparence huileuse et généralement aromatiques auxquelles on a donné le nom d'aromes quand elles flattent l'odorat et le goût, et celui de fusel, d'huile de pommes de terre, ou de betteraves, quand elles ont une odeur pénétrante qui infecte l'alcool.

Ce sont ces substances aromatiques qui donnent à l'alcool de jus de raisin, au rhum, au tafia, leur saveur particulière, et aux alcools de grain, de pommes de terre, de betteraves, cette saveur repoussante de fusel qui les distingue.

Ces substances sapides et odorantes sont elles-mêmes des alcools, c'est ainsi que le fusel des alcools qui proviennent de la distillation des pommes de terre a reçu le nom d'*alcool amylique*, et que MM. Is. Pierre et E. Puchot ont découvert que l'alcool qui passe à la fin des rectifications des eaux-de-vie de betteraves contient de l'*alcool butylique* et de l'*alcool propylique*.

Les mêmes chimistes ont constaté que c'est à la présence de l'*aldéhyde* vinique et aux dérivés de cette substance qu'il convient d'attribuer pour la plus grande part le mauvais goût des eaux-de-vie de betteraves qui est une cause de leur dépréciation.

Les alcools infectés de fusel sont dits alcools mauvais goût, ceux qui en sont exempts, alcools bon goût.

On parvient à séparer le fusel des alcools mauvais goût au moyen d'appareils plus ou moins compliqués qu'on appelle des rectificateurs, mais ces appareils ne donnent pas toujours des résultats satisfaisants et des alcools bon goût.

M. de Kletzinsky a eu l'occasion d'observer dans une préparation de savon transparent, et en dissolvant un savon dur dans de l'alcool infect et chargé de fusel, que lorsqu'on soumettait le dissolvant à une distillation pour en recouvrer la majeure partie, l'alcool qu'on recueillait ainsi et qui était à un degré aréométrique élevé, était absolument exempt de cette saveur repoussante du fusel. Il conseille en conséquence d'employer par hectolitre d'eau-de-vie infecte

3 kilogrammes de savon de soude. L'expérience a démontré aussi que le savon peut, dans des circonstances favorables, se combiner à 20 pour 100 de fusel et les retenir.

On a réussi assez bien à désinfecter les alcools de pommes de terre au moyen de la distillation fractionnée et obtenu aussi un succès assez complet en opérant cette désinfection au moyen du traitement par le charbon.

Jusqu'à présent on n'est pas arrivé à des résultats aussi satisfaisants avec les alcools provenant des mélasses de betteraves. Ces alcools conservent toujours, même après plusieurs manipulations dépuratives, une odeur qui les fait repousser des consommateurs, et même ne permet pas d'en faire des applications dans beaucoup d'industries.

La plupart du temps, les matières qui infectent les alcools de betteraves, de mélasses, de marc, de garance, etc., se composent d'essences et d'alcools plus volatils que celui de vin et principalement, comme nous l'avons dit plus haut, d'alcools amylique, butylique et propylique; or, ces alcools étant solubles dans les huiles grasses, on a eu l'idée de se servir d'huile d'olive qui les dissout ainsi que les essences qui altéraient profondément la saveur des flegmes, et voici comment M. Breton, de Grenoble, conseille d'opérer.

On commence par saturer les acides qui peuvent être contenus dans les flegmes, en y ajoutant 5 grammes de chaux par hectolitre; on doit néanmoins faire attention qu'il n'y ait pas un excès de cette chaux, et s'il en était ainsi, il faudrait précipiter cet excès par une petite quantité de bicarbonate de soude qu'on administrerait avant d'opérer la rectification.

Ainsi préparés, les flegmes sont filtrés *per ascensum,*

c'est-à-dire de bas en haut, à travers une couche de pierre ponce imprégnée du quart de leur poids d'huile d'olive ; on peut donner à cette couche une épaisseur de 70 centimètres. L'huile d'olive doit être de bonne qualité et fraîche, car si elle possédait déjà une certaine rancidité, elle communiquerait à l'alcool un mauvais goût, mais d'une autre nature que celui que lui donnait l'alcool amylique.

L'huile, au bout d'un certain temps, s'est saturée des produits odorants contenus dans l'alcool et cesse d'agir, et pour que le travail continue, on a dû préparer à l'avance et monter de la même manière un second filtre. Pendant qu'on dispose ce nouveau filtre, on fait arriver sur le premier un courant de vapeur d'eau qui d'abord se condense, gagne sous forme liquide la partie inférieure du filtre où on la fait écouler ; mais lorsque la masse entière du filtre est arrivée à la même température que la vapeur, celle-ci s'échappe par la même ouverture, en entraînant avec elle l'alcool amylique et les essences, et on reconnaît que l'huile qui s'était chargée de ces substances en est entièrement purifiée lorsque la vapeur d'eau sort incolore. L'alcool qui filtre alors à travers cette huile est entièrement purgé des matières odorantes et donne immédiatement des alcools bon goût à la rectification.

M. Maire, de Strasbourg, a aussi essayé pour le même objet, les solutions alcalines caustiques, dans lesquelles on fait d'abord barboter les vapeurs d'alcool mauvais goût, puis une solution de sulfate de cuivre appliquée de la même manière, mais si on détruit ainsi le mauvais goût provenant des alcools amylique, butylique et propylique, et des essences, on donne à l'alcool un autre goût particulier qui a fait renoncer à ce procédé.

M. Jarry, de Corbeil, a pensé qu'on pouvait parvenir à désinfecter directement les alcools en saponifiant les matières elles-mêmes, causes de l'infection, matières dont la plupart sont, en effet, des liquides huileux très-fluides d'une saveur âcre, brûlante et d'une odeur forte et désagréable. Voici comment on procède à cette opération, qui se fait à froid.

Pour 1 litre d'alcool du commerce pesant 90° centésimaux, on prend 20 grammes de craie précipitée, la plus pure possible, qu'on mélange en l'agitant pendant 10 à 15 minutes avec l'alcool. On filtre au papier et on obtient, suivant lui, un produit limpide exempt de toute odeur désagréable et ayant conservé le degré obtenu à la distillation.

Si on a affaire à un alcool plus gras, c'est-à-dire plus riche en alcools infectants, on saponifie avec 30 grammes au lieu de 20 de craie précipitée, qui ne masquent pas l'odeur de l'esprit mais l'enlèvent.

En poursuivant ses recherches, M. Jarry a constaté que son procédé pouvait être employé soit après une première distillation, soit après rectification, et, de plus, qu'on pouvait remplacer la craie précipitée par la craie du commerce ou blanc de Meudon et même par le carbonate de chaux, mais qu'alors on devait y mélanger une certaine quantité de charbon de bois léger qui fait bien aussi, du reste, avec l'ingrédient pur.

Avant d'employer le carbonate de chaux impur, on lui fait subir un lavage et une dessiccation. Voici les doses par hectolitre :

N° 1. Ingrédient pur.
    Craie précipitée.......... 2.000
    Charbon léger pulvérisé..... 500
N° 2. Craie précipitée.......... 3.000
    Charbon léger pulvérisé..... 500

No 1. Blanc de Meudon pulvérisé. . . 2.500
    Charbon pulvérisé. 1.500
No 2. Blanc de Meudon. 4 000
    Charbon pulvérisé. 2.000
No 3. Mauvais goût.
    Blanc de Meudon. 7.000
    Charbon pulvérisé. 3.000
No 4. Très-mauvais goût.
    Blanc de Meudon. 12.000
    Charbon pulvérisé. 4.000

Voici maintenant un mode de purification des alcools de mélasses de betteraves, que M. Hager dit avoir employé avec succès pour les rendre aussi francs de goût que les alcools purifiés de pomme de terre.

L'alcool de betterave filtré à travers une couche de chaux délitée à l'air, puis rectifié, est légèrement teinté avec une solution de permanganate de potasse. Aussitôt que la coloration rouge qu'on connait a disparu, on teinte une seconde fois. Dans la plupart des cas on doit, après cette seconde teinture, avoir atteint la transformation et la décomposition des huiles fermentescibles qui étaient présentes. D'après des expériences spéciales, il faut pour atteindre le but, 1/3 pour 100 de la quantité d'esprit en permanganate cristallisé. Dans un travail en grand il faudrait, par un essai de distillation, établir la proportion nécessaire pour la décomposition complète des huiles infectantes. Quoi qu'il en soit, on laisse reposer un jour, on filtre d'abord l'alcool seul, afin de pouvoir réunir le dépôt de permanganate qu'on mélange avec un peu de carbonate de chaux, on filtre sur noir d'os, et enfin on rectifie à la vapeur chauffée à 90° C.

L'alcool de pomme de terre infecté de fusel, filtré à

travers la chaux délitée à l'air et rectifié pour le débarrasser, autant qu'il est possible de ce fusel, peut ensuite être teinté légèrement à deux reprises différentes avec la solution de permanganate de potasse, puis filtré après décoloration, agité avec de la craie, filtré de nouveau à travers le noir d'os et enfin rectifié. Le produit ainsi obtenu se distingue, selon M. Hager, par un goût franc et une odeur suave.

Les expériences semblent indiquer que l'action de décomposition que le permanganate de potasse exerce sur les huiles fermentescibles et odorantes, qui par leur constitution appartiennent la plupart à la série des alcools, attaque plutôt ces derniers qu'à l'alcool éthylique.

Ce moyen, suivant M. Hager, qui dans certaines circonstances ne paraît pas être dispendieux, pourra peut-être recevoir des modifications et être amélioré dans la pratique.

Tous les produits distillés qui se distinguent par leur saveur et leur odeur agréable, c'est-à-dire les alcools bon goût, peuvent être employés directement à la fabrication des liqueurs et des parfums, mais il n'en est pas de même des alcools mauvais goût, ou des alcools mal rectifiés qui conservent encore des traces de fusel qu'il n'est pas toujours facile de reconnaître de prime-abord par l'odorat ou le goût.

Le moyen qui a été indiqué ci-dessus, de verser quelques gouttes dans la main, ne présente qu'une indication peu certaine, et on a même fait remarquer depuis peu, que l'alcool ainsi versé, dissout toujours une petite quantité de matière grasse odorante de la peau des mains, et affecte ainsi une odeur particulière.

Voici des moyens plus sûrs de s'assurer qu'un alcool ne renferme pas de fusel.

On verse de l'alcool suspect dans une soucoupe et on le laisse évaporer spontanément, le fusel qui est moins volatil reste, et on en constate plus aisément la présence à l'odorat et au goût.

Mieux encore, on mélange cet alcool avec son volume d'éther, et on ajoute un volume d'eau égal à celui du mélange. L'éther dissout le fusel ou l'alcool amylique et se sépare avec celui-ci. On fait alors évaporer cet éther dans une capsule ou une soucoupe de porcelaine et il reste un résidu qui est parfaitement caractérisé par l'odeur et la saveur du fusel.

Ce procédé, assure-t-on, sépare parfaitement le fusel de l'arrac, du rhum, des eaux-de-vie de grains, de pommes de terre, etc., et permet même, d'après l'odeur et pour peu que l'odorat soit exercé, de reconnaître l'origine de ces liquides spiritueux.

Ce mode d'essai n'exige que quelques minutes, seulement il est utile de faire remarquer que l'éther doit être bien rectifié, attendu que l'éther ordinaire, quand on l'évapore, laisse aussi un résidu odorant.

Telles sont les méthodes empiriques pour constater les altérations ou les falsifications des alcools et eaux-de-vie, mais il arrive souvent que les fraudes sont plus difficiles à contater, et que pour constater les mélanges d'alcools entre eux, il faut avoir recours à des procédés délicats d'analyse chimique dans l'exposé desquels nous ne pouvons entrer dans ce manuel; nous sommes donc obligés de renvoyer au mémoire même de M. Th. Chateau, qui a été publié à la librairie Roret, et inséré dans le *Technologiste*, t. 24, p. 409, 473 et 519, où l'on trouvera une méthode analytique pour distinguer entre eux les alcools bon goût, ceux mauvais goût pouvant être reconnus par les moyens organoleptiques énumérés ci-dessus. Cette méthode tout à fait générale et simple dans son exécution, permet, à l'aide de quelques réactifs et des changements de couleur que ceux-ci produisent dans les liquides, d'établir l'origine d'un alcool ou de mélanges d'alcools de Montpellier, de riz, de mélasse, de marc, de pommes de terre, de seigle, de blé, d'avoine, de maïs, de betteraves, etc.

Nous terminerons ce chapitre par quelques notions sur les substances qui infectent communément les eaux-de-vie de pommes de terre, de betteraves, de mélasses, de grains, de marcs de raisin, de lies, etc.

L'*amyle* est un liquide incolore, translucide, d'une saveur un peu brûlante et d'une odeur légèrement éthérée qui bout à 55°, et dont la densité est 0,7764. La composition de ce radical est exprimée par la formule $C^{10}H^{11}$. Il est soluble en toute proportion dans l'alcool et l'éther, et n'est point ou est peu attaqué par les acides. On l'obtient par des moyens variés dont il ne saurait être question dans ce manuel. Combiné à l'oxygène et à l'eau il forme l'*alcool amylique* ($C^{10}H^{11}O, HO$) ou huile de pommes de terre qui est un liquide huileux, incolore, très-fluide, d'une saveur âcre et brûlante, d'une odeur forte et désagréable, bouillant à 132°, et dont la densité est 0,8184. A peine soluble dans l'eau, mais en toute proportion dans l'alcool, l'éther et les essences.

Le *butyle* (C^8H^9) est aussi une huile d'une densité de 0,694, d'une odeur éthérée assez agréable qui bout à 108° et qui, en se combinant avec l'oxygène et en s'hydratant, constitue l'*alcool butylique*, liquide incolore, très-réfringent, d'une odeur et d'une saveur qui rappellent celles de l'alcool amylique, mais moins désagréable.

Le *propylène* (C^6H^6) est un gaz incolore qu'il est très-difficile d'obtenir bien pur, et qui combiné comme les corps précédents donne naissance à l'*alcool propy-*

lique, liquide limpide plus léger que l'eau, incolore, d'une odeur de fruits assez agréable, bouillant à 97° et la plupart du temps dans les distillations mélangé à beaucoup d'alcool amylique.

L'*aldéhyde* est un liquide incolore, d'une odeur particulière, suffocante, d'une densité de 0,79, bouillant à 221°8, très-mobile, s'enflammant très-aisément et brûlant avec une faible flamme non fuligineuse, se dissolvant dans l'eau avec production de chaleur, et en toute proportion dans l'alcool et l'éther.

On trouve encore mélangé à l'huile de pommes de terre de l'*acide valérianique* hydraté, liquide incolore, très-fluide et d'une odeur des plus désagréables de fromage pourri et d'une saveur acide et piquante qui doit ainsi dans certaines circonstances infecter les eaux-de-vie.

CHAPITRE III.

SUCRES ET SIROPS.

Les chimistes désignent par le nom de sucre, toute substance organique soluble douée d'une saveur douce, agréable, légèrement aromatique, parfois éthérée, connue de tout le monde, et qui, mise en contact avec l'eau et un ferment, se décompose à une certaine température, c'est-à-dire que ses éléments réagissant les uns sur les autres, il y a formation d'alcool combiné avec de l'eau, alcool qu'on peut séparer par la distillation, et de gaz acide carbonique qui se dégage. Cette réaction par laquelle les principes constituants de certaines matières organiques se désassocient pour se combiner dans un ordre nouveau, est ce qu'on nomme une *fermentation alcoo-*

lique. On connaît aujourd'hui quatre espèces de sucre (1) :

1° Le sucre ordinaire qu'on trouve dans la canne, dans la betterave, les racines de chiendent, de panais, de carottes, de patates ; dans la tige de plusieurs graminées, la sève de l'érable, du bouleau, dans le fruit du châtaignier, etc.

2° Le sucre de raisin ou *glucose* qui existe dans l'organisme végétal ; mais c'est toujours dans les fruits, et principalement dans les fruits acides qu'il se rencontre. C'est surtout le raisin mûr qui en contient des quantités souvent considérables. Il se montre sous forme de poussière blanche et cristalline à la surface des pruneaux et des figues desséchées.

L'organisme animal nous présente un mode de production bien singulier de cette espèce de sucre, ou, peut-être, d'une espèce qui n'en diffère que peu. Dans une affection morbide extrêmement grave, appelée *diabète sucré*, le malade rend des quantités énormes, jusqu'à vingt litres en vingt-quatre heures, d'une urine le plus souvent sucrée, contenant de 8 à 10 pour 100 d'une substance regardée pendant longtemps comme étant du glucose, mais qui, d'après M. Claude Bernard, en diffère par plusieurs caractères.

3° Le sucre de fruits ou sucre incristallisable, qui se trouve, ainsi que son nom l'indique, dans la plupart des fruits acides, par exemple, dans les raisins et les cerises ; le plus souvent il y est mêlé avec son poids de glucose.

____

(1) Nous conseillons à ceux de nos lecteurs qui auraient besoin de plus amples renseignements sur les divers sucres et leur fabrication, de recourir au *Manuel du Fabricant de Sucre et du Raffineur*, par M. Zoéga. 1 volume avec figures, 3 fr. 50 c., publié à la Librairie Roret.

4º Le sucre de lait ou *lactose* qui est une partie constituante du lait de tous les animaux mammifères, quel que soit leur genre de nourriture.

Les caractères sur lesquels repose la distinction qu'on a établie entre ces quatre espèces de sucre, sont aujourd'hui si bien établis par la chimie et l'optique, qu'il n'est plus possible de les confondre.

La première de ces espèces, qui est l'objet d'une exploitation importante, sera aussi celle dont nous nous occuperons avec le plus de détails et à laquelle on devra rapporter les propriétés que nous attribuons au sucre. La deuxième espèce, le glucose, sera traitée à part. La troisième et la quatrième ne sont intéressantes que sous le rapport de la science ; aussi nous bornerons-nous à l'indication que nous en avons faite.

SECTION I.

CARACTÈRES DU SUCRE ORDINAIRE OU DE CANNE.

Le sucre, à l'état de pureté, est solide, sans odeur, incolore et légèrement transparent lorsqu'il est cristallisé, blanc ; quand il est en masse, sa saveur est douce et agréable ; si l'on frotte deux morceaux de sucre l'un contre l'autre, dans l'obscurité, il se manifeste une lueur phosphorique très-sensible ; son poids spécifique, d'après Fahrenheit, est de 1,6065, et suivant d'autres de 1,594 à l'état cristallisé.

Soumis à l'action du feu, le sucre se boursouffle, se décompose en répandant une odeur de caramel, et laisse, lorsque l'opération est faite en vase clos, un charbon brillant très-volumineux.

Le sucre est très-soluble dans l'eau, beaucoup moins dans l'alcool ; il cristallise facilement ; ses cristaux ne contiennent presque pas d'eau de cristallisation, puisqu'ils seraient composés, d'après les expériences de Berzelius, de :

Sucre réel. 100

Eau. 5.6
105 6

La forme primitive des cristaux de sucre est un prisme rhomboïdal terminé par un biseau.

Le sucre fond à $+ 180°$ sans altération ; chauffé à 210 ou 220°, il perd 2 équivalents d'eau, devient brun, incristallisable et à l'état de caramel.

Les dissolutions du sucre exposées pendant fort longtemps à une température de $+ 60$ à 80° centigrades, se colorent, et le sucre qu'elles contiennent perd la propriété de cristalliser.

Les alcalis, tels que la chaux, la potasse, la baryte, etc., versés dans des dissolutions de sucre, se combinent avec lui sans l'altérer ; ces composés, d'une saveur amère et astringente, sont incristallisables : les acides, en s'emparant des bases de ces dissolutions, rendent au sucre ses propriétés primitives. Des expériences ont appris que si une combinaison semblable avec la chaux est abandonnée à elle-même pendant plusieurs mois, il se dépose des cristaux de carbonate de chaux ; le sucre se décompose et se convertit en une substance mucilagineuse ayant la consistance de l'empois.

Les acides sulfurique et hydrochlorique détruisent le sucre en grande partie ; l'acide nitrique le fait passer successivement à l'état d'acide malique, et puis d'acide oxalique, si les proportions d'acide nitrique sont suffisantes.

La propriété dont jouit le sous-acétate de plomb, de précipiter la plupart des substances végétales, tandis qu'il ne précipite pas le sucre, peut être mise à profit pour le séparer de presque toutes ces substances.

Lavoisier fut le premier qui détermina les principes constituants du sucre ; mais Gay-Lussac et Thénard d'une part, et Berzelius de l'autre en ont constaté leurs proportions ; voici leurs analyses :

	Selon Gay-Lussac et Thénard. en poids.	*Selon Berzelius.* en poids.	*Des analyses plus modernes.* en poids.
Carbone . .	42.47	44.200	42.105
Oxygène.. .	50.63	49.015	51.181
Hydrogène.	6.90	6.785	6.633

Sous le point de vue alimentaire, le sucre a eu des prôneurs et des détracteurs également outrés.

Les premiers, au nombre desquels on compte Rouelle l'aîné, qui l'appelait *le plus parfait des aliments,* ont vanté ses facultés nutritives ; ils ont rapporté des exemples de longévité qu'ils ont attribués à l'usage du sucre ; ils ont cité le roi de Cochinchine qui entretient une garde de cent hommes, auxquels il accorde une haute paie pour le sucre et les cannes à sucre que la loi les oblige de manger tous les jours, afin d'entretenir leur embonpoint. Ils ont fait observer que les nègres nourris de vesou, et les animaux qui mangent de la bagasse, acquièrent rapidement un embonpoint remarquable.

Les derniers prétendent, au contraire, que son usage fréquent a pour effet constant d'affadir le goût, de rendre la bouche pâteuse, d'exciter la soif, de causer des tiraillements d'estomac ou d'entrailles ; ils s'appuient du témoignage de Boerhaave, qui le croyait propre à faire maigrir, et surtout des expériences de Stark. Ce dernier essaya de se nourrir, pendant quelque temps, uniquement avec du pain, de l'eau et du sucre, en commençant par 125 grammes de celui-ci, et portant successivement cette quantité de 250 à 500 grammes, et enfin à 625 grammes par jour. Il ne tarda pas à éprouver des nausées, des flatuosités ; l'intérieur de la bouche devint enflammé, les gencives rouges et gonflées, les déjections alvines se répétèrent fréquemment, des hémorrhagies se produisirent, et enfin apparition de taches livides sur l'omoplate du côté droit.

Les expériences plus récentes de Magendie ne sont pas moins concluantes, et le sucre seul ne peut, du reste comme beaucoup d'autre substances, être employé, sans inconvénients graves, à la nourriture de l'homme et des animaux carnivores.

Aujourd'hui, on est généralement convaincu que, pris rarement et à petites doses, le sucre facilite la digestion ; il semble convenir surtout aux personnes lymphatiques ; il favorise chez elles la digestion des autres substances alimentaires, et spécialement du chocolat, du lait, de certains fruits charnus, tels que les pêches, les fraises, etc. Il paraît moins utile, ou même contraire, aux hypocondriaques, aux rachitiques, aux individus dont la constitution est sèche, ou la sécrétion biliaire fort active.

Le liquoriste ne saurait employer des sucres trop purs pour la fabrication des liqueurs, car ceux qui n'ont pas acquis le degré de pureté convenable, indépendamment de la saveur qu'ils communiquent à ces boissons, leur transmettent une couleur étrangère. Ils doivent donc choisir un sucre très-blanc, dur, sonore, d'une saveur agréable, ayant une cassure nette, offrant une foule de points brillants, et répandant des étincelles phosphoriques quand on le frappe dans l'obscurité avec un gros pilon.

Comme le liquoriste fait également usage des sirops, et que ceux-ci étant faits, en employant du sucre de qualité seconde, on peut leur enlever leur saveur et leur couleur étrangères, nous consacrerons un chapitre spécial aux sirops de sucre, que nous ferons précéder d'un tableau de leurs conditions de vente, ce qui ne peut qu'être très-utile aux fabricants de liqueurs à cause des quantités qu'ils en consomment.

SECTION II.

GLUCOSE.

Parmi les produits des transformations des fécules, le sucre de glucose est, sans contredit, le plus remarquable, comme le plus important par ses applications. Ce sucre présente une identité complète avec le sucre de raisin, et se trouve dans le commerce sous trois formes différentes : le sucre de fécule, le sucre en masse et le sucre granulé.

L'appareil qui sert à la saccharification de la fécule se compose d'un générateur pour produire de la vapeur, d'un tuyau en plomb qui amène dans la cuve à saccharification la vapeur du générateur à l'aide d'un robinet. Cette cuve, dont la contenance est ordinairement de 100 hectolitres, est doublée en plomb. On y remarque une large ouverture par laquelle on introduit les liquides et la fécule dans la cuve. Enfin, on y adapte un tuyau pour le dégagement des vapeurs et de l'acide carbonique.

Préparation du sirop de fécule. — Pour opérer la saccharification de 2000 kilogrammes de fécule, la cuve doit avoir une contenance de 110 à 120 hectolitres. On charge cette cuve avec 5000 litres d'eau et 45 kilogrammes d'acide sulfurique à 66° Baumé, et on y fait arriver la vapeur. Quand la température de l'eau acidulée est à + 100° centigrades, on y ajoute les 2000 kilogrammes de fécule, par portions de 100 kilogrammes à la fois, que l'on délaie à même dans un cuvier avec 150 à 160 litres d'eau froide. Il est important de maintenir constamment le liquide à l'ébullition ; sans cette précaution, la fécule formerait un empois avec le liquide, ce qui rendrait l'opération plus longue. Ordinairement la transformation en sucre est complète 30 à 40 minutes après la dernière addition de fécule ; pour procéder avec certitude, on prend de temps à autre une petite quantité de la liqueur. Après l'avoir laissée refroidir, on la verse dans un verre à pied, et l'on y ajoute quelques gouttes de dissolution d'iode. Si toute la fécule a été transformée en glucose, il ne doit se produire aucune coloration ; si, au contraire, le liquide se colore en rouge vineux ; on continue l'opération jusqu'à ce qu'un nouvel essai par l'iode laisse le liquide saccharin incolore. Quand ce résultat est obtenu, on arrête l'introduction de la vapeur dans la cuve : on laisse refroidir le liquide pendant quelques heures, puis on procède ensuite à la saturation de l'acide.

Les 45 kilogrammes d'acide sulfurique employé, exigent, pour leur saturation, de 42 à 45 kilogrammes de craie en poudre. Pour procéder à cette opération, la craie doit être projetée dans la cuve par petites portions : sans cette précaution, l'effervescence produite par le dégagement de l'acide carbonique du carbonate ferait déborder le liquide.

La quantité de chaux indiquée suffit ordinairement pour obtenir la saturation de l'acide sulfurique. La saturation est complète lorsque le liquide saccharin ne fait plus virer au rouge la teinture de tournesol bleue.

Quand ce résultat est obtenu, on laisse reposer la cuve pendant 12 ou 15 heures, afin que le sulfate de chaux puisse se déposer : on soutire ensuite le liquide saccharin et on le filtre sur du noir neuf en grains. Le noir le décolore et lui enlève en même temps la petite quantité d'acide sulfurique qu'il pouvait retenir ; il possède alors une saveur sucrée très-développée, mais comme il marque 15° à 16° Baumé seulement, on le concentre jusqu'à 27 degrés, bouillant dans une chaudière chauffée par la vapeur. Lorsque le sirop a atteint ce degré, on le laisse reposer pendant 36 heures, on le filtre à froid sur du noir animal en grains, et on l'embarille pour le livrer au commerce. Il marque alors 32° à l'aréomètre Baumé.

On trouve depuis quelques années, dans le commerce, un sirop dit *impondérable*, qui ne diffère du précédent que par une plus grande concentration. On le prépare en évaporant le sirop de glucose, jusqu'à ce qu'il marque 42° ou 40° Baumé; lorsqu'il est suffisamment refroidi, on l'embarille pour l'expédier.

En procédant comme nous venons de l'indiquer, 2000 kilogrammes de fécule produisent 1800 kilogrammes de glucose à 33° de l'aréomètre Baumé.

Les sirops de riz, grains et autres substances amylacées, se préparent de la même manière. Seulement, d'après M. Dubrunfaut, ils exigent un dosage d'acide un peu plus fort, 2 à 3 pour 100 par exemple; on doit aussi prolonger la durée de la réaction pour que la conversion en sucre soit complète. Ces derniers sirops sont spécialement destinés à la fabrication des alcools. Leur coloration, leur saveur amère, ne permettent pas de les faire servir à tous les usages auxquels servent habituellement les sirops de fécule bien épurés.

Sucre de glucose en masse. — La fabrication du glucose en masse est fort simple. Après avoir obtenu le sirop de glucose à 33 degrés (froid), on l'abandonne à lui-même pendant quelques jours, afin qu'il dépose la petite portion de sulfate de chaux qui s'y trouve mélangée. Au bout de ce temps, on le filtre et on le concentre dans une chaudière chauffée par la vapeur, jusqu'à ce qu'il marque 35 degrés bouillant ; on le verse alors dans un rafraîchissoir, et, lorsqu'il commence à cristalliser, on lui fait subir un brassage énergique, puis on le transvase dans des tonneaux où il se solidifie par le refroidissement.

Sucre de glucose en grains. — Le glucose en grains a beaucoup perdu de son importance industrielle, depuis qu'une pénalité sévère a interdit son mélange dans les cassonades destinées à l'alimentation. Pour obtenir ce sucre, on concentre le sirop de fécule bien neutre et bien décoloré, jusqu'à 30° (bouillant) de l'aréomètre de Baumé. Amené à ce degré, on le verse dans un rafraîchissoir, où on le laisse déposer 24 heures. Au bout de ce temps, on le décante avec soin et on le verse dans des tonneaux disposés debout sur un chantier qui les maintient à 40 centimètres au-dessus du sol. Ces tonneaux, dont l'un des fonds a été enlevé, sont percés, à l'autre fond, d'un certain nombre de trous fermés avec des chevilles en bois.

Comme le sirop de glucose fermente facilement, on doit éviter de le verser trop chaud dans les tonneaux, car la chaleur facilite singulièrement sa décomposition. Mais il arrive souvent, surtout en été, qu'au bout de quelques jours la fermentation se manifeste ; comme cette fermentation empêche la cristallisation du sucre, on la prévient en versant dans chaque tonneau quelques décilitres d'acide sulfureux en dissolution dans l'eau. Si la température n'est pas trop élevée, la cristallisation commence au bout de 8 à 10 jours. Lorsque les cristaux formés occupent les deux tiers du liquide, on enlève les chevilles placées à la partie inférieure des tonneaux, afin de laisser écouler le sirop non cristallisé. Après l'égouttage, on place les cristaux dans des sacs de toile serrée, et on les soumet, sous forme de gâteaux, alternés avec des claies, à l'action d'une presse hydraulique.

Par cette pression, le sirop se sépare des cristaux, et il reste dans les sacs des tourteaux de sucre blanc, d'une saveur sensiblement pure.

Les sirops d'égouttage et ceux qui proviennent de la pression des cristaux de glucose, contiennent toujours une certaine quantité de dextrine. Pour transformer cette dextrine en glucose, ces sirops, dans un travail continu, sont remis dans la cuve à saccharification quelque temps avant la saturation.

Lorsqu'on opère dans de bonnes conditions, 2,000 kilogrammes donnent, en moyenne, de 1,800 à 1,830 de sucre de glucose. En France, on fabrique annuellement 5 millions de kilogrammes de glucose, soit à l'état de sirop, soit à l'état solide.

Usages. — Le glucose est employé : 1° à l'état de sirop, dans la fabrication des bières et de l'alcool ; 2° à l'état solide, il est employé avec avantage pour l'amélioration des vins de qualité inférieure, dont il augmente la spirituosité ; mais il ne pourrait servir utilement pour enrichir les grands vins, car il en altèrerait la qualité et le bouquet. Avant l'établissement des droits de régie, le glucose en grains était souvent mélangé, dans des proportions souvent considérables, dans les cassonades de betterave et de canne. Cette fraude, longtemps pratiquée sur une grande échelle, est aujourd'hui très-rare, et d'ailleurs très-facile à reconnaitre. A cet effet, on dissout quelques grammes de sucre à essayer dans un petit matras en verre blanc, contenant une dissolution de potasse caustique de 12° à 15° Baumé. On fait bouillir quelques minutes. Si le sucre est exempt de glucose, la solution reste incolore ; dans le cas contraire, elle se colore fortement en brun.

Le glucose à l'état de sirop est employé fréquemment par le liquoriste, qui s'en sert pour remplacer le sucre de canne dans une certaine proportion, parce qu'il donne de la densité, du velouté et du moelleux aux liqueurs, résultat qu'on ne pourrait atteindre avec le sucre ordinaire sans en augmenter de beaucoup la dose et augmenter les frais de production.

Quand le glucose a été bien préparé et que toute la fécule a été décomposée, il est transparent, ne dépose pas ; seulement, les aromes ont avec lui moins de finesse, ce qui fait qu'il n'entre que dans la composition des liqueurs ordinaires, demi-fines et fines, et jamais celles surfines.

Si le glucose, comme le fait du reste aussi le sucre, se dépose dans les fûts remplis de liqueur, on laisse reposer celle-ci, on tire au clair et on détache les sucres fixés sur les parois avec l'eau bouillante.

On peut faire entrer le glucose dans les proportions suivantes dans les liqueurs et les sirops :

Liqueurs ordinaires. .	3/4 sirop et 1/4 sucre.
— demi-fines. .	moitié sirop et moitié sucre.
— fines.	1/4 sirop et 3/4 sucre.
Sirops ordinaires.. . .	moitié sirop et moitié sucre.
— demi-fins. . . .	1/3 sirop et 2/3 sucre.
— fins.	1/4 sirop et 3/4 sucre.

Le glucose fermente facilement, mais à **32** ou **34** degrés, on peut le conserver d'une année à l'autre dans une cave fraîche. La gelée le concrète, mais sans l'altérer.

SECTION III.

SIROPS DE SUCRE.

Les sirops sont des liqueurs sucrées ayant pour base et véhicule l'eau pure ou distillée des végétaux, les infusions ou décoctions, les vins et vinaigres médica-

menteux, les sucs émulsifs, les sucs fermentés des
fruits, etc. ; la matière sucrée n'est dans ces préparations qu'une sorte de condiment qui est destiné à
la conservation du ou des principes actifs. Les sirops
sont préparés ordinairement avec le sucre ou le glucose : ceux faits avec le miel portent le nom de *mellites*. D'après ce qui précède, il est évident que le liquide qui doit être converti en sirop doit être chargé
à des degrés divers avec les substances aromatiques
ou sapides, suivant l'activité ou l'énergie diffusible
de ces substances. C'est au praticien éclairé à apprendre à en connaître les doses.

Une difficulté se présente, pour la conservation,
dans les sirops, du principe aromatique de quelques
substances : ce principe se détériore ou se volatilise
à la chaleur de l'ébullition. Il faut donc n'opérer
qu'à la température de 15 à 40 degrés. Ces sirops
sont nommés *sirops par solution*; d'autres exigent
l'ébullition; il en est enfin qui réclament la solution
et l'ébullition réunies.

En général, la quantité de sucre qui entre dans les
sirops est de 1 kilogramme pour 530 grammes d'eau;
mais on est quelquefois forcé d'en varier la dose suivant la nature de la liqueur.

SECTION IV.

PRÉPARATION DES SIROPS SIMPLES.

D'abord, on doit faire choix d'une bonne qualité
de cassonade : celle de l'Inde, par exemple, est difficile à clarifier, et le sirop a une petite saveur étrangère au sucre, mais en revanche, il est peu sujet à
cristalliser. Les cassonades de la Martinique et de
Saint-Domingue donnent les sirops très-clairs, d'une

saveur très-agréable; le sucre demi-brut, dit des *quatre cassons,* donne un très-bon sirop quand il est bien clarifié; enfin, le beau sucre est encore préférable à tous ceux que nous venons d'énumérer.

La proportion de sucre, pour les sirops par solution et à froid est, comme nous l'avons dit, 1 kilogramme par 530 grammes de liqueur : un excès cristalliserait et une moindre quantité nuirait à sa conservation, puisque le sirop fermenterait. Si l'on opère avec un suc acide, comme celui de citron, etc., on emploie 375 grammes de sucre par 500 grammes de suc; enfin, chaque 500 grammes de liqueur spiritueuse exige 812 grammes de sucre. La solution du sucre dans ces divers liquides étant troublée par des corps étrangers, il faut recourir à la clarification; pour cela, on bat des blancs d'œuf avec un peu d'eau, et lorsque le sucre est bien dissous dans ce liquide, on tire la bassine du feu; on y incorpore soigneusement la quantité voulue de blancs d'œuf; on porte à l'ébullition les sirops qui doivent être faits ainsi, et quand le sirop monte, on y verse un filet d'eau froide; on enlève alors les écumes, et l'on y ajoute le reste des blancs d'œuf; l'albumine, en se coagulant, entraîne les impuretés, et le sirop devient clair et transparent; quand il l'est bien complétement, on le passe à travers une chausse ou un carré en laine; on le reporte sur le feu, et l'on fait évaporer à gros bouillons, jusqu'à ce qu'il soit cuit, ce que l'on reconnaît lorsque, étant bouillant, il marque 31 degrés au pèse-sirop de Baumé, et 35 quand il est froid. Il est encore d'autres manières de connaître la cuite, qui ne peut être bien saisie que par un manipulateur. Nous avons recommandé de faire bouillir à gros bouillons, parce qu'une longue ébullition colore les sirops. On peut suivre un procédé plus expéditif que le précédent. On prend :

Sucre concassé,

Eau,

Blancs d'œuf,

on bat les blancs d'œuf avec l'eau, on délaie le sucre, on introduit le tout dans l'autoclave, et au bout de 15 minutes qu'il est resté sur le feu, on sort le sirop qui se trouve très-clair et à son point de cuite. Nous reviendrons plus loin sur la clarification des sucres.

Le sirop est préparé à diverses cuites, c'est-à-dire à diverses consistances, qui sont relatives au degré d'évaporation de l'eau qu'il contient après avoir été clarifié. Nous allons énumérer les principales cuites et la manière de les connaître.

1. *Grand et petit lissé.*

On fait bouillir le sirop jusqu'au moment où, passant l'index sur l'écumoire et l'appliquant ensuite sur le pouce, on s'aperçoit qu'en écartant brusquement ces deux doigts, il se forme un petit filet qui se rompt et laisse une goutte sur le doigt : c'est le petit lissé ; et si le filet s'étend d'avantage, ce sera celle que l'on nomme le grand lissé.

2. *Le petit et le grand perlé.*

Pour obtenir le petit et le grand perlé, il faut que le sucre bouille quelques minutes de plus que pour la cuite précédente ; alors on fait la même expérience que ci-dessus, et si le filet dont on parle acquiert de la consistance, le sucre est cuit au petit perlé ; enfin, si en écartant les doits, le filet se soutient, ce sera le grand perlé. Au surplus, il est facile de reconnaitre cette cuite à l'aspect du bouillon, car il forme de grosses bulles qui ressemblent à des perles.

3. *Le soufflé.*

Le soufflé se connait en plongeant l'écumoire dans

le sucre bouillant; on la retire en la secouant un peu; on souffle à travers les trous : s'il en sort des bulles semblables à celles d'eau de savon que les enfants font voler en l'air, on a la cuite désirée, qui est celle qui convient pour les candis.

4. *La morve ou le petit boulé.*

Pour cette cuite, on se sert d'un bâton à cuite, qui est un morceau de bois, de la grosseur du doigt, long d'environ 16 à 19 centimètres, plus gros d'un bout que de l'autre, et assez uni; on le trempe dans l'eau fraîche, ensuite on le secoue et on le porte dans le sucre, puis dans l'eau fraîche; s'il s'attache un peu de sucre après, et que ce sucre s'en sépare en filant, on a la morve ou le petit boulé, cuite qui convient pour les bonbons à liqueur.

5. *Le grand boulé.*

Le bâton à cuite se trempe toujours dans le sucre, puis dans l'eau; alors, si le sucre qui reste après le bâton prend de la consistance au point de pouvoir être roulé en boule, on obtient l'effet désiré : on l'emploie cuit ainsi pour la confection des conserves mattes.

6. *Le petit et le grand cassé.*

On se sert toujours du bâton à cuite, et l'on emploie les mêmes procédés que ci-dessus. On reconnaît le petit cassé en ôtant le sucre qui reste après le bâton et en le brisant sous la dent : dans cet état, il doit être cassant et adhérant, au lieu que le grand cassé doit être croquant et laisser la dent libre.

7. *Le caramel.*

Le caramel est la dernière cuisson de sucre ; elle se reconnaît à l'odeur qui se rapproche de celle du benjoin, et à la couleur qui est jaune foncé. Le sucre est assez caramélisé quand il est dans cet état; alors on le retire du feu, on y ajoute de l'eau pour le décuire.

Cette dernière cuisson ne convient que pour les amandes grillées; car entièrement brûlé, on ne peut qu'en colorer les eaux-de-vie.

Ces divers modes ne sont, comme on voit, qu'empiriques; nous allons faire connaître ceux qui sont plus rationnels.

Les diverses preuves du sucre correspondent aux degrés de température suivants, quand le sucre cuit à l'air libre.

PREUVES.	TEMPÉRATURE de l'ébullition.	COMPOSITION sur 100 parties	
		en sucre.	en eau.
Filet..	100° C.	85	15
Crochet léger.. . . .	110 5	87	13
— fort..	112	88	12
Soufflé léger. . . .	116	90	10
— fort..	121	92	8
Cassé petit.	122	92.67	7.33
— grand..	128.5	95 75	4.25
— sur le doigt. .	132.5	96.55	3.45

SECTION V.

DENSITÉ DES SIROPS ET LEUR MESURE AU MOYEN DU PÈSE-SIROP.

Le sucre est soluble presque en toute proportion dans l'eau bouillante et seulement dans le tiers de son poids d'eau froide. Il ne se dissout qu'en petite quantité dans l'alcool de 70° centésimaux, et est insoluble dans l'alcool absolu.

On a souvent besoin de connaître la quantité de sucre que renferment les dissolutions sucrées ou les sirops, et pour cela le liquoriste possède deux moyens:

1° l'emploi de la pesée ; 2° celui d'un aréomètre construit à cet effet, et qu'on appelle un *pèse-sirop.*

Pour reconnaître la quantité de sucre que renferme un liquide sucré, il faut établir sa densité et avoir recours au tableau suivant, qui a été calculé expérimentalement, c'est-à-dire en faisant des dissolutions avec des quantités données de sucre et d'eau, et prenant le poids spécifique à la température de 15° centigrades.

TABLEAU N° I.

Sucre.	Eau.	Poids spécifique.
100 dissous dans	50 donnent un sirop de	1 345
100	60	1.322
100	70	1.297
100	80	1.281
100	90	1.266
100	100	1.257
100	120	1.222
100	140	1.200
100	160	1.187
100	180	1.176
100	200	1.170
100	250	1.147
100	350	1.111
100	450	1.089
100	550	1.074
100	650	1.063
100	750	1.055
100	945	1.045
100	1145	1.030
100	1945	1.022
100	2445	1.018
100	2945	1.015

Cette table n'est pas très-commode dans la pratique, parce que les proportions d'eau y augmentent trop brusquement, et que les densités n'y sont pas assez rapprochées, et nous préférons la table dressée par Neumann, qui, toutefois, a été construite pour une température de 63° du thermomètre de Fahrenheit, ou 17°22 du thermomètre centigrade.

Voici cette table.

TABLEAU N° II.

SUCRE	EAU.	POIDS spécifique.	SUCRE	EAU.	POIDS spécifique.
0	100	1.0000	36	64	1.1582
1	99	1.0035	37	63	1.1631
2	98	1.0070	38	62	1.1681
3	97	1.0106	39	61	1.1731
4	96	1.0143	40	60	1.1781
5	95	1.0179	41	59	1.1832
6	94	1.0215	42	58	1.1883
7	93	1.0254	43	57	1.1935
8	92	1.0291	44	56	1.1989
9	91	1.0328	45	55	1.2043
10	90	1.0367	46	54	1.2098
11	89	1.0410	47	53	1.2153
12	88	1.0456	48	52	1.2200
13	87	1.0504	49	51	1.2265
14	86	1.0552	50	50	1.2322
15	85	1.0600	51	49	1.2378
16	84	1.0647	52	48	1.2434
17	83	1.0698	53	47	1.2490
18	82	1.0734	54	46	1.2546
19	81	1.0784	55	45	1.2602
20	80	1.0830	56	44	1.2658
21	79	1.0875	57	43	1.2714
22	78	1.0920	58	42	1.2770
23	77	1.0965	59	41	1.2826
24	76	1.1010	60	40	1.2882
25	75	1.1056	61	39	1.2933
26	74	1.1108	62	38	1.2994
27	73	1.1150	63	37	1.3050
28	72	1.1197	64	36	1.3105
29	71	1.1245	65	35	1.3160
30	70	1.1293	66	34	1.3215
31	69	1.1340	67	33	1.3270
32	68	1.1388	68	32	1.3324
33	67	1.1436	69	31	1.3377
34	66	1.1484	70	30	1.3430
35	65	1.1538			

Voici maintenant la manière de faire industriellement usage de ces tables :

On se procure une balance d'essai trébuchant à un centigramme et même à un milligramme. D'un autre côté, on a une de ces fioles qu'on trouve chez tous les marchands de verrerie, et qui a été jaugée exactement à la température de 15° C., c'est-à-dire qui, à cette température, renferme un certain volume d'eau jusqu'à un trait tracé au diamant sur le goulot ; supposons 100 centimètres cubes ou grammes d'eau, on remplit cette fiole jusqu'au trait avec le sirop qu'on veut essayer, ramené à 15° ou à 17°22, si on se sert de la table de Neumann, et on en prend le poids avec exactitude. Si on trouve, par exemple, que la fiole, déduction faite du poids du verre, pèse 124^{gr}.90, on en conclura que tel est le poids spécifique du sirop, et par conséquent que ce sirop renferme, d'après le tableau précédent, 53 part. de sucre et 47 part. d'eau.

Au lieu de cette pesée, on pourrait aussi se servir d'un aréomètre où seraient marquées les densités croissantes et leurs subdivisions, de manière à obtenir, sans le secours de la balance, les proportions de sucre et d'eau contenus dans un sirop.

La délicatesse des opérations par voie de pesée ou avec l'aréomètre à densité, l'inconvénient d'être obligé de consulter des tables, ont suggéré l'idée de substituer l'aréomètre ordinaire de Baumé à celui à densité, et de l'adapter plus spécialement à la mesure de la quantité de sucre contenu dans une dissolution sucrée. C'est l'instrument de ce genre auquel on a donné le nom de *pèse-sirop*.

Le pèse-sirop, qui se compose d'un tube en verre terminé dans le bas par une boule lestée avec du plomb fin de chasse, est donc un aréomètre qui porte une échelle depuis 0° jusqu'à 50°, mais où les degrés de cette échelle ne marchent plus comme dans l'alcoomètre, par exemple, de bas en haut, mais au contraire, de haut en bas. Le 0° qui est dans le haut de la tige, marque la densité de l'eau distillée ou pure, et 50°, l'eau saturée de sucre à la température de 15° C., ce qui signifie que quand on pèse un sirop, il faut toujours tenir compte de la température, parce qu'autrement on pourrait commettre une erreur assez grossière, puisqu'un sirop bouillant, qui marque 31° au pèse-sirop, en marque 35 quand il est froid. En un mot, et pour avoir une mesure uniforme, on doit ramener constamment la température d'un sirop dont on veut déterminer le degré à la température de 15° C. si on veut établir exactement ce degré.

On a reproché au pèse-sirop de présenter une échelle où les degrés sont trop rapprochés entre eux et où il est difficile d'apprécier les subdivisions ; mais on peut remédier à cet inconvénient en se servant d'aréomètres à tige plus fine ; toutefois, comme alors l'instrument aurait une longueur qui serait incommode, on le partage en plusieurs autres dont l'un, par exemple, marque les densités de 0° à 15°, un second de 16° à 30° et un troisième de 31° à 50°. On conçoit en effet qu'on peut donner ainsi une bien plus grande étendue aux degrés de l'échelle et qu'il devient facile de lire les moitiés ou les quarts de degrés qui sont les subdivisions usuelles de ces instruments.

Les liquoristes emploient plusieurs sortes de sucre, entre autres celle dite *bonne quatrième*, qui est un sucre brut jaune ou grisâtre et dont on connaît plusieurs qualités ; mais aujourd'hui, et par suite de la baisse des prix, ils se servent de sucre blanc raffiné. Il est donc utile de faire connaître ici le rapport qui existe entre les degrés du pèse-sirop et la quantité réelle de sucre contenue dans un sirop, tant pour les dissolutions de bonne quatrième que pour celles de sucre raffiné ; c'est ce qu'indiquent les tableaux suivants :

DENSITÉ DES SIROPS.

TABLEAU Nᵒ III.

*De la quantité de sucre brut (bonne quatrième) contenue
dans 100 litres de sirop ramené à la température de 15°
du thermomètre centigrade.*

DEGRÉS.	POIDS du sucre.	DEGRÉS.	POIDS du sucre.	DEGRÉS.	POIDS du sucre.
	kil.		kil.		kil.
0.5	1 367	14.0	38.276	27 5	75.185
1.0	2.734	14.5	39.643	28.0	76.562
1.5	4.101	15.0	41.010	28.5	77.919
2.0	5.468	15.5	42 377	29.0	79.286
2.5	6.835	16.0	43.744	29.5	80.653
3.0	8.202	16.5	45.111	30.0	82.020
3.5	9.569	17.0	46.478	30.5	83.387
4.0	10.936	17.5	47 845	31.0	84.754
4.5	12.303	18.0	49.212	31.5	86.121
5.0	13.670	18 5	50.579	32 0	87.488
5.5	15.037	19.0	51.946	32.5	88.855
6.0	16.404	19.5	53.313	33 0	90.222
6.5	17.771	20 0	54.680	33.5	91.589
7.0	19.138	20 5	56.047	34.0	92.956
7.5	20.505	21.0	57.414	34.5	94.323
8.0	21.872	21.5	58.781	35.0	95.690
8.5	23 239	22.0	60.148	35.5	97.057
9.0	24.606	22.5	61.515	36.0	98.424
9.5	25.973	23.0	62.882	36 5	99.791
10.0	27.340	23.5	64 249	37.0	101.158
10.5	28.707	24.0	65.616	37.5	102.525
11.0	30.074	24.5	66.983	38.0	103.892
11.5	31.441	25.0	68.350	38.5	105.259
12.0	32.808	25 5	69.717	39 0	106.626
12.5	34.175	26.0	71.084	39.5	107.973
13.0	35.542	26 5	72.451	40.0	109.360
13.5	36 909	27.0	73.818		

TABLEAU N° IV,

Indiquant la quantité de sucre raffiné contenue dans 100 litres de sirop ramené à la température de 15 degrés du thermomètre centigrade.

DEGRÉS.	POIDS du sucre.	DEGRÉS	POIDS du sucre.	DEGRÉS	POIDS du sucre.
	kil.		kil.		kil.
0.5	1.250	14.0	35.000	27.5	68.750
1.0	2.500	14.5	36.250	28.0	70.000
1.5	3.750	15.0	37.500	28.5	71.250
2.0	5.000	15.5	38.750	29.0	72.500
2.5	6.250	16.0	40.000	29.5	73.750
3.0	7.500	16.5	41.250	30.0	75.000
3.5	8.750	17.0	42.500	30.5	76.250
4.0	10.000	17.5	43.750	31.0	77.500
4.5	11.250	18.0	45.000	31.5	78.750
5.0	12.500	18.5	46.250	32.0	80.000
5.5	13.750	19.0	47.500	32.5	81.250
6.0	15.000	19.5	48.750	33.0	82.500
6.5	16.250	20.0	50.000	33.5	83.750
7.0	17.500	20.5	51.250	34.0	85.000
7.5	18.750	21.0	52.500	34.5	86.250
8.0	20.000	21.5	53.750	35.0	87.500
8.5	21.250	22.0	55.000	35.5	88.750
9.0	22.500	22.5	56.250	36.0	90.000
9.5	23.750	23.0	57.500	36.5	91.250
10.0	25.000	23.5	58.750	37.0	92.500
10.5	26.250	24.0	60.000	37.5	93.750
11.0	27.500	24.5	61.250	38.0	95.000
11.5	28.750	25.0	62.500	38.5	96.250
12.0	30.000	25.5	63.750	39.0	97.500
12.5	31.250	26.0	65.000	39.5	98.750
13.0	32.500	26.5	66.250	40.0	100.000
13.5	33.750	27.0	67.500		

      DENSITÉ DES SIROPS.

Pour étendre encore l'usage des tableaux précédents, il ne nous reste plus qu'à faire connaître le rapport qui existe entre les degrés de l'aréomètre de Baumé et le poids spécifique. Cette connaissance nous sera en effet utile dans quelques calculs que le liquoriste est appelé tous les jours à faire dans ses opérations. Voici ce tableau de correspondance établi d'après les meilleures sources.

Tableau N° V,

De correspondance des degrés du pèse-sirop de Baumé et du poids spécifique.

DEGRÉS	POIDS spécifique.	DEGRÉS	POIDS spécifique.	DEGRÉS	POIDS spécifique.
0	1.0000	14	1.1014	28	1.2258
1	1.0066	15	1.1095	29	1.2358
2	1.0133	16	1.1176	30	1.2459
3	1.0201	17	1.1259	31	1.2562
4	1.0270	18	1.1343	32	1.2667
5	1.0340	19	1.1428	33	1.2773
6	1.0411	20	1.1515	34	1.2881
7	1.0483	21	1.1603	35	1.2992
8	1.0556	22	1.1692	36	1.3163
9	1.0630	23	1.1783	37	1.3217
10	1.0704	24	1.1875	38	1.3333
11	1.0780	25	1.1968	39	1.3451
12	1.0837	26	1.2063	40	1.3571
13	1.0935	27	1.2160		

Les tableaux précédents vont nous servir à résoudre plusieurs petits problèmes arithmétiques que le liquoriste peut se poser à chaque instant dans la fabrication des sirops e', en général, de toutes les dissolutions de sucre dans l'eau. Nous ne nous occuperons ici que des principaux, qui d'ailleurs ne présentent pas de difficulté :

1° Combien entre-t-il de sucre dans un sirop dont on connaît le degré aréométrique ?

Supposons qu'on ait 126 litres de sirop de sucre bonne quatrième marquant 32°5 au pèse-sirop, et qu'on veuille connaître la quantité de ce sucre qui entre dans ces 126 litres afin d'en établir les frais de production.

On dira, en se servant du tableau n° III, puisque 100 parties de sirop de sucre bonne quatrième, marquant 32°5, renferment 88,855 de sucre, combien en renferment 126 litres ? ce qui donne la proportion :

$$100 : 88.855 :: 126 : x$$

et en faisant les calculs nécessaires :

$$x = \frac{88.855 \times 126}{100} = 111^{kil.}957$$

ce qui veut dire que les 126 litres de sirop renferment 111kil.957 de sucre.

Ainsi, pour résoudre les questions de ce genre, il faut multiplier la quantité de sucre indiquée par le tableau n° III par le nombre de litres du sirop, et diviser le produit par 100 : le quotient est le sucre contenu dans le volume de sirop;

2° On demande combien il faut de sucre bonne quatrième pour préparer 175 litres de sirop à 31° du pèse-sirop? on dira, en se servant du tableau n° III, puisque 100 parties de sirop à 31° renferment 84kil.754, combien en renfermeront 175 litres? ce qui se réduit à la proportion suivante :

$$100 : 84.754 :: 175 : x$$

$$\text{ou } x = \frac{84.754 \times 175}{100} = 148^{\text{kil}}.319$$

c'est-à-dire que, pour faire 175 litres à ce degré, il faut 148kil.319 de sucre bonne quatrième.

On résout tous les problèmes de ce genre en multipliant la quantité de sucre, du degré indiqué, par le nombre de litres de sirop qu'on veut obtenir et divisant le produit par 100;

3º Combien faut-il de sucre raffiné pour faire un sirop d'un degré donné?

Le tableau nº IV résout cette question;

4º Combien peut-on préparer de litres de sirop, marquant un certain degré, avec un poids donné de sucre raffiné?

Supposons qu'on ait 185 kilogrammes de sucre raffiné et qu'on désire connaître la quantité de sirop à 32º que fournira ce sucre, on dira, en ayant recours au tableau nº IV :

Puisque 100 de sirop à 32º renferment 80 kilogrammes de sucre, x de sirop, au même degré, en renfermeront 185, ou

$$100 : 80 :: x : 185$$

$$x = \frac{100 \times 185}{80} = 231^{\text{lit}}.25$$

c'est-à-dire que les 185 kilogrammes de sucre raffiné fourniront 231lit.25 centilitres de sirop à 32º.

Les questions de ce genre se résolvent donc en multipliant le poids de sucre par 100 et divisant le produit par le nombre qui représente la quantité de sucre contenue dans 100 de sirop au degré indiqué;

5° Transformer un sirop d'un degré donné en un sirop marquant un autre degré?

La question se résout d'une manière différente, suivant qu'il s'agit d'obtenir un sirop plus dense ou un sirop moins dense qu'il faut ajouter au sirop donné de l'eau ou du sucre, pour l'amener à la densité voulue.

(*a*) On a, je suppose, 150 litres de sirop de bonne quatrième marquant 32° qu'on veut ramener à 26°, combien faut-il y ajouter d'eau?

On dira : un sirop à 32°, suivant le tableau n° VI, a une densité égale à 1,2667. Or, suivant le tableau n° II, un sirop de cette densité renferme à fort peu près, sur 100 parties, 56 parties de sucre et 44 d'eau. Les 150 litres renfermeront donc 84 de sucre et 66 d'eau.

D'un autre côté, un sirop à 26° a une densité égale à 1,2063, et avec cette densité, il renferme, sur 100 parties, 45,5 parties de sucre et 54,5 d'eau. 150 litres de ce sirop renfermeraient donc 81,75 d'eau et 68,25 sucre. Or, comme le sirop de 32° renferme déjà 66 d'eau et qu'il en faut 81,75, c'est encore 15lit.75 d'eau qu'il faut ajouter pour avoir un sirop marquant 26°. On aura donc ainsi 165lit.75 centilitres de ce dernier sirop.

Tout se réduit donc à calculer les quantités d'eau contenues dans les sirops à la densité donnée et à la densité voulue, et à en prendre la différence.

(*b*) On a 168 litres de sirop marquant 22° qu'on veut remonter à 31°?

Un sirop à 22° a un poids spécifique de 1,1692, et, sous cette densité, il contient environ, sur 100 parties, 38,2 de sucre et 60,8 d'eau. Les 168 litres renfermeront donc 64,17 parties de sucre.

D'un autre côté, le sirop à 31° a une densité de 1,2362, et, avec cette densité, il contient 54,3 sucre. Les 168 litres doivent donc en renfermer 91,224, et puisque le sirop en renferme déjà 64,17, c'est 27kil.054 de sucre qu'il faut y ajouter.

Nous bornerons là les exemples des calculs qu'on peut faire à l'aide des tableaux qui précèdent, notre but étant simplement d'indiquer la manière d'opérer. Nous savons bien qu'on peut arriver au même but au moyen du pèse-sirop; mais on n'y arrive jamais que par des tâtonnements longs et incertains, et il vaut bien mieux faire à l'avance tous les calculs analogues, puis contrôler les résultats à l'aide du pèse-sirop ; on a ainsi un moyen de vérification qui permet d'opérer avec promptitude et d'une manière sûre.

Nous n'avons pas besoin de rappeler aux liquoristes soigneux que les instruments pour prendre la densité des sirops doivent toujours être tenus très-propres et en bon état, et que quand on n'en fait pas usage, il faut les mettre à l'abri de la poussière et des accidents, si on veut qu'ils donnent à tous les instants des indications précises et sur lesquelles on puisse baser des opérations.

On consultera encore avec fruit la table suivante, qui a été dressée avec soin pour établir l'assiette de l'impôt dans les sucreries de betteraves, et qui servira à résoudre plusieurs des problèmes posés ci-dessus.

SUCRE.	EAU.	DENSITÉ.	DEGRÉS de Baumé.	VOLUME de la solution.	SUCRE DANS	
					100 lit.	100 kil.
kil.	kil.			litres.	kil.	lit.
100	50	1345.29	37.00	111.40	99.68	66.60
»	60	1322.31	33.75	121.00	82.64	62.50
»	70	1297.93	32.00	134 00	76.35	58.80
»	80	1281.13	30.50	140.50	71.17	55.50
»	90	1266.66	29.00	150.00	66.66	52.60
»	100	1257.86	27.25	159.00	62.88	50.00
»	120	1222.22	25.00	180.00	55.55	45.40
»	140	1200.00	22.50	200.00	50.00	41.60
»	160	1187.21	21.00	219.00	45 66	38.40
»	180	1176.47	19.50	238.00	42.00	35.70
»	200	1170.72	18.50	256.25	39.00	33.30
»	250	1147.54	16 00	305.00	32.70	28.50
»	350	1111.11	12.50	405.00	24.60	22.20
»	450	1089.10	10.15	505.00	19.80	18.10
»	550	1074.38	8.50	605.00	16.50	15.30
»	650	1063.83	7.50	705.00	14.18	13.30
»	750	1055.90	6.50	805.00	12.42	11.70
»	945	1045.00	5.00	1000.00	10.00	9.50
»	1445	1030.00	3.50	1500.00	6.66	6.40
»	1945	1022.05	2.50	2000.00	5.00	4.80
»	2445	1018.00	2.00	2500.00	4.00	3.30
»	2945	1015.00	1.75	3000.00	3.33	3.20

SECTION VI.

DÉCOLORATION DES SIROPS.

Les liquoristes se servent beaucoup plus aujour-
d'hui, pour la préparation des sirops et des liqueurs,
du sucre blanc ou raffiné, que son bas prix rend avantageux, et qui est généralement si pur qu'il n'a pas
besoin d'être purifié; mais ils emploient encore, pour

les produits de qualité inférieure, des sucres bruts qu'ils sont obligés, la plupart du temps, de clarifier. Cette clarification s'opère à l'eau d'albumine ou au charbon animal.

L'eau d'albumine se prépare en prenant 16 blancs d'œufs frais pour 100 kilogrammes de sucre brut, qu'on jette avec les coquilles dans une bassine, en y ajoutant 2 litres d'eau. On prend un balai d'osier ou de bouleau, et on bat le tout en ajoutant peu à peu 14 litres d'eau, pour former 16 litres d'eau d'albumine.

L'albumine, comme on sait, jouit de la propriété de se coaguler à une assez basse température, et de former une espèce de nappe ou réseau qui laisse passer le liquide clair, mais entraîne avec elle, en s'élevant à la surface, les matières étrangères, qu'on peut ainsi enlever avec les écumes.

La manière de se servir de l'eau d'albumine pour clarifier les sucres bruts a été bien décrite, par M. F. Duplais, dans son *Traité des Liqueurs :*

« On met, dit-il, dans une bassine de cuivre rouge non étamé, et de grandeur suffisante, 50 kilogrammes de sucre Martinique, bonne quatrième, et on ajoute 20 litres d'eau pure d'une part, et 6 litres d'eau albumineuse d'autre part ; on agite le tout avec une grande spatule en bois, pour faire fondre le sucre et l'empêcher de s'attacher au fond de la bassine, et on allume le feu qu'on pousse activement. Lorsque le sucre commence à monter, on verse de hauteur environ un litre d'eau albumineuse ; par cette immersion, le sucre s'affaisse pour remonter ensuite ; on verse alors une nouvelle et pareille quantité de la même eau, et on arrête le feu en fermant la porte du cendrier. Le sirop s'affaisse entièrement, l'écume acquiert plus de consistance ; on enlève cette écume à l'aide d'une écumoire, puis on ouvre la porte du cendrier pour redonner de l'activité au feu ; on entretient le sucre à une ébullition bien soutenue et on fait en sorte que le bouillonnement se fasse sur un côté, afin d'enlever la nouvelle écume sur le côté opposé. On verse de nouveau 3 litres d'eau en deux ou trois fois, en ayant soin de jeter toujours cette eau de hauteur et d'enlever l'écume. Enfin, lorsque le sirop ne présente plus qu'une écume légère et blanchâtre, qu'il est suffisamment transparent et qu'on aperçoit le fond de la bassine, on le passe à travers un blanchet ou une chausse. Si cependant le sirop n'était pas assez cuit, il faudrait le laisser sur le feu jusqu'à ce qu'il ait acquis le degré convenable ; s'il était trop cuit et qu'il marquât un degré supérieur à 31°, il faudrait le décuire avec de l'eau pour le ramener à ce degré. »

La clarification des sucres raffinés qui ne sont pas entièrement purs s'opère de la même manière, mais l'eau albumineuse se prépare avec la moitié de la quantité des blancs d'œufs.

On utilise les écumes et les eaux de lavage des filtres en les réunissant dans une bassine avec le même volume d'eau, agitant fortement avec la spatule et portant à l'ébullition. On retire alors le feu, on laisse reposer, on écume, on ravive le feu, on fait bouillir de nouveau et on passe à travers un tamis et une chausse en laine. Ces solutions sucrées servent à faire de nouveaux sirops, en les concentrant au degré convenable.

Autrefois on clarifiait les sirops avec le sang de bœuf ; mais on avait remarqué que cette matière laissait toujours une saveur et souvent une odeur désagréables, ce qui fait qu'on y a renoncé dans l'art du liquoriste, surtout depuis qu'on connaît l'action puissante de décoloration du charbon et qu'on peut se procurer d'ailleurs des sucres raffinés bien francs de goût et très-purs. Néanmoins nous pensons qu'il est utile pour le liquoriste de connaître les effets du charbon, ne serait-ce que pour désinfecter certains sucres bruts avariés, devenus visqueux et d'une odeur désagréable, qu'il peut être obligé d'employer.

Action décolorante du charbon animal.

Lorsque Lowitz eut reconnu les propriétés anti-putrides et décolorantes du charbon, on ne tarda pas à en faire des applications; mais on crut, pendant quelque temps, que l'action décolorante du charbon de bois était plus forte que celle du charbon animal. Aussi était-ce du premier dont on faisait uniquement usage. Ce fut Figuier, pharmacien de Montpellier, qui, dans un mémoire publié en 1811, fit revenir de l'erreur où l'on était à cet égard; il en fit de suite des applications à la décoloration du vinaigre et de quelques autres substances. En 1812, Ch. Derosne conçut l'idée de substituer le charbon animal à celui de bois dans le raffinage du sucre des colonies et dans la fabrication de celui de betteraves. Les résultats les plus heureux couronnèrent ses efforts, et depuis cette époque l'usage du charbon animal a été universellement adopté dans les raffineries, d'où il est passé chez les pharmaciens et les confiseurs.

Quoique son emploi fût répandu, la manière d'agir du charbon n'en était pas plus connue; on supposait alors qu'il décomposait la matière colorante, on se fondait sur ce qu'en traitant différentes matières par le charbon, telles que la bière, la mélasse, le vin, etc., la décoloration était accompagnée d'un dégagement de gaz. On avait remarqué que tous les charbons animaux ne jouissaient pas à un même degré de la propriété décolorante, que des circonstances particulières pouvaient faire qu'un charbon qui ne décolorait pas du tout acquît une force décolorante très-énergique. Ce fut pour éclairer tout ce que ces phénomènes présentaient de contradictoire, que la société de pharmacie de Paris proposa, en 1821, un prix dont le sujet était :

1° De déterminer quelle est la manière d'agir du charbon dans la décoloration, et par conséquent quels sont les changements qu'il éprouve dans sa composition pendant sa réaction ;

2° De rechercher quelle est l'influence exercée dans cette même opération par les substances étrangères que le charbon peut contenir ;

3° Enfin, de s'assurer si l'état physique du charbon animal n'est pas une des causes essentielles de son action plus marquée sur les substances colorantes.

Nous allons extraire du travail de M. Bussy, qui remporta le premier prix, les faits principaux qu'il y a consignés, et les conséquences auxquelles ils l'ont conduit.

Le charbon des os, tel qu'il se trouve dans le commerce, ayant servi à l'auteur de terme de comparaison pour évaluer le pouvoir de tous ceux qu'il a soumis aux expériences, il a dû rechercher quelle était sa composition ; il l'admet formé généralement des substances suivantes :

Phosphate de chaux.	
Carbonate de chaux.	
Sulfate de chaux.	88
Sulfure de fer.	
Oxyde de fer.	
Fer à l'état de carbure silicé.	2
Charbon renfermant 6 à 7 pour 100 d'azote.	10
	100

M. Bussy ayant reconnu que, de toutes ces substances, la seule qui exerçât une action décolorante était le charbon, il dut rechercher quel était son mode d'action et l'influence que pouvaient exercer les matières avec lesquelles il était mêlé ; il trouva :

1° Que la propriété décolorante est inhérente au carbone (nom que l'on donne en chimie au charbon pur), mais qu'elle ne peut se manifester que lorsque le carbone se trouve dans certaines circonstances physiques parmi lesquelles la porosité et la division tiennent le premier rang ;

2° Que si les matières étrangères paraissent avoir une influence sur la décoloration, cela tient à ce qu'elles augmentent la surface du charbon qui est en contact avec le liquide ;

3° Qu'aucun charbon ne peut décolorer lorsqu'il a été chauffé assez fortement pour devenir dur et brillant ; que tous, au contraire, jouissent de cette propriété lorsqu'ils sont suffisamment divisés, non point par une action mécanique, mais par l'interposition de quelque substance qui s'oppose à leur aggrégation ;

4° Que la supériorité du charbon animal, tel que celui du sang, de la gélatine, provient surtout de sa grande porosité, et qui peut être considérablement accrue par l'effet des matières avec lesquelles on le calcine, telles que la potasse ;

5° Que la potasse, dans cette circonstance, ne se borne pas seulement à augmenter la porosité du charbon par la soustraction des matières étrangères qu'il contient, mais qu'elle agit sur le charbon lui-même en atténuant ses molécules, et que, par cette raison, on peut, en calcinant les substances végétales avec la potasse, obtenir un charbon décolorant ;

6° Que la force décolorante de différents charbons établie pour une substance, suit généralement le même ordre pour les autres ; mais que la différence qui existe entre eux diminue à mesure que les liquides sur lesquels on les essaie sont plus difficiles à décolorer ;

7° Que le charbon agit sur les matières colorantes en se combinant avec elles sans les décomposer comme ferait l'albumine, et que l'on peut, dans quelques circonstances, faire reparaître la couleur et l'absorber alternativement.

Voici l'extrait d'un tableau, donné par M. Bussy, qui présente la différence qui existe entre les pouvoirs décolorants de quelques charbons, relativement à une dissolution d'indigo et à une de mélasse.

(Voir le Tableau suivant, page 90).

ESPÈCES de CHARBON.	POIDS du charbon	QUANTITÉ de liqueur d'essai d'indigo décolorée	QUANTITÉ de liqueur d'essai de mélasse décolorée	FORCE décolorante sur l'indigo	FORCE décolorante sur la mélasse
	gram.	litres.	litres.		
Charbon des os du commerce.	1	0.0032	0.009	1	1
Charbon des os épuré par l'acide muriatique.	1	0.06	0.015	1.87	1.6
Charbon des os épuré par l'acide muriatique et la potasse.	1	1.45	0.18	45	20
Sang calciné avec la potasse.	1	1.6	0.18	50	20
Noir de fumée calciné.	1	0.128	0.03	4	3.3
Noir de fumée calciné avec la potasse.	1	0.55	0.09	15.2	10

Les dissolutions colorées qu'a employées **M. Bussy** contenaient, celle d'indigo, un millième de son poids d'indigo ; celle de mélasse était formée d'une partie de mélasse et de 20 parties d'eau.

Dans un mémoire qui mérita le second prix, **M. Payen** était arrivé à des résultats à peu près analogues à ceux que nous avons donnés d'après **M. Bussy**; de sorte qu'aujourd'hui la manière d'agir du charbon et les différentes causes qui modifient ou qui ajoutent à l'énergie de ses propriétés décolorantes, sont parfaitement connues.

Le sang, les blancs d'œufs, n'agissent sur les dissolutions sirupeuses que par l'albumine qu'ils contiennent; celle-ci se coagulant par une chaleur de 65° à 75° C., suivant Chaptal, forme une espèce de réseau qui, enveloppant les particules solides en suspension dans le liquide, les élève à sa surface et leur donne une consistance qui permet de les enlever plus facilement.

La manière d'agir du lait est tout à fait identique à celle du sang et des blancs d'œufs; c'est alors la matière caséeuse qui se coagule.

Quoique le liquoriste n'emploie guère aujourd'hui pour les sirops fins et pour les liqueurs fines et surfines, que des sucres raffinés et blancs, il prépare aussi des liqueurs ordinaires et demi-fines avec des sucres bruts; d'ailleurs, il se présente encore dans le commerce des circonstances où il y a avantage à faire l'acquisition de sucres bruts, de sucres terrés de l'Inde, de sucres quatre cassons, etc. Dans ce cas, avant de les employer à la fabrication des sirops, il est obligé de leur faire subir une sorte de raffinage qui consiste à combiner ensemble les moyens de décoloration par les charbons et par l'albumine des œufs.

Pour cela, on prépare l'eau d'albumine ainsi qu'on l'a prescrit précédemment. On met le sucre dans une bassine en cuivre, et on y ajoute de l'eau pure et de l'eau d'albumine. On dissout alors le tout en opérant comme on a dit, puis, lorsque le tout est dissous, on verse le noir animal, on donne un bouillon, puis on ajoute encore à plusieurs reprises de l'eau d'albumine, on donne un second bouillon et on retire du feu, on laisse reposer, on enlève les écumes et on passe à travers une chausse en laine.

100 kilogr. de sucre brut exigent environ 50 litres d'eau, 4 à 5 kilogr. de noir animal et l'eau d'albumine préparée avec 8 à 10 blancs d'œufs.

Il y a des liquoristes qui combinent ensemble le charbon animal et le charbon de bois dans la proportion de 2 du premier pour 1 du second ; mais la quantité totale du charbon reste la même.

Les sirops ne filtrent bien sur le charbon que lorsqu'ils sont chauds, par conséquent on doit prévenir autant qu'il est possible leur refroidissement.

Si les premiers sirops qui coulent des filtres sont louches et troubles, on les met à part et on les repasse sur les filtres.

Le noir qui a servi n'est pas dépouillé de sa propriété décolorante. On lave donc les filtres à l'eau chaude, on recueille ces eaux qu'on mélange avec les écumes pour avoir des eaux sucrées qui servent à faire de nouvelles dissolutions, et quand le noir a été dépouillé ainsi de toute la matière sucrée qu'il peut contenir, on l'extrait du filtre, on le fait sécher et on le livre aux fabricants de noir animal, qui le revivifient par des moyens dont la description n'est pas du ressort de ce Manuel.

L'emploi du noir animal a l'avantage, non-seulement de décolorer les sirops, mais aussi de les dépouiller du mauvais goût que peuvent leur transmettre les sucres bruts, quelquefois altérés et avariés, et enfin de saturer les alcalis si nuisibles dans la cristallisation ou le bon goût des sucres.

Quelques liquoristes se servent, pour la décoloration de leurs sirops, du noir en grains et du filtre Dumont, dont nous n'entreprendrons pas de donner ici la description, qu'on trouve dans tous les ouvrages qui traitent de la fabrication du sucre indigène et du raffinage du sucre; mais, nous le répétons encore, les liquoristes trouvent mieux aujourd'hui leur compte à employer, pour les produits de bonne qualité, des sucres blancs que des sucres bruts, et la grande règle économique de la division du travail ne leur permet plus, dans les grandes villes où cette industrie s'exerce principalement, de s'occuper du raffinage ou de la décoloration des sucres, et encore bien moins de la revivification du noir animal.

SECTION VII.

FORMULES DE SIROPS DE SUCRE.

Un sirop tel que nous l'avons compris jusqu'ici est un liquide plus ou moins dense consistant en une dissolution de sucre dans l'eau; c'est ce qu'on appelle un sirop simple; mais dans l'industrie du liquoriste, on ajoute beaucoup d'autres substances à cette dissolution, soit pour en rendre l'usage plus agréable, soit pour lui donner quelques propriétés thérapeutiques que ne possède pas un sirop simplement composé d'eau et de sucre, et c'est ainsi qu'on forme des sirops composés.

Les substances qu'on ajoute le plus communément au sirop simple pour lui communiquer une saveur plus flatteuse au goût, ou les propriétés en question, sont souvent le suc brut ou fermenté des fruits, des infusions ou décoctions de plantes aromatiques ou sapides, soit fleurs, tiges ou racines, des acides, des esprits, des eaux distillées, etc.

1° Sirop simple.

Le sirop simple est la base de tous les sirops composés. Nous avons décrit précédemment avec soin la manière de le préparer avec l'eau d'albumine, et nous n'y reviendrons pas ; nous rappellerons seulement qu'il doit être cuit à la nappe, c'est-à-dire marquer de 31° à 32° au pèse-sirop.

Quant au sirop de sucre brut qui sert à préparer les liqueurs ordinaires et mi-fines, comme les liqueurs sont la plupart du temps colorées, on peut l'employer, suivant les circonstances, après l'avoir filtré, ou bien après avoir été décoloré à l'eau d'albumine ou au charbon. Dans tous les cas, sa cuite doit marquer, à l'état chaud, 31° au pèse-sirop, densité qui s'élève jusqu'à 35° quand le sirop est refroidi.

Ce sirop se prépare d'avance en grande quantité pour en avoir en provision, et en le mettant à l'abri du contact de l'air, et dans un lieu frais, on peut le conserver sans qu'il éprouve de fermentation.

2° Sirops composés.

Les sirops composés sont, avons-nous dit, ceux qu'on fabrique avec du sirop simple et des décoctions ou infusions de plantes ou de parties de plantes, ou avec d'autres substances. Nous donnerons ici une série de formules pour les sirops, formules qu'on peut, du reste, faire varier de bien des manières.

FORMULES DE SIROPS COMPOSÉS.

Sirop d'absinthe.

Feuilles sèches d'absinthe.. . . . . . .   62 gram.
Eau bouillante.   615

Après vingt-quatre heures d'infusion, passez avec expression, filtrez et mêlez avec :

Sirop de sucre. . . . .   1 kilog.

On cuit au 31ᵉ degré bouillant, on retire du feu, et l'on y ajoute l'eau distillée d'absinthe.

Les sirops d'hysope et de lierre terrestre sont préparés de la même manière.

Sirop de baume de Tolu.

Alcool à 90° C. saturé de baume de
    Tolu. . . . .   72 gram.

Mettez la liqueur dans un matras, et ajoutez peu à peu, en agitant :

Eau distillée. . . . .   500 gram.

Laissez reposer pendant vingt-quatre heures, puis filtrez.

Ensuite, d'autre part, vous ferez cuire à la grande plume, avec la plus petite quantité d'eau possible :

Sucre très-blanc. . . . .   1,000 gram.

Ajoutez alors l'eau balsamique, agitez le mélange un instant, l'alcool se volatilisera ; laissez refroidir le sirop dans un vase couvert.

La teinture alcoolique employée contient 14 grammes de baume de Tolu ; elle abandonne dans l'eau 3 grammes d'une matière soluble composée, pour les trois quarts, d'acide benzoïque ; le reste est une matière résine extractive, plus soluble dans l'alcool que dans l'eau ; ce procédé donne certainement un sirop plus chargé en baume de Tolu que celui du Codex.

On peut préparer de même des sirops de storax-calamite, de benjoin et de tous les baumes.

Sirop de berberis ou d'épine-vinette.

Suc filtré de berberis. . . . . 500 gram.
Sucre blanc en poudre. 920

Faites dissoudre au bain-marie.

On prépare de la même manière les sirops avec les sucs de cerises, citron, coing, grenade, orange, verjus.

Sirop de betterave.

On fait cuire dans l'eau les betteraves, après les avoir bien nettoyées ; on les exprime pour en tirer le suc, et l'on y ajoute, pour 1kil.600 de suc, 3 kilogrammes de sucre ; on clarifie avec le blanc d'œuf, et on passe à travers la chausse.

On prépare de la même manière les sirops de navets et de carottes.

Sirop de bourrache.

Suc de bourrache clarifié et filtré.. 0$^{kil.}$500
Sirop de sucre. . . . . 1 . 500

On mêle et l'on fait cuire à 30 degrés bouillant.

On prépare de la même manière les sirops de fumeterre, de ménianthe et, en général, de toutes les plantes non aromatiques.

Sirop de cachou.

Extrait de cachou. . . . . 31 gram.
Eau. 500
Sucre. . . . . 1 kilog.

Dissolvez le cachou dans l'eau tiède, faites-y fondre le sucre, clarifiez et réduisez en consistance sirupeuse.

Sirop de capillaire.

Capillaire du Canada, mondé..	31 gram.
Eau bouillante.	500
Sirop de sucre simple et bouillant. .	2 kilog.
Eau de fleurs d'oranger.	31

On fait infuser, pendant deux à trois heures, le capillaire dans l'eau ; on mêle avec le sirop, et l'on fait cuire à 31 degrés ; on ajoute ensuite l'eau de fleurs d'oranger, ou mieux une infusion de thé pekao.

Sirop de cerises griottes.

On prend les cerises, on les monde de leurs queues, on les fait cuire à un feu léger, et on extrait le suc par expression.

On dépure ce suc en le laissant fermenter pendant quelques jours à une douce température. C'est ainsi qu'on dépure les sucs de citron, de grenade, de groseille, d'épine-vinette, de verjus, de coing, etc. Par cette fermentation, leur partie mucilagineuse et une portion du parenchyme visqueux se détachent, se précipitent en flocons ; on filtre le suc débarrassé. D'autres hâtent cette séparation en ajoutant un peu de crème ou de lait, qui, se coagulant par l'acidité du suc, fait l'effet d'un blanc d'œuf. D'autres plongent ces sucs inodores renfermés en un matras, dans l'eau bouillante, pour coaguler leur portion visqueuse ; on filtre ensuite sur une partie de ce suc clarifié, on en met une et demie ou deux de sucre, et l'on fait cuire en consistance requise.

Sirop d'erysimum composé, ou de chantre, de Lebel, réformé par le Codex.

Orge entière lavée.	64 gram.
Raisins passés, mondés.	64
Réglisse sèche et contusée.	64

Distillateur-Liquoriste. 9

Bourrache. . . . . 96 gram.
Chicorée. 96

Faites une décoction à part dans 6 kilogrammes d'eau ; réduisez du quart, ensuite prenez :

Erysimum entier récent.. . . . . 15 hectog.
Racines d'aunée. . . . . 128 gram.
Capillaire du Canada.. 32
Sommités sèches de romarin. 16
    —   —   de stœchas. 16
Semences d'anis. 24

Les substances de cette seconde partie de la formule, incisées ou contusées, sont mises en macération dans la première décoction toute chaude. Après un jour, on distille pour tirer seulement 250 grammes de liqueur odorante dont on fait un sirop à part avec le double de son poids, ou 500 grammes de sucre blanc.

D'autre côté, on concentre la décoction restée dans la cucurbite, on passe, on décante, on prépare un sirop avec 1kil.500 de sucre, que l'on clarifie et auquel on ajoute, miel blanc, 500 grammes ; ce sirop refroidi est mêlé au précédent ; on obtient en tout 3kil.750.

Sirop d'acide citrique.

Acide citrique pur.. . . . . 500 gram.
Sirop de sucre.. . . . . 1 kilog.
Eau.. . . . . 10 gram.

On fait dissoudre l'acide dans l'eau, on mêle avec le sirop et l'on aromatise avec quelques gouttes d'essence de citron ; ce sirop remplace celui de limon.

On prépare de la même manière ceux d'acide oxalique et d'acide tartrique, avec cette différence qu'on n'emploie que 15 grammes du premier acide.

Sirop de coings.

On prend 592 grammes de suc dépuré de coings, et l'on y fait dissoudre au bain-marie 1 kilogramme de sucre très-blanc.

Sirop d'écorce d'oranges amères.

Écorce d'orange amère . . . . 185 gram.
Eau bouillante. 750

Après quinze heures d'infusion, filtrez et ajoutez, pour chaque kilogramme de cette infusion, 3 kilogrammes de sucre cuit ou au boulé, ou bien 1kil.870 de sucre qu'on y fait dissoudre à une douce chaleur.

On prépare de la même manière le sirop d'écorce de grenade.

Sirop de fleurs d'oranger.

Eau de fleurs d'oranger triple. . . . 500 gram.
Sucre en poudre très-blanc. . . . . . 5 kilog.
Eau. . . . . 2 litres.

On prépare le sirop de sucre et on le clarifie avec 4 blancs d'œufs, et enfin on ajoute l'eau de fleurs d'oranger.

Sirop de framboises.

Framboises non au point de maturité. 1 kilog.
Sucre en poudre grossière.. 1

Faites bouillir dans une bassine d'argent, en remuant avec une écumoire ; passez sans expression, et quand le sirop est à son point de cuite, filtrez.

Autre formule.

Conserve de framboises. . . . . 4kil. »
Sucre raffiné blanc. . . . . 7 . 500

Opérez comme pour le sirop de conserve de groseilles, décrit ci-après.

Autre formule.

M. Vuaflard a publié une autre formule qui nous paraît préférable. La voici :

> Framboises mondées et sèches.. . . . . .   4 parties.
> Cerises aigres..   1

Exprimez sur un tamis de crin, recevez le suc dans une terrine de grès que vous couvrirez, laissez reposer jusqu'à ce que la matière gélatineuse s'en sépare, ce qui a lieu dans douze à quinze heures ; faites égoutter sur une toile et exprimez le marc ; on filtre ensuite le suc et l'on s'en sert pour préparer le sirop de framboises. Ce procédé donne un sirop plus agréable que celui du Codex ; il n'est ni visqueux ni gélatineux.

Sirop de girofle.

> Eau distillée de girofle. . . . .   500 gram.
> Sucre en poudre.. . . . .   1 kilog.

Faites dissoudre à une douce chaleur.

On obtient un très-bon sirop en unissant 4 grammes d'huile de girofle à 3 kilogrammes de sirop.

Sirop de gomme (du Codex).

> Gomme arabique très-blanche concassée . . . .   500 gram.
> Sirop de sucre simple et bouillant. .   4 kilog.

On lave la gomme à l'eau froide et on la met ensuite dans 500 grammes d'eau très-pure, chauffée à 60 degrés ; on remue pour en favoriser la dissolution ; passez et mêlez au sirop que vous faites cuire jusqu'à ce qu'il marque bouillant 29 degrés. Ce sirop contient environ 4 grammes de gomme arabique par 30 grammes.

Sirop de grenades.

Sucre de grenade dépuré.	500 gram.
Sucre blanc.	1 kilog.

Faites dissoudre à une douce chaleur.

Sirop de groseilles.

Groseilles rouges mondées.	4^{kil}.500
Cerises aigres mondées.	0 . 500

On les écrase dans un vase de grès ou de porcelaine, que l'on place ensuite dans la cave ou dans un lieu frais pendant vingt-quatre heures; on passe alors sur un blanchet sans expression, et pour 500 grammes de ce suc, on ajoute 935 grammes de sucre qu'on y fait dissoudre à une douce chaleur.

Autre formule.

Groseilles mondées..	100 parties.
Cerises aigres mondées.	5

On met alors les groseilles dans une bassine que l'on fait chauffer à une douce chaleur, jusqu'à ce que les enveloppes aient perdu leur principe colorant; alors on fait passer le suc à travers un tamis de crin et l'on ajoute à ce suc les cerises écrasées. On met le tout dans une terrine de grès qu'on porte à la cave; après trente-six heures de repos, on voit un gros caillot qui s'est formé et qu'on s'empresse de diviser en l'agitant dans la liqueur avec un balai d'osier bien propre; on passe alors sur toile pour obtenir quarante parties de ce suc dans lesquelles on fait dissoudre à une douce chaleur soixante-dix parties de sucre. Ce sirop ainsi préparé a une saveur plus agréable et plus aromatique; sa couleur est même plus belle.

Autre formule.

    Conserve de groseilles. . . . . 4^{kil}. »
    Sucre raffiné blanc. . . . . 7 . 500

On verse la conserve sur le sucre dans une bassine, on chauffe en agitant pour faire fondre le sucre, et quand le tout a bouilli un peu, on retire du feu pour enlever l'écume épaisse qui s'affaisse, et on passe à la chausse.

On prépare de la même manière les sirops de merises, de cerises aigres.

On ajoute aussi parfois au sirop de groseilles ainsi préparé, du vin, du vinaigre framboisé et de l'acide tartrique, ce qui donne un sirop qui est très-chargé en couleur et flatte le goût de quelques consommateurs.

Sirop de guimauve.

    Racines de guimauve, blanches,
        sèches et mondées. . . . . 0^{kil}.250
    Sirop de sucre.. . . . . 8 . »
    Eau.. . . . . 1 . 500

On contuse cette racine, et on la fait macérer dans l'eau pendant quinze jours; on passe et l'on mêle la liqueur au sirop que l'on réduit à 30 degrés bouillant, on parfume avec de l'eau de fleurs d'oranger.

Sirop de jujubes.

    Jujubes fraîches, mondées de leurs
        noyaux et écrasées. . . . . 0^{kil}.250
    Eau bouillante. . . . . 1 . 500
    Sucre. . . . . 2 . »

Faites infuser les jujubes dans l'eau pendant quinze à vingt heures, passez avec expression et ajoutez le sucre, faites cuire en consistance convenable. On prépare de la même manière le sirop de dattes.

Sirop de lavande.

Fleurs de lavande. . . . . 185 gram.
Eau à 25°. 625

Après vingt-quatre heures de macération, passez et faites-y dissoudre à une douce chaleur 1 kilogramme de sucre.

On prépare de la même manière le sirop de romarin, de feuilles d'angélique, de mélisse, de menthe, de myrrhe, de marjolaine, de macis, etc,; la macération à froid est préférable, attendu qu'on ne perd rien des principes odorants.

Sirop de limon.

Suc dépuré de citron. . . . . 500 gram.
Sucre concassé. . . . .   1 kilog.

Faites dissoudre à une douce chaleur.

On peut l'aromatiser avec un peu d'esprit de citron. Ce sirop est le même que celui d'acide citrique.

Sirop de menthe poivrée.

Eau distillée de menthe poivrée. . .   1 partie.
Sucre.   2

Faites dissoudre à une douce chaleur.

On peut obtenir un bon sirop de menthe poivrée en faisant dissoudre dans le sirop ordinaire 4 grammes d'essence de menthe poivrée pour 1 kilog. 500 de sirop.

Sirop de mûres.

Mûres avant leur parfaite maturité. . . . . parties égales.
Sucre blanc concassé.. . . . . . .

On met les substances dans une bassine d'argent, sur un feu doux; la chaleur fait exsuder le suc des mûres qui dissout le sucre; on passe à travers un tamis de crin sans expression ; ce sirop devient clair sans être clarifié.

Sirop de muscade.

```
Muscades râpées. . . . . . . . . . . . .     62 gram.
Vin de Bourgogne généreux . . . . .     500
```

Après trois jours de macération dans un vase clos, passez avec expression et faites fondre dans la liqueur 750 grammes de sucre ; ce sirop est très-odorant.

Sirop d'œillets rouges.

```
Pétales d'œillets rouges frais. . . . .     500 gram.
Eau à 50°. . . . . . . . . . . . . . . . .       1 kilog.
```

Après douze heures d'infusion, passez avec légère expression, et faites dissoudre 2 kilogrammes de sucre dans la liqueur ; si au lieu de fleurs fraîches on en emploie de sèches, on n'en met que 62 grammes ; mais on y ajoute quelques clous de girofle pour augmenter leur arôme.

Sirop d'orgeat (perfectionné par Henry et Guibourt).

```
Amandes douces.. . . . . . . . . . . .   0kil.500
    —      amères. . . . . . . . . . .   0 . 155
Sucre.. . . . . . . . . . . . . . . . .   3 .  »
Gomme arabique ou gomme adra-
    gante.. . . . . . . . . . . . . . . .   0 . 31
Eau de fleurs d'oranger double. .   0 . 250
Eau pure.. . . . . . . . . . . . . . .   1 . 625
```

On monde les amandes de leur peau et on les pile ensuite dans un mortier de marbre avec 625 grammes de sucre, on partage cette pâte en six ou huit parties que l'on pile séparément jusqu'à ce qu'elle soit très-fine, on la délaie alors dans 1 kil.500 d'eau, on exprime à la presse ; alors on y ajoute le sucre et la gomme qu'on y fait dissoudre à une douce chaleur, on passe à travers une toile et l'on verse sur celle-ci l'eau de fleurs d'oranger, on exprime la toile sur le sirop, et l'on remue avec une spatule de bois, on le mélange à plusieurs reprises jusqu'à ce qu'il soit tiède, afin d'empêcher la formation de la pellicule huileuse.

Sirop de pistaches.

Ce sirop se prépare comme le précédent, avec cette différence qu'on remplace les amandes douces et amères par des pistaches.

Sirop de punch au cognac.

Sucre brut Martinique (bonne qua-
trième).. . . . . 50 kilog.
Eau-de-vie de Cognac à 58° C. . . . . 25 litres.
Esprit de citron concentré. . . . . . . 10 centil.
Acide citrique. . . . . 60 gram.

Clarifier le sucre brut et cuire à 32°; passer, filtrer, mettre le sirop dans un conge, ajouter le cognac, l'esprit de citron et l'acide fondu dans un peu d'eau. Mélanger vivement, couvrir et luter avec des bandes de papier le couvercle du conge, mélanger encore après complet refroidissement. En remplaçant l'eau-de-vie de Cognac par du 3/6 coupé au même degré, on aura le *sirop de punch ordinaire*.

Sirop de punch au kirsch.

Sucre blanc raffiné. . . . . 50 kilog.
Kirsch à 55°. . . . . 20 litres.
Alcool de vin à 85°. 4
Esprit de noyaux. 1
    — de citron concentré. . . . . . . 10 centil.
Acide citrique. . . . . 60 gram.

Opérez comme pour le précédent.

Sirop ordinaire de punch au rhum.

Sucre brut Martinique (bonne qua-
trième).. . . . . 50 kilog.

> Rhum ordinaire à 55°.. . . . . 15 litres.
> Alcool de vin à 85°. 10
> Esprit de citron concentré. . . . . . . 10 centil.
> Acide citrique.. . . . . 60 gram.

Opérez comme pour le sirop de punch au cognac.

Sirop fin de punch au rhum.

> Sucre raffiné blanc.. . . . . 50 kilog.
> Rhum fin.. . . . . 15 litres.
> Alcool à 85°.. 10
> Esprit de citron concentré. . . . . . 10 centil.
> Acide citrique. . . . . 60 gram.
> Thé hyswin.. 250

Faire une forte décoction de thé avec 4 litres d'eau bouillante, et l'ajouter au sirop cuit à 36° bouillant, opérer pour le reste comme pour le sirop au cognac.

Les punchs au cognac, au kirsch et au rhum n'ont pas besoin de brûler, on les étend seulement de deux parties d'eau bouillante.

Autre formule.

> Rhum à 60° C.. . . . . 10 litres.
> Sirop de sucre très-épais.. 10

Mélanger le sirop lorsqu'il est à peu près tiède au rhum qu'on a aromatisé avec l'essence de citron, la cannelle, le girofle, la vanille; filtrez et mettez en cruchons.

Ce sirop sert à faire le *punch à la minute,* et pour cela on le coupe avec son poids d'eau bouillante, ou mieux un thé léger.

Sirop de punch à l'arack.

> Sucre concassé. . . . . 2 kilog.

Faites un sirop bien clair et cuit au petit cassé.

Ajoutez :

> Suc dépuré de citron.. . . . . 1/2 litre.

Remuez, laissez prendre un bouillon couvert, retirez du feu et ajoutez quand il sera froid :

Arack. 1 litre 1/2.

On le prépare au rhum de la même manière.

Sirop de thé.

On prépare comme le sirop de capillaire, en remplaçant celui-ci par un mélange de thé impérial et de thé vert dans la proportion du double du premier.

Sirop de verjus.

Suc de verjus dépuré. . . . . 1 partie.
Sucre. 2

Sirop de vinaigre.

Sirop cuit à la plume. . . . .) parties égales.
Bon vinaigre. . . . .)

Autre formule.

Sucre en poudre. . . . . 30 parties.
Vinaigre. 16

Faites dissoudre à une douce chaleur.

Sirop de vinaigre à froid.

Bon vinaigre. . . . . 500 gram.
Sucre blanc en poudre grossière. . . 920

Faites dissoudre au bain-marie, dans un poêlon d'argent, et passez à travers une étamine.

Ce sirop est rougeâtre ou jaunâtre, suivant qu'on a employé du vinaigre rouge ou jaune ; il est très-rafraîchissant, diurétique, antiputride, et convient dans les maladies inflammatoires. La dose est de 15 à 45 grammes, dans un verre d'eau ou de tisane appropriée.

Sirop de vinaigre framboisé.

Même préparation, avec cette différence qu'on substitue au vinaigre ordinaire le vinaigre à la framboise.

On y ajoute aussi parfois de la conserve de merises, ou du jus de cassis, pour lui donner de la couleur.

Lorsqu'on n'a que de la cassonade ordinaire pour faire ces sirops, on en prépare des sirops bien clairs, auxquels on ajoute, lorsqu'ils sont cuits à la plume, environ 500 grammes de vinaigre pour chaque kilogramme de cassonade.

Sirop de violette.

Pétales de violettes simples , fraîches, très-bleues, du printemps,
et mondées de leurs calices. . . . 0^{kil}.531
Eau bouillante. . . . . 1 . 125

Mettez les violettes dans un bain-marie d'étain pendant une minute, avec 1kil. 500 d'eau à 40 degrés centigrades; passez de suite avec expression, remettez les violettes dans le bain-marie avec 1 kil. 125 d'eau bouillante, laissez infuser pendant douze heures, passez avec forte expression, laissez reposer la liqueur, passez-la au blanchet, faites-y dissoudre dans le même vase d'étain.

Teinture de violettes ainsi obtenue   1^{kil}.62
Sucre très-blanc en poudre. . . . . 2 . »

Il y en a qui préparent ce sirop en mêlant une partie de cette teinture avec deux parties de sirop cuit à la plume.

Ces divers sirops peuvent être utiles aux liquoristes pour la préparation de leurs liqueurs.

SECTION VIII.

SIROPS AU GLUCOSE.

Les sirops au glucose, ou sirops glucosés, sont des compositions dans lesquelles on fait entrer un mélange de sucre de canne et de sirop de fécule ou glucose. Ce sont principalement les sirops de gomme, les sirops de groseille et les sirops d'orgeat, dont on fait une consommation énorme, dont on a cherché à rendre la fabrication plus économique par l'introduction du sirop de fécule. Du reste, la fabrication de ces sirops est la même que celle des sirops de sucre, excepté que le sirop de fécule à 36° y entre environ dans la proportion du tiers du poids du sucre blanc. Ainsi, dans la formule du sirop d'orgeat donnée à la page 104, on remplacera les 3 kilogrammes de sucre par 2 kilogrammes de ce sucre et 1 litre 500 de sirop blanc de fécule marquant 36°.

La loi exigeant que les sirops au glucose soient annoncés et vendus comme tels, il est nécessaire de pouvoir constater si un sirop qu'on achète a été sucré et édulcoré ou non avec cette matière, et de reconnaître au besoin la fraude. M. Barreswil a indiqué pour cela un moyen assez simple dont voici la description :

On fait dissoudre dans 400 grammes d'eau 40 grammes de soude cristallisée, 50 grammes de tartrate acidulé de potasse et 40 grammes de potasse caustique. D'un autre côté, on fait aussi dissoudre 30 gr. de sulfate de cuivre dans 100 grammes d'eau, on mélange ces deux dissolutions et on les filtre. Si maintenant, dans un tube qui renferme du sirop de sucre cristallisable, on verse de cette dissolution, il n'y aura aucun changement de couleur, soit à froid, soit à chaud ; mais si le sirop renferme du glucose ou du sucre incristallisable, il s'y produit aussitôt un dépôt de protoxyde de cuivre.

Ce moyen, comme on voit, ne peut guère servir que pour les sirops récemment préparés ou en bon état de conservation. En effet, les sirops de sucre qui sont altérés par le temps ou toute autre circonstance, renferment du sucre incristallisable ou interverti qui ferait croire à la présence du glucose. Certains sirops de sucre de canne qui ont bouilli trop fort ou trop longtemps, renferment également du sucre incristallisable qui serait accusé par le réactif proposé. Quoi qu'il en soit, ce réactif, quand même il serait infidèle dans ce cas, n'en révélerait pas moins dans ces sirops une altération qui en diminuerait beaucoup le prix.

SECTION IX.

CONSERVATION DES SIROPS.

Les sirops étant principalement des dissolutions dans lesquelles entrent en quantité des matières essentiellement fermentescibles, à savoir, le sucre et le glucose, sont d'une conservation difficile s'ils n'ont pas été bien préparés ou manipulés, ou si l'on ne prend pas les précautions nécessaires pour le mettre à l'abri des mouvements intestins.

Plusieurs causes concourent à déterminer ces mouvements dans les sirops. En voici les principales :

Un sirop qu'on renferme dans des bouteilles avant qu'il soit refroidi est sujet à fermenter, et il faut qu'il soit rassis avant de l'enfermer ainsi dans le verre. La cause de ce phénomène est peu connue, mais on doit se tenir en garde.

Un sirop qui n'est pas assez cuit, qui contient encore beaucoup de matières mucilagineuses que la chaleur n'a pas transformées en substances inertes, et qui d'ailleurs renferme un excès d'eau, fermente aussi très-aisément.

On conçoit dès lors pourquoi aussi un sirop qui n'a pas été clarifié comme il convient, renferme encore les éléments d'une fermentation ultérieure.

Nous avons dit qu'un sirop qui n'est pas assez cuit éprouvait aisément un mouvement de fermentation. Il en est de même d'un sirop trop cuit. Le sucre dans le sirop a une tendance à cristalliser, et cette tendance trouble l'équilibre qui doit subsister entre toutes les parties pour qu'il y ait conservation.

Si on dépose les sirops dans des vases humides ou dans des lieux à une température un peu élevée, si on laisse ces vases en vidange et pénétrer l'air sur une grande surface, la fermentation ne tarde pas à s'y déclarer, et les sirops s'altèrent.

Les sirops dans lesquels il entre des acides, tels que du vinaigre, de l'acide tartrique, de l'acide citrique, l'acide malique des fruits, etc., ne résistent pas long-temps à la fermentation. On sait, en effet, que les acides font éprouver au sucre une transformation qui le convertit en sucre analogue au sucre de raisin ou au glucose, dont la disposition à la fermentation est extrême.

La fermentation n'est pas la seule altération à laquelle les sirops sont exposés : déposés dans un local humide, renfermés dans des vases mal bouchés ou dans des bouteilles, ou des barils qui ne sont pas pleins, ils se recouvrent de moisissures, surtout les sirops de fruits, et cette végétation altérant promptement la qualité et la saveur, ne permet plus de les employer comme tels, ou à la fabrication des liqueurs.

Quelques sirops dans lesquels entrent des matières

grasses, huileuses, celui d'orgeat, par exemple, éprouvent un genre d'altération particulier. La matière huileuse qu'ils renferment se sépare du sirop, monte à la surface et désorganise la composition. On présume que cette altération est due à ce que la proportion de la gomme arabique ou adragante a été trop faible et n'a pas suffi pour retenir l'huile et l'incorporer, ce qui lui a permis de se séparer et de venir nager à sa surface.

Les sirops de fruits peuvent aussi, après le refroidissement, laisser déposer une portion de l'albumine végétale que contiennent toujours les fruits; mais ce dépôt indiquerait qu'ils n'ont pas été cuits comme il convient et passés avec assez de soin au blanchet ou à la chausse.

Les causes de l'altération des sirops étant reconnues, on peut éviter leurs effets par des soins convenables.

Ainsi, il ne faut fermer les bouteilles de sirops qu'après que ceux-ci sont refroidis, ou bien avoir recours au procédé d'Appert, c'est-à-dire en élever la température dans un bain-marie pour les priver d'air et les boucher immédiatement; seulement les sirops ont besoin de rester plus longtemps exposés à la température du bain, parce que les bulles d'air qu'ils peuvent emprisonner lorsqu'on les verse dans les bouteilles, ne s'en dégagent qu'avec lenteur et difficulté.

On doit faire attention que la cuisson soit poussée au point convenable et pas au-delà. La clarification doit en être opérée avec soin et la filtration à travers la laine pratiquée avec précaution, afin de détruire ou d'éliminer les matières fermentescibles autant que possible.

Les vases dans lesquels on les renferme doivent

être très-propres et bien secs, il faut les remplir comme il convient, les conserver toujours pleins et dans un local sec et à basse température.

La moisissure étant, en général, le résultat de la négligence, on peut l'éviter par des soins bien entendus.

Quant aux sirops qui ont déjà subi une altération, il est quelquefois possible, si celle-ci n'a pas été trop profonde, de les rétablir. A cet effet, on aura recours à l'ébullition simple ou sur du charbon de bois, ou du charbon animal, à des passages à travers le blanchet ou la chausse, à l'agitation, la concentration et autres moyens que suggérera le mode d'altération. Si l'altération provenait d'un excès d'acide dans les fruits, ou d'un acide entrant dans la formule du sirop, on pourrait faire cuire celui-ci avec un peu de magnésie ou de chaux délitée en poudre, et filtrer, afin de saturer l'excès d'acide, d'entraver la décomposition du sucre de canne en sucre de raisin.

Enfin, en ce qui touche les sirops au glucose, nous conseillons de ne les conserver que le moins de temps possible, parce qu'une fois commencée, la fermentation, qui y trouve le sucre à l'état le plus propre à s'y développer, marche avec une extrême rapidité et est très-difficile à entraver sans perdre entièrement le produit.

CHAPITRE IV.

SUCS VÉGÉTAUX ET CONSERVES POUR SIROPS.

On donne le nom de sucs aux substances contenues dans les végétaux à l'état liquide. On en distingue quatre sortes : les *sucs aqueux*, les *sucs huileux*, ou les huiles douces, les *huiles essentielles* ou *volatiles*, et les *sucs résineux*. Nous n'avons à nous occuper ici que des premiers qui servent à la fabrication des sirops.

Les sucs aqueux, comme le nom l'indique, ont l'eau pour véhicule ; leur composition est très-variée ; ils peuvent contenir divers acides, des sucres, des gommes, des mucilages, des matières colorantes, des sels et parfois, en une sorte de suspension, des matières gommo-résineuses, qui leur donnent un aspect laiteux. Ces sucs prennent les noms de *laiteux, acides, sucrés, gommeux, mucilagineux, aromatiques, inodores*, etc. Ces sucs sont tirés des racines, comme ceux des carottes, des betteraves, des navets, etc., des feuilles et des baies et fruits. Nous allons nous borner à ces derniers.

Les sucs des fruits ne se conservent pas facilement, et au bout de peu de temps, ils éprouvent un mouvement de fermentation qui, si on les abandonnait à eux-mêmes, les détruirait promptement ou les rendrait impropres à la fabrication des sirops. D'un autre côté, si on modère et tempère le mouvement, les sucs deviennent d'une conservation plus facile et sont moins sujets à éprouver une décomposition.

Cette fermentation tempérée détruit en effet une portion des matières albumineuses et mucilagineuses, et convertit le sucre en alcool qui aide à la conservation. En un mot, on transforme ces sucs en des espèces de vins de fruits sur lesquels les agents fermentescibles ont moins de prise, et qu'il est facile de conserver dans des bouteilles bien bouchées et goudronnées.

Rien de plus simple que la manière d'opérer cette fermentation. On dispose le suc exprimé des fruits dans des terrines ou des baquets très-propres, et on l'expose à une température de 18° à 20° C. Le liquide acquiert bientôt une température plus élevée, il dégage du gaz acide carbonique, soulève une partie des matières solides pour former un *chapeau*. Mais bientôt le mouvement se ralentit, le gaz est moins abondant, le chapeau se fond et s'affaisse, et au bout de 12, 24 ou 48 heures, suivant la température atmosphérique, la fermentation est terminée. C'est le liquide ainsi fermenté qu'on appelle conserve, nom auquel on ajoute celui du fruit qui a servi à le préparer.

Les fruits n'existent pas dans toutes les saisons, et le liquoriste ayant à travailler toute l'année, il est évident qu'une provision de ces sucs lui devient indispensable. Il est reconnu que tous les fruits ne donnent pas leur suc avec la même facilité; il faut pour cela recourir aux moyens propres à chacun d'eux que nous ferons connaître au fur et à mesure que nous les décrirons. La fermentation de ces sucs est indispensable, afin de pouvoir les conserver en bon état pendant toute l'année. Une fois qu'ils ont subi cette opération et qu'ils sont bien clairs, on doit, pour éviter la moisissure et la fermentation, les tenir à l'abri de l'air dans des bouteilles bien pleines, soigneusement bouchées, bien goudronnées que l'on conserve à la cave. On peut faire subir à ces bouteilles le procédé conservateur d'Appert, en laissant deux doigts de vide dans le goulot.

Suc de berberis ou d'épine-vinette.

On place les baies, privées de leurs rafles, sur un tamis de crin, et on les écrase entre les mains; une portion de suc coule et tombe dans une terrine placée au-dessous; on met le marc à la presse, on réunit tout le suc dans de grandes bouteilles que l'on couvre en papier et qu'on dépose dans un endroit froid pendant deux ou trois jours. Lorsque le suc est éclairci, on le décante et on le filtre au papier non collé.

On prépare de même les sucs de cerises et de verjus.

Suc de citron.

Enlevez le zeste et l'écorce blanche des citrons, déchirez-les avec les mains et retirez-en les semences; disposez la chair dans un linge et par couches, avec de la paille de seigle préalablement lavée; exprimez et passez le suc à travers une toile, laissez-le en repos dans des vases de verre ou de grès pendant quatre ou cinq jours, ou jusqu'à ce que le suc soit bien dépuré et que la légère fermentation qui s'y était établie ait cessé; décantez alors et filtrez au papier non collé.

Remarques. Les semences de citrons contiennent un principe d'une grande amertume qui se communiquerait au suc si on les y laissait séjourner. Cependant, lorsqu'on opère un peu en grand, l'extraction de ces semences devient bien difficile; alors, au lieu de la faire d'une manière inexacte, il est préférable de déchirer promptement les citrons et de les exprimer avant que le suc ait pu agir sur les semences. Un autre avantage de cette manière d'opérer, c'est que pendant le temps que l'on passerait à extraire les semences, le suc agirait sur les cloisons du fruit qui sont gorgées de mucilage et deviendrait d'une clarification très-difficile. Une condition essentielle pour obtenir de beau suc de citrons, est donc d'agir avec célérité, contre le sentiment de Baumé, qui recommandait de laisser les fruits écrasés pendant 24 heures en macération avant de les exprimer.

Suc de coing.

Prenez les coings un peu avant leur parfaite maturité, essuyez-les avec un linge rude, réduisez-les en

pulpe au moyen d'une râpe, en ayant soin de ne pas
entamer la capsule membraneuse du centre qui renferme les semences et qui est chargée de mucilage;
soumettez la pulpe à la presse, mettez le suc dans des
vases de verre ou de grès, laissez-le fermenter jusqu'à ce qu'il soit bien éclairci et filtrez-le au papier.

Suc de grenade.

Ce suc se prépare comme les précédents, il se dépure de lui-même à la cave, surtout si on a eu le soin
de ne pas écraser les pépins.

Suc de groseille.

Mettez les groseilles égrappées sur un tamis de crin
et exprimez-les dans les mains; recevez le suc dans
une terrine, mettez le marc à la presse et abandonnez
le suc à la cave jusqu'à ce que, par suite de la fermentation qui s'y établit, il offre une partie liquide,
claire et bien séparée du coagulum gélatineux; alors
jetez le tout sur un blanchet, et repassez les premières portions, afin d'avoir le suc pur et bien transparent.

On prépare de même les sucs de fraises et de mûres.

Le suc de groseilles, tel qu'il sort du fruit, contient
en dissolution une certaine quantité d'un principe
albumineux (*pectine*), et, de plus, tient en suspension
les débris fibreux de la baie qui lui fournissent, en
très-peu de temps, une si grande quantité du même
principe, que le tout se prend en une seule masse.
C'est cette matière qui donne au suc de groseilles,
employé récent, la propriété de former de la gelée,
tandis que, lorsque la pectine en a été séparée au
moyen de la fermentation, le suc ne peut plus produire que des sirops. La préparation que nous venons

d'indiquer ne convient donc que pour le suc destiné à faire le sirop; pour la gelée, il faut le prendre non fermenté.

Il est avantageux d'ajouter aux groseilles un dixième de cerises aigres qui facilitent beaucoup la séparation de la matière gélatineuse, et permettent d'éviter le goût désagréable qui résulterait d'une trop longue fermentation. Quelques personnes aussi colorent le suc avec les merises (fruits des *cerasus avium*), ou les guignes, fruit d'une variété cultivée, le guignier; mais ce mélange lui communique un goût vineux désagréable.

Autre formule.

La conserve de groseilles, préparée comme on vient de le dire, fermente quelquefois avec lenteur, et pour éviter qu'elle ne prenne une saveur désagréable, il convient, ainsi qu'on vient de le dire, d'y ajouter des cerises aigres dans le rapport d'un cinquième en poids de celui des groseilles, ou bien on prend :

Groseilles rouges. . . . .   5 kilog.
Cerises aigres. . . . .   750 gram.

On aromatise avec 1/2 kilogramme de framboises et on colore avec 0 kil. 750 de merises, on écrase le tout, on passe au tamis, on presse, on fait fermenter, on tire au clair, on filtre, on met en bouteilles et on bouche, ou bien avant de boucher, on fait chauffer au main-marie à 90° C.

Les conserves de cerises douces ou aigres, celles de framboises, celles de merises se font exactement de la même manière que celles de groseilles, ou bien on peut mélanger et combiner tous ces fruits pour préparer des conserves mixtes qui servent à fabriquer des sirops d'un goût fort agréable.

Suc de nerprun.

Ecrasez les baies de nerprun entre les mains, ou en les faisant passer entre deux cylindres de bois au-dessus d'un baquet bien propre; laissez-les pendant 24 heures en macération dans leur propre suc, afin d'opérer la dissolution de la matière colorante conte-nue dans la pellicule de la baie; exprimez alors, renfermez le suc dans de grosses bouteilles ou dans des cruches couvertes en papier; deux jours après, ou lorsque le suc est déposé, passez-le à travers un blanchet.

On prépare de même les sucs de baies de sureau, d'iéble et de *prunelles* sauvages.

Suc de pêche.

On choisit les pêches de bonne qualité et bien mû-res; on en sépare les noyaux, on écrase la chair et on la réduit en bouillie au moyen d'un peu d'eau; après 12 heures de macération, on exprime à la presse dans une forte toile.

Il faut alors verser le suc dans un matras que l'on recouvre d'un parchemin mouillé, et le plonger dans un bain d'eau chaude sans être bouillante; la cha-leur coagule le principe gélatineux qui se sépare sous la forme de flocons; il ne reste plus qu'à filtrer la li-queur pour l'avoir parfaitement claire. Ce résultat sera plus prompt si l'on bat un peu de blanc d'œuf avec le suc.

Le suc, ainsi dépuré, est moins disposé à la fer-mentation; mais il est loin cependant d'en être à l'a-bri. On le verse dans des bouteilles de verre fort que l'on bouche le plus solidement possible, et on assu-jettit, pour plus de sûreté, le bouchon avec un fil-de-fer croisé; on entoure les bouteilles de paille ou de foin, on les place debout dans un chaudron rempli d'eau, de manière à ce qu'elles y trempent jusqu'au col, on place le tout sur le feu jusqu'à ce que l'eau ait jeté plusieurs bouillons; on éteint alors le feu, on laisse refroidir l'eau avant d'en retirer les bouteilles, on les goudronne et on ne les débouche qu'à mesure du besoin.

Chauffage des conserves.

Les conserves sont généralement introduites, pour la vente, dans des bouteilles en verre blanc ou noir, d'une capacité variable, qu'on ferme avec de bons bouchons de liége fin choisis avec soin, parce que le moindre défaut dans le bouchon peut avarier et perdre la conserve. Le bouchon est introduit de force dans le goulot de la bouteille, soit en le mâchant au moyen d'un instrument, soit à l'aide de petits appareils inventés récemment pour cet objet, soit enfin, à l'aide des presses et machines qui servent à boucher les bouteilles de vin, entre autres de vin de Champagne. Pour retenir ce bouchon, on le lie au goulot ave une ficelle ou du fil-de-fer fin, et bien souvent on goudronne pour s'opposer complétement à l'introduction de l'air qui exerce une influence désastreuse sur la conservation des sucs de fruits.

Un moyen plus répandu et plus efficace de conservation de ce suc est le procédé inventé par Appert, et connu sous le nom de cet inventeur. Ce procédé consiste tout simplement à soumettre la conserve à une élévation de température à vase fermé, pendant un temps qui varie suivant la nature des sucs et que l'expérience apprend à connaître.

On trouve décrite partout la manière de manipuler dans l'application du procédé Appert, tel qu'on le pratique généralement. Nous rappellerons seulement que la chaleur s'applique de deux manières aux conserves : 1° au moyen de la vapeur ; 2° au moyen de l'eau chaude.

Le procédé par la vapeur exige qu'on ait une étuve et un générateur ; mais il est expéditif, en ce qu'on peut traiter de grandes masses à la fois, et convient mieux par conséquent à un grand établissement ou à une fabrique spéciale de conserves pour sirop ou liqueur, ou de fruits au sirop.

Le procédé par l'eau chaude, qui n'exige qu'une grande bassine, est plus simple et donne d'aussi bons résultats ; seulement, il faut avoir soin d'isoler les bouteilles entre elles, ainsi que des parois de la chaudière, et de les entourer avec du foin, de la paille, ou de les introduire dans des sacs de forte toile, et de couvrir le tout d'un gros linge mouillé pour éviter les blessures, dans le cas où une bouteille viendrait à éclater.

On pourrait aussi opérer avec rapidité en introduisant les bouteilles dans les paniers à bouteilles qu'on fabrique aujourd'hui en fil-de-fer galvanisé, chargeant ces paniers avec les vases, les plongeant dans l'eau de la bassine, et après le refroidissement enlevant le tout ensemble.

Le chauffage, du reste, doit marcher avec lenteur et d'une manière égale pour ne pas faire éclater les bouteilles, la température ne doit pas s'élever au-delà d'une légère ébullition, le refroidissement est lent et gradué ; enfin, toute l'opération demande du soin et de la prudence.

Les bouteilles qui renferment les conserves sont ordinairement goudronnées et déposées dans un lieu frais, si on veut qu'elles n'éprouvent aucune avarie.

CHAPITRE V.

INFUSIONS ET TEINTURES AROMATIQUES.

Les liquoristes sont fréquemment obligés de recourir à l'infusion pour extraire les principes solubles des substances qui ne doivent pas être soumises à la distillation. Cette opération consiste à les exposer à l'action plus ou moins prolongée d'un liquide quelconque, avec ou sans le secours de la chaleur; elle prend, selon les circonstances, les noms d'infusion, digestion ou macération, mots qui désignent une même opération, à quelques modifications près dans les procédés.

Lorsque les principes que l'on veut extraire sont solubles dans l'eau et en même temps peu volatils, on verse le liquide bouillant sur la substance à infuser; on couvre le vase avec soin, et on la laisse tremper pendant quelques minutes, ou même pendant quelques heures, selon qu'elle se laisse pénétrer plus ou moins facilement, et selon que l'on veut avoir une infusion plus ou moins chargée; c'est l'infusion proprement dite.

Si l'on fait infuser des feuilles ou fleurs sèches, on commence par les humecter avec un peu d'eau bouillante, et on leur donne le temps de se développer et de se ramollir, avant d'y verser le surplus. Les infusions faites en une seule fois, ainsi que beaucoup de personnes le pratiquent encore, n'ont ni la même saveur, ni le même parfum que les autres.

L'infusion prend le nom de macération quand elle se fait à froid. Celle-ci est beaucoup plus longue que l'infusion proprement dite : elle dure rarement moins d'un jour, quelquefois plusieurs semaines. On soumet à cette préparation les substances qui ne peuvent supporter la chaleur, ou dont les principes sont facilement solubles. Pour diverses distillations, l'on emploie ce moyen pour ramollir préalablement les substances soumises à l'alambic et pour faciliter la séparation de leur principe odorant; les liquoristes font macérer dans l'eau-de-vie pour les conserver jusqu'à ce qu'ils aient le temps de les distiller, les plantes dont ils veulent extraire les principes odorants. Les vins composés et les vinaigres de toilette ou de table se préparent par macération : ces liqueurs se décomposant promptement à la chaleur, toute autre méthode serait défectueuse.

La digestion est une infusion prolongée qui se fait ordinairement à une température moyenne, entre celle de l'infusion proprement dite et celle de la macération. Son objet est le plus souvent d'imprégner l'alcool des principes d'une substance qui ne les lui abandonnerait que difficilement sans le secours d'une certaine chaleur, telle que celle du soleil ou des cendres chaudes. On nomme encore digestion, l'action de laisser, pour ainsi dire, *mûrir* pendant quelques jours un mélange de deux ou plusieurs liquides avant de les filtrer.

Les infusions, soit à chaud, soit à froid, doivent être faites dans des vases qui ne puissent être attaqués par aucune des substances avec lesquelles ils sont mis en contact, et fermés assez hermétiquement pour rendre impossible la volatilisation des principes les plus vaporisables. La cucurbite d'étain, garnie de son couvercle, est, sous ce double rapport, le vase le plus convenable pour l'infusion à l'eau. La macération et la digestion s'opèrent ordinairement dans des vaisseaux de grès ou de verre, que l'on place au bain de sable quand on veut leur donner une chaleur régulière et uniforme.

Quelles que soient la forme et la nature des vases, il faut avoir soin de ne pas les remplir entièrement; de couvrir ceux que l'on doit placer au bain de sable, avec un parchemin mouillé fortement lié et percé de trous d'épingle. Sans cette double précaution, l'augmentation de volume occasionnée par la chaleur et la dilatation de l'air contenu dans le vase, pourraient le faire éclater. D'ailleurs l'opération se ferait moins bien dans un vase trop plein.

Il faut, en outre, briser et réduire en petites parcelles les substances destinées à infuser d'une manière quelconque, afin qu'elles présentent plus de surfaces à la fois à l'action du liquide; agiter de temps à autre le vaisseau qui les renferme, pour renouveler ces mêmes surfaces; proportionner la durée de l'opération à la consistance des matières; enfin, soumettre chacune au genre d'infusion qu'elle exige selon sa nature.

Afin que les diverses substances qui doivent entrer dans la composition d'une liqueur par infusion puissent être pénétrées également, il faut mettre infuser d'abord les substances les plus dures, et y ajouter successivement celles qui le sont moins, à mesure que l'on jugera les premières suffisamment ramollies. Sans cette attention, les unes fourniraient beaucoup trop à l'infusion, tandis que les autres ne donneraient pas assez. Il y a quelques circonstances où il convient de laisser entières les substances à infuser : c'est lorsque la vertu principale réside dans la superficie.

La durée de l'infusion doit être subordonnée à la nature des principes que l'on veut extraire, et à leur solubilité : le principe odorant, par exemple, étant ordinairement le plus soluble de tous, surtout dans l'alcool, il vaut mieux, lorsque c'est celui-là que l'on recherche principalement, forcer un peu la dose et abréger la durée de l'infusion, afin d'avoir des produits plus suaves ; une infusion à froid comme à chaud donne des liqueurs âcres et épaisses quand elle a duré trop longtemps. Il est donc généralement démontré qu'à un petit nombre d'exceptions près, les infusions promptement faites sont les meilleures ; et ce principe doit s'appliquer spécialement à presque tous les ratafias autres que ceux des fruits sucrés.

Lorsque l'on juge que l'infusion a duré assez longtemps, il faut retirer de suite la liqueur de dessus son marc en la passant soit au tamis, soit à la chausse, ou enfin dans un linge humide si on a besoin de presser. On exprime, soit à la main, soit à la presse, les substances qui retiennent beaucoup le liquide, ou dont la principale vertu ne réside pas à la surperficie ; mais on évite cette manipulation pour les autres. Afin de n'avoir pas des liqueurs trop chargées et bien claires, on les filtre.

Pour avoir les teintures plus parfumées que chargées en couleur, il faut en général employer de l'esprit à 75° ou 80° C., et faire macérer pendant une semaine au plus, sous une température de quinze à dix-huit degrés. Mais si l'on est pressé, on peut prendre de l'esprit plus fort et faire digérer à une chaleur de trente à trente-cinq degrés ; on aura soin de remuer de temps en temps pour renouveler les surfaces ; et, après avoir laissé pendant quelques heures, on passera en exprimant, s'il est nécessaire, et l'on filtrera avec soin.

Les teintures se bonifient en vieillissant, par une sorte de combinaison plus intime qui s'opère entre les divers principes qui les composent ; mais il faut pour cela qu'elles soient conservées dans des flacons bien bouchés et rangés en lieu ni trop chaud ni trop éclairé ; la lumière leur fait subir à la longue une sorte de décomposition. Il est à remarquer que les teintures marquent à l'aréomètre un degré d'autant plus inférieur à celui de l'esprit employé, qu'elles sont plus chargées; mais ce changement n'est qu'un effet des substances qu'elles tiennent en dissolution et qui augmentent la pesanteur, sans que, pour cela, l'esprit ait réellement perdu, à moins qu'on ne l'ait mis en macération avec des substances succulentes.

Les teintures bien préparées ont, sur les esprits distillés, l'avantage de conserver intacts le parfum et la saveur des substances qu'elles tiennent en dissolution; de retenir l'arome de quelques substances qui n'en fournissent aucun par la distillation; de n'avoir aucun goût de feu ni d'empyreume; enfin, leur préparation est moins embarrassante et plus économique, tant sous le rapport de la consommation que sous celui de la main-d'œuvre.

Ces consommations sont donc aussi commodes qu'agréables pour la fabrication des liqueurs fines; il suffit pour cela d'avoir en réserve les teintures des substances aromatiques les plus usitées, et de les marier, à mesure du besoin, dans les proportions voulues pour en faire un mélange agréable. Les liqueurs préparées de cette manière gagnent beaucoup sous le rapport du parfum, du goût, du moelleux; elles n'ont d'ailleurs pas autant besoin de vieillir, et l'emploi des teintures est plus économique que celui des esprits.

Malgré ces avantages, leur couleur souvent très-foncée empêche que l'on ne puisse s'en servir pour les liqueurs qui doivent être parfaitement blanches, ou que l'on veut colorer à volonté. Mais, en supposant qu'elles fussent sous ce rapport-là impropres à la fabrication des liqueurs fines, elles pourraient du moins servir avantageusement à celle des esprits; il s'agirait pour cela d'extraire la teinture de la substance désignée, et de la distiller ensuite au bain-marie pour retirer la presque totalité de l'esprit employé ; il resterait dans la cucurbite un extrait qui ne serait pas sans vertu.

Les principaux avantages de cette méthode sur la distillation des substances en nature, seraient d'obtenir des produits meilleurs, en ne soumettant à la distillation que les principes les plus délicats de ces mêmes substances ; d'exiger des appareils moins vastes que pour la distillation.

Pour bien connaître les propriétés des teintures, il faut se rappeler que l'alcool, quel que soit son titre, à moins d'être absolu, est toujours mélangé d'une portion quelconque d'eau. Les végétaux, de leur côté, sont composés dans des proportions différentes, d'huile essentielle, de résine, de sels, de matière extractive colorante, etc.; toutes substances dont les unes ne se dissolvent que dans l'eau, et les autres dans l'alcool.

Ainsi, lorsqu'on met un corps en macération dans une liqueur spiritueuse quelconque, l'alcool ne dissout que les huiles essentielles et les résines ; l'eau se charge des autres principes autant qu'elle en peut prendre.

On sent par conséquent que si, toutes choses égales d'ailleurs, on fait macérer une grande quantité donnée d'une même substance dans du 3/6, par exemple, et dans de l'eau-de-vie ordinaire, la première teinture sera beaucoup plus suave, tant sous le rapport de l'odeur que sous celui du goût, et que l'autre, à son tour, sera plus chargée en couleur. Ce simple exemple suffit pour prouver que le choix de tel ou tel degré n'est pas indifférent, selon la qualité de teinture que l'on veut obtenir.

Les teintures préparées par la simple macération à froid sont meilleures que celles qui ont éprouvé l'action de la chaleur; mais les substances très-dures ont besoin de cet intermède, si l'esprit employé est un peu plus faible ou que l'on soit pressé.

Les teintures préparées pour les usages des liquoristes doivent être, pour la commodité de leur emploi, autant saturées que possible, et préparées à l'esprit-de-vin afin d'être plus odorantes et moins colorées. Comme il vaut mieux mettre trop d'aromates que pas assez, et qu'ils ne sont pas entièrement épuisés par une première macération, on peut repasser de l'eau-de-vie un peu plus faible sur le marc, pour en retirer une seconde teinture plus commune, mais qui aura encore beaucoup de vertu.

Il serait utile d'avoir des données positives sur la quantité des substances aromatiques que peut épuiser une dose déterminée d'esprit-de-vin ; mais comme cela dépend essentiellement de la qualité des substances employées, de leur degré de division, de la force de l'esprit et de la température, on ne pourrait donner que des hypothèses très-vagues.

Pour bien préparer les teintures alcooliques, il faut :

1° Employer des substances bien sèches, ou, dans le cas contraire, il faut que l'alcool soit bien concentré.

2° Elles doivent être dans le plus grand état de division possible.

3° L'action dissolvante de l'alcool sera favorisée et augmentée par une chaleur de 30 à 33° C.

4° Les vases doivent être presque hermétiquement fermés.

5° On doit les agiter de temps en temps et prolonger l'infusion suivant le degré de solubilité du principe mis à infuser, et suivant que sa texture est plus ou moins grande.

Il est des substances qui, contenant trop d'eau de végétation, affaibliraient un peu trop l'alcool qu'on ferait agir sur elles, par suite la teinture serait peu chargée : aussi fait-on sécher auparavant ces substances. Cependant il est reconnu que dans ce dernier cas, si l'on a des teintures plus fortes, elles sont en revanche moins suaves que lorsqu'on emploie des plantes fraîches.

Lorsqu'on veut distiller des substances aromatiques avec de l'alcool, on doit opérer au bain-marie et conserver les produits dans un endroit frais.

Quoiqu'on doive ranger sous le nom d'alcoolats toutes les solutions des substances végétales dans l'alcool, nous réserverons cependant le nom de teinture ou infusion aux alcoolats non distillés, et nous désignerons ceux qui auront subi cette opération sous le nom d'alcoolats ou esprits simples ou composés. Quant à ceux qui constituent les boissons, nous les renverrons à l'article consacré aux liqueurs de table.

Les distillateurs-liquoristes doivent toujours avoir des teintures ou des esprits préparés à l'avance pour en composer toutes sortes de liqueurs.

Quintescence d'absinthe.

Grande absinthe sèche.	62 gram.
Absinthe pontique	62
Girofle.	8
Sucre	31
Alcool à 60° C.	1 kilog.

Teinture d'absinthe.

Faites macérer pendant quarante-huit heures 500 grammes d'absinthe sèche, dans 2 kilogrammes d'esprit de 75 ou 80° C.; passez sans exprimer et filtrez. Reversez 1 kil. 500 de bonne eau-de-vie sur le marc, faites macérer pendant trois jours; passez en exprimant et filtrez. Cette seconde teinture sera beaucoup plus amère, mais moins aromatisée que la première.

Teinture d'ambre.

Ambre gris en poudre. . . . . 25 gram.
Alcool à 85° centésimaux.. . . . . 1 litre.

Faites infuser au bain-marie pendant quelques heures, et filtrez dans un entonnoir couvert.

On opère de la même manière la teinture de musc.

Teinture d'ambre composée.

Faites digérer de la même manière que pour la teinture de musc (p. 134), 31 grammes d'ambre gris dans 306 grammes d'esprit de roses; passez, filtrez et repassez 245 grammes du même esprit, ou de 3/6 ordinaire sur le marc. La teinture de civette se prépare de même.

Le musc, l'ambre et la civette étant d'une consistance tenace qui ne leur permet pas de se réduire aisément en poudre, on les ramollit dans un mortier chauffé, et on les délaie en cet état avec de l'esprit-de-vin.

Autre.

Ambre gris. . . . . 30 gram.
Alcool à 85° centésimaux . . . . 2 litres.

On fait dissoudre l'ambre dans l'alcool simple pendant le temps nécessaire à l'entière dissolution, puis on filtre et on ajoute l'alcoolat de roses.

Teinture d'angélique.

Coupez en tranches minces 500 grammes d'angélique fraîche, racines et tiges, faites-la digérer pendant quatre jours à une très-douce chaleur, dans 1 kil. 500 de 3/6; passez en exprimant légèrement et filtrez. Passez sur le marc 1 kilogramme d'esprit de 75 à 80° C.; exprimez fortement après quatre ou cinq jours de macération nouvelle, et filtrez à part cette seconde teinture.

Si l'on emploie la plante sèche, on mettra 2 kilogrammes d'esprit à 80° C., et l'on passera sur le marc 1 kilogramme ou 1 kil. 500 d'esprit un peu plus faible. On relève quelquefois les teintures d'angélique, en y ajoutant quelques gouttes de teinture de musc par 500 grammes d'esprit.

Teinture d'anis.

Concassez légèrement 500 grammes d'anis vert, ni trop frais, ni trop sec; faites-le macérer à froid pendant quatre jours dans 1 kil. 500 d'alcool 3/6; passez sans expression et filtrez; reversez sur le marc 2 kilogrammes de 3/6 faible, et passez au bout de cinq à six jours de digestion à une douce chaleur, en exprimant fortement.

Cette seconde teinture sera beaucoup plus forte que la première, mais moins agréable. On peut préparer de la même manière les teintures de toutes les graines aromatiques.

Teinture de benjoin.

Benjoin en larmes, en poudre. . . .   62 gram.
Alcool à 85° centésimaux.   500

Après cinq jours d'infusion, filtrez. Quelques gouttes de cette teinture versées dans l'eau constituent le *lait virginal.*

Infusion de brou de noix.

Noix vertes et à peine formées. . . .   10 kilog.
Alcool à 85° centésimaux. . . . .   12 litres.

Enlever le brou de noix, le piler, le faire noircir à l'air et laisser infuser le plus longtemps possible, tirer au clair et filtrer.

Teinture de cachou.

Faites digérer à une très-douce chaleur pendant cinq à six jours 500 grammes de cachou purifié ou extrait de cachou dans 4 kilogrammes d'eau-de-vie à 65° C., et filtrez.

Teinture de cannelle et autres aromates.

Les teintures de cannelle, de muscade, de macis, de cascarille, de ravent-zara, de baume de Tolu, etc., se préparent de la même manière que la précédente, dans la proportion d'une partie sur quatre à cinq de 3/6 faible pour la première macération.

Teinture ou esprit de cassis.

Versez sur 50 kilogrammes de cassis égrené 50 ou 60 litres d'esprit 3/6; au bout de quinze jours ou trois semaines, tirez environ un tiers de la liqueur que vous remplacerez par une même quantité d'esprit, et que vous conserverez à part après l'avoir filtrée. Faites un second soutirage au bout de quinze autres jours, en ajoutant la même quantité d'esprit; au bout du même laps de temps, vous tirerez toute la liqueur en une seule fois. Vous aurez ainsi trois infusions différentes de qualité que vous pourrez employer, soit séparément, pour faire des liqueurs de première, seconde et troisième qualité, soit en réunissant les deux premières. Enfin, en soumettant le fruit à la presse, vous en tirerez encore une teinture extraordinairement chargée, qui pourra vous servir à faire du ratafia commun.

On prépare aussi le plus ordinairement, de cette manière, les esprits de fraises et de framboises.

Teinture de feuilles de cassis.

Faites macérer pendant un mois 5 kilogrammes de feuilles de cassis dans 20 litres d'alcool à 85° C., puis filtrez.

Teinture ou infusion de curaçao.

Écorces de Hollande. . . . . 1 kilog.
Alcool à 85° centésimaux . . . . 2 litres.

Pilez les écorces et faites infuser au moins 15 jours, tirez au clair et filtrez ; ajoutez de nouvel alcool et opérez de même en prolongeant davantage l'infusion, et enfin, distillez le marc pour avoir l'esprit de curaçao ordinaire.

Infusion de framboises.

Framboises bien mûres.. . . . . 10 kilog.
Alcool à 85° centésimaux. 12

Faire macérer pendant vingt jours.

Teinture de girofle.

Faites digérer à une très-douce chaleur, pendant cinq à six jours, 500 grammes de girofle réduit en poudre grossière, dans 3 kilogrammes d'esprit à 80° C.; filtrez comme pour la teinture de curaçao, et repassez sur le marc 1 kil.500 d'esprit mêlé.

Teinture d'iris.

Iris de Florence en poudre. . . . . . 250 gram.
Alcool à 85° centésimaux. . . . . . . 2 litres.

On met le tout en macération dans un matras de verre que l'on place à l'étuve pour que ce composé éprouve une température de 37° C., en agitant de temps à autre ; au bout de quinze jours on passe avec expression, et l'on filtre ; cette teinture sert à remplacer la violette.

Teinture de mélisse.

Faites macérer pendant quatre ou cinq jours 500 grammes de sommités sèches de mélisse, dans 1 kil. 500 d'esprit à 75° C.; passez en exprimant légèrement; filtrez et versez de nouveau 1 kil. 500 d'esprit un peu plus faible sur le marc; passez après une nouvelle macération de quatre ou cinq jours.

Les teintures de menthe et d'autres herbes aromatiques se préparent de la même manière. Si l'on veut employer des plantes fraîches, il faut en doubler la dose et employer de l'esprit plus fort. On ne peut retirer la teinture que des plantes qui conservent tout leur parfum en séchant, ou de celles qui contiendraient assez peu d'eau de végétation pour pouvoir être employées fraîches, telles que la lavande, la sauge, le romarin, l'hysope, encore emploie-t-on de préférence celles-ci sèches.

Infusion de merises.

Merises mûres..	10 kilog.
Alcool à 85° centésimaux..	12 litres.

Opérer comme avec les framboises.

Teinture ou essence de musc.

Faites digérer pendant quinze jours, à une très-douce chaleur, 31 grammes de musc de Tonquin, 15 grammes de vanille et 8 grammes d'ambre gris, dans 367 grammes d'alcool très-rectifié, remuez plusieurs fois par jour. Filtrez dans un entonnoir bien fermé, et repassez sur le marc la même quantité d'esprit faible.

Teinture d'œillet rouge.

Fleurs d'œillet rouge.	125 gram.
Girofle.	6 décig.
Alcool à 60° C.	500

On fait digérer ensemble le girofle concassé et l'alcool pendant 8 jours, on ajoute ensuite les feuilles d'œillet, on laisse macérer encore huit jours, on passe à la chausse, et on filtre.

On prépare de la même manière toutes les teintures qui servent à aromatiser les bonbons, les pâtes, les conserves, les ouvrages de four, et enfin toutes celles destinées à la fabrication des liqueurs, lorsqu'on les fait par la méthode dite par infusion.

Teinture de storax.

Storax calamite en poudre. . . . . . 25 gram.
Alcool à 85° centésimaux. 200

Opérez comme pour les autres teintures.

Teinture de vanille.

Vanille du Mexique coupée par petits
    morceaux. . . . . 15 gram.
Alcool à 85° centésimaux. . . . . 1 litre.

On laisse constamment la vanille dans l'alcool; mais on ne peut s'en servir qu'après quinze jours ou trois semaines de macération.

Infusion de vinaigre framboisé.

Framboises bien mûres.. . . . . 10 kilog.
Vinaigre de vin de première qualité. 12 litres.

Laisser infuser pendant trois mois en agitant de temps à autre, tirer au clair et filtrer. Quant aux infusions de guignes, de baies de myrtille, de sureau ou d'hièble dont on se sert pour colorer les liqueurs, elles se préparent en faisant infuser dans l'eau jusqu'à ce qu'il s'établisse une légère fermentation, exprimant, filtrant et, à la liqueur filtrée, ajoutant un peu d'alcool.

CHAPITRE VI.

ESPRITS PARFUMÉS, ALCOOLATS OU ALCOOLS AROMATIQUES.

Nous avons dit précédemment qu'on donnait ces noms à des alcools chargés des principes volatils, odorants ou aromatiques de certaines substances par voie de la distillation. Ces esprits sont simples, si on n'emploie à leur préparation qu'une simple substance; ils sont composés, si on en emploie plusieurs.

Les substances dont on extrait ainsi les principes aromatiques pour les faire passer dans l'alcool, sont les fleurs, les bois, les fruits, les racines ou autres parties des plantes.

En parlant des teintures, nous avons prescrit pour leur préparation quelques règles qui trouvent aussi des applications dans celle des alcools aromatisés. Néanmoins, il est bon de les rappeler en peu de mots et d'ajouter celles qui sont spéciales à ce genre de produit.

Avant tout, nous recommandons une extrême propreté des appareils où on prépare les substances et de ceux où on les distille. L'alcool étant, en effet, un puissant dissolvant, dissoudrait aussi des matières étrangères qui pourraient souiller ces appareils et qui altèreraient le produit.

Il est inutile, quand on veut avoir des esprits très-délicats et très-suaves, de recommander de faire un choix scrupuleux des matières premières.

Il est indispensable de diviser, couper, concasser, piler, ouvrir les matières afin que l'alcool ait un plus libre contact avec les cellules qui renferment les matières aromatiques.

On ne doit employer à cette préparation que des alcools très-purs, francs de goût et marquant 85°.

Un moyen avantageux dans cette opération, est de fractionner les produits et de ne pas chercher à obtenir des quantités supérieures à celles de la distillation que l'expérience a fait connaître comme les seules utiles. En fractionnant, on n'introduit pas dans le produit des flegmes ou petites eaux peu chargées en matière utile ou entraînant des matières étrangères, et en bornant ainsi la distillation, on se renferme dans les limites où toutes les parties suaves qu'on recherche ont distillé sans être souillées par d'autres produits ultérieurs d'une distillation poussée au-delà du terme.

Il ne faut pas procéder immédiatement à la distillation, mais laisser les substances macérer pendant 24 à 36 heures dans l'alcool avant de verser dans l'alambic ou d'appliquer le feu. L'alcool a ainsi le temps d'attaquer les parties solubles et volatiles et peut ensuite les entraîner plus aisément dans sa volatilisation.

Il est indispensable d'ajouter à l'alcool où ont macéré les substances, et au moment de distiller, un volume d'eau moitié de celui de l'alcool à 85°. Cette eau a pour but de retenir certaines substances résineuses, salines ou extractives qui y sont solubles et qui ainsi ne distillent plus à une température aussi basse que l'alcool, tandis que les principes plus volatils, plus délicats qu'on veut extraire s'élèvent sans difficulté avec l'esprit-de-vin.

Quel que soit le mode de distillation qu'on adopte, à feu nu, au bain-marie ou à la vapeur, il faut procéder avec précaution et une sage lenteur, c'est le moyen d'obtenir des produits plus fins de goût.

On doit autant que possible laisser vieillir les esprits, parce qu'il s'opère ainsi une combinaison plus intime entre les parties constituantes et que certaines saveurs que communique toujours la distillation et qui sont dues sans doute à quelques huiles essentielles particulières disparaissent avec le temps par un travail intérieur, dont il est difficile d'expliquer la marche.

Dans l'art du liquoriste, on connaît un procédé pour améliorer les alcoolats, leur communiquer de la douceur, du moelleux, et pour leur donner, dit-on, les qualités de ceux qui ont vieilli. Ce moyen, fort simple et bien connu aujourd'hui, consiste à préparer un mélange réfrigérant avec de la glace pilée et du sel marin, et y plonger pendant 6 à 8 heures les esprits renfermés dans des vases à parois minces et d'une faible capacité.

Il est indispensable, pour avoir des esprits parfumés d'une grande délicatesse, de les soumettre à une rectification qu'on fait avec tous les soins convenables. Cette rectification s'opère en ajoutant à l'esprit, moitié de son volume d'eau, et en distillant un volume un peu moindre que celui de l'alcool.

Toutes ces règles étant bien observées, il ne nous reste plus qu'à indiquer au liquoriste quelques formules des esprits parfumés, simples et composés.

Alcoolat d'absinthe.

Sommités fleuries de grande absinthe,
 sèches . . . . 2 kilog.
Alcool à 85° C. . . . . 8^{lit}.5

Distillez au bain-marie ; on prépare de même l'alcoolat de génépi ou absinthe des Alpes.

Alcoolat d'amandes amères.

Amandes amères broyées. . . . . 2 kilog.
Alcool à 85° C. . . . . 8 litres.

Produit 8 litres; on opère de même avec les amandes de noyaux d'abricots, de pêches, etc.

Alcoolat d'angélique.

Racines sèches d'angélique de Bohè-
me.. . . . .   500 gram.
Alcool à 85° C.. . . . .   4 litres

On distille au bain-marie pour en retirer 2 litres d'alcool aromatique.

Alcoolat d'anisette ordinaire.

Anis vert.. . . . .   500 gram.
Badiane..   500
Fenouil..   180
Coriandre   150
Alcool à 85° C. 8lit.5

Pilez ces substances, faites macérer 24 heures, distillez avec 4 litres d'eau pour retirer 8 litres, rectifiez avec 4 litres d'eau et retirez 8 litres. Sert à préparer les anisettes.

Alcoolat d'anisette de Bordeaux.

Badiane.. . . . .   400 gram.
Anis vert..   100
Coriandre..   100
Fenouil..   100
Bois de sassafras..   100
Ambrette..   25
Thé impérial   25
Alcool à 85° C. 8lit.5

Pilez les graines, coupez le sassafras en morceaux, faites infuser. Distillez et rectifiez.

Alcoolat de basilic.

Sommités fraîches de basilic.. . . . . .   12 kilog.
Alcool à 85° C.. . . . .   8lit.5

Distillez au bain-marie.

Alcoolat de benjoin.

Benjoin en larmes réduit en poudre.   500 gram.
Alcool à 85° C. . . . .   8^{lit}.5

Retirez 8 litres. Préparez de même les alcoolats de tolu, de myrrhe, etc.

Alcoolat de bergamotte.

Zestes de bergamotte. . . . .   4 kilog.
Alcool à 85° C. . . . .   8^{lit}.5

Distillez au bain-marie. Les alcoolats de citrons, de cédrats et d'oranges, se préparent de même.

Alcoolat de café.

Café torréfié et moulu.. . . . .   500 gram.
Alcool à 85° C. . . . .   6 litres.

Distillez au bain-marie.

Alcoolat de cannelle.

Cannelle de Ceylan en poudre. . . .   225 gram.
Alccol à 85° C.. . . . .   8 litres.

Retirez 8 litres à la rectification. Préparez de même l'alcoolat de cannelle de Chine, ainsi que les alcoolats de girofle, de macis, de noix muscade, de sassafras, etc., mais avec le double en poids ou 450 grammes de ces substances.

Alcoolat de carvi.

Semences de carvi. . . . .   1^{kil}.500
Alcool à 85° C.. . . . .   4 litres.

Distillez au bain-marie. On prépare de même l'alcoolat de coriandre, de cumin, de chervi, d'anis, d'aneth, de daucus, de fenouil, de badiane, etc.

Alcoolat de curaçao.

Écorces de curaçao. . . . .   1^{kil}.250

    Écorces d'oranger sèches.. . . . .   0 . 400
    Alcool à 85° C. . . . .   10 litres.

On fait tremper les écorces dans l'eau, on enlève le zeste, on fait infuser 24 heures dans l'alcool, on distille et on retire 8 litres.

On opère de même pour préparer l'alcoolat de curaçao de Hollande, excepté qu'on emploie 1 kil. 66 d'écorces de curaçao de Hollande et 12 litres d'alcool, et qu'on ne retire que 6 litres de bon produit. Le reste est employé pour une seconde distillation.

Alcoolat de fleurs d'oranger.

    Fleurs d'oranger fraîches et mondées..   2 kilog.
    Alcool à 85° C.. . . . .   8^{lit}.5

Laissez macérer 24 heures, ajoutez 4 litres d'eau, distillez, retirez 8 litres de produit, rectifiez avec 4 litres d'eau pour retirer 8 litres.

Autre alcoolat de fleurs d'oranger.

    Fleurs mondées de leur calice et
        d'une partie de leur fructification. 500 gram.
    Alcool à 85° C. . . . .   4 litres.
    Eau de fleurs d'oranger double.. . . .   2

Distillez au bain-marie pour avoir 2 kilogrammes de produit.

Alcoolat de framboise.

    Framboises bien mûres. . . . .   2 kilog.
    Alcool à 85° C.. . . . .   4^{lit}.5

Dsstillez au bain-marie, retirez 4 litres.

Alcoolat de gingembre.

    Racine de gingembre . . . .   1 kilog.
    Alcool à 85° C.. . . . .   8^{lit}.5

Produit 8 kilogrammes. On prépare de même les alcoolats de galanga, de cascarille, etc.

Esprit de lavande.

Fleurs de lavande fraîches et récoltées
   par un temps chaud et sec. . . . . . .   3 kilog.
   Alcool à 85º C. . . . .   6 litres.
   Eau.   6

Après deux ou trois jours de macération, distillez au bain-marie pour retirer environ 6 litres d'esprit ; il est des distillateurs qui le redistillent au bain-marie en y ajoutant 500 grammes d'eau de roses double ; il est alors beaucoup plus agréable. On prépare de la même manière, et avec les sommités fleuries, les esprits

de mélisse,	de sauge,
de menthe crépue et	de serpolet,
poivrée,	de thym,
de romarin,	de roseau aromati-
d'hysope,	que, etc.

Alcoolat de menthe poivrée.

Sommités de menthe poivrée. . . . .   500 gram.
Alcool à 85º C. . . . .   4 litres.

Distillez au bain-marie.

Alcoolat de moka.

Café Martinique. . . . .   500 gram.
Café Moka.   500
Alcool à 85º C. . . . .   8^{lit}.5

Réduisez en poudre le café torréfié, faites infuser, distillez et rectifiez. Le produit est de 8 litres.

Alcoolat de roses.

Pétales de roses récentes. . . . .   4 kilog.
Alcool à 85º C.. . . . .   8^{lit}.5

Opérez comme pour la fleur d'oranger. On prépare

de même l'alcoolat d'œillet, mais avec moitié moins de fleur.

Autre alcoolat de roses.

Pétales de roses.	2 kilog.
Alcool à 85° C..	4 litres.
Eau de roses double.	2

Distillez pour avoir 3 litres de produit.

Alcoolat de safran.

Safran de Gatinais..	225 gram.
Alcool à 85° C.	8 litres.

Produit 8 litres.

Alcoolat de santal.

Bois de santal citrin..	500 gram.
Alcool à 85° C.	8^{lit}.5

Produit 8 litres. On prépare de même les alcoolats d'aloès, de bois de roses, de cachou, etc.

Alcoolat de thé.

Thé impérial..	375 gram.
Thé pekao..	185
Thé hyswin..	185
Alcool à 85° C.	8^{lit}.5

On fait infuser les thés dans 2 litres d'eau bouillante, on ajoute à l'alcool, on laisse infuser, on distille et on rectifie. Le produit, en esprit parfumé, est de 8 litres.

On peut très-bien imaginer d'autres combinaisons de thés divers, suivant leur qualité, leur parfum ou l'arôme qu'on veut faire dominer dans l'esprit.

CHAPITRE VII.

HUILES ESSENTIELLES

ÉGALEMENT CONNUES SOUS LES NOMS D'HUILES VOLATILES,
D'ESSENCES, D'AROMES ET DE PARFUMS.

Si, dans la préparation des liqueurs, l'alcool est de la plus grande importance pour les liquoristes, celle des huiles volatiles et des eaux odorantes est une des bases essentielles de leur profession, parce que de leur pureté et de leur bonté dépend celle des produits dans lesquels elles doivent entrer. On a beaucoup écrit sur ce sujet : mais tous ces ouvrages sont entachés d'une foule d'erreurs qui doivent s'évanouir au flambeau salutaire de la chimie. Maintenant que cette science exerce une si grande influence sur les progrès des arts, nous devons marcher avec elle afin de pouvoir contribuer nous-mêmes à leur perfectionnement, et le fabricant doit sortir de l'ornière, où, si l'on veut, de cette routine couverte de la rouille des siècles et des préjugés, pour marcher dans la voie des améliorations. Tel est le motif qui nous a portés à mettre cet ouvrage au niveau des connaissances chimiques, afin qu'on puisse y trouver quelque instruction ; car si la pratique éclaire la théorie, celle-ci, à son tour, préside à ses progrès en la conduisant dans le vaste champ de l'observation. Ainsi, tout en offrant à nos lecteurs les principes qui dérivent d'une saine théorie, nous avons recueilli les faits les plus précieux de la pratique.

De tous les produits immédiats des végétaux, les huiles volatiles sont celles dont on trouve le plus d'espèces ; tout porte à croire qu'elles sont le principe odorant de la plupart des plantes, ou ce qu'on nomme *leur arôme.* Sous ce point de vue, il est aisé de calculer combien leur nombre est considérable ; on les trouve tantôt dans toutes les parties du végétal, tantôt seulement dans les feuilles, dans les fleurs, dans les écorces des bois et des fruits, ou dans les enveloppes des semences et non dans les cotylédons. Elles se distinguent des huiles grasses ou fines par leur volatilité, leur odeur, qui est plus ou moins forte, suave, piquante ou désagréable, et par la propriété qu'elles ont de ne pas laisser de taches sur le papier. Ces huiles ont une saveur âcre et brûlante ; elles sont incolores ou colorées diversement ; elles sont plus légères que l'eau, à l'exception de celles de cannelle, de girofle, de sassafras et de moutarde ; elles sont congélables à diverses températures ; quelques-unes acquièrent de la viscosité à la température ordinaire, et deviennent même solides, comme celles d'anis, de fenouil, etc.

Les huiles volatiles s'obtiennent par voie de distillation. A cet effet, on introduit la plante dans un alambic où l'on a versé de l'eau, et on applique la chaleur. L'huile se volatilise à l'aide de la vapeur d'eau, à une température de 100° C.

Il n'y a qu'un petit nombre d'huiles essentielles qu'on puisse obtenir par l'expression des substances qui les renferment ; telles sont les huiles de citron et de bergamotte, qu'on extrait des zestes frais. Pour recueillir les huiles essentielles des fleurs odorantes qui n'ont pas d'organes particuliers qui les renferment et, par conséquent, les abandonnent aisément, telles que les huiles de violette, de jasmin, de tubéreuse, de fleurs d'oranger, on a recours à d'autres procédés, tels que celui de la distillation dont il est question ci-dessus, de l'infusion, de l'expression et à ceux de l'enfleurage ou macération avec les corps gras, un mucilage de gomme arabique à l'état sirupeux. Mais il est inutile de nous étendre sur ces modes d'extraction, parce qu'il est rare que le liquoriste les opère lui-même, que généralement il trouve les essences toutes préparées dans le commerce, et que nous indiquerons quelques-uns de ces procédés en passant en revue les diverses huiles essentielles.

Les huiles essentielles diffèrent les unes des autres par leurs propriétés physiques. Beaucoup d'entre elles sont jaunes, d'autres sont incolores, rouges ou brunes, quelques-unes vertes, et, en petit nombre, bleues. Suivant les différents genres, leur point d'ébullition est ordinairement de 157 à 160° C.; leur vapeur rougit parfois le papier de tournesol, quoiqu'elles ne renferment pas d'ammoniaque. Quand on les distille seules, elles se décomposent en partie, et les produits gazeux de la partie décomposée entraînent toujours un peu de l'essence. Mélangées à de la terre grasse sèche ou à du sable, et exposées à la chaleur de la distillation, elles se décomposent en grande partie, ou bien, quand on les fait passer à travers un tube rouge de feu, elles donnent un gaz combustible et laissent un charbon poreux et brillant. La vapeur d'eau les entraîne à la température de 100° C.; à l'air libre, elles brûlent avec une flamme brillante qui dépose beaucoup de suie. Le point de congélation varie beaucoup; quelques-unes ne se solidifient que quand on les refroidit au-dessous de 0°; d'autres, à ce point; et d'autres sont concrètes à la température ordinaire de l'atmosphère.

Exposées à l'air, les huiles volatiles changent de couleur, deviennent plus foncées, et absorbent peu à peu de l'oxygène. La lumière contribue beaucoup à cette action, pendant laquelle il y a dégagement d'un peu d'acide carbonique, mais moins que d'oxygène absorbé et sans formation d'eau. Les huiles s'épaississent, perdent de leur odeur et se transforment en une résine qui parfois est très-dure.

Pour conserver les huiles essentielles, il faut les introduire dans des fioles ou flacons qu'on remplit jusqu'au sommet, qu'on ferme avec un bouchon de verre rodé et qu'on place dans l'obscurité.

Les huiles volatiles sont peu solubles dans l'eau, mais cependant assez pour communiquer à ce liquide, par l'agitation, l'odeur ou la saveur caractéristique qui les distingue.

Elles sont solubles dans l'alcool, et d'autant plus que celui-ci est plus concentré. Quelques-unes qui ne renferment pas d'oxygène, l'essence de citron, par exemple, ne sont solubles qu'en très-petite quantité dans l'alcool étendu, tandis que celles de lavande, de poivre, etc., s'y dissolvent en grande quantité. Ce sont ces combinaisons qui constituent ce qu'on appelle les eaux odoriférantes, eaux de lavande, de Cologne, de jasmin, etc., qui se troublent quand on y ajoute de l'eau, qui s'empare de l'alcool et sépare l'essence. L'éther dissout toutes les huiles volatiles.

Ces huiles se combinent avec certains acides végétaux, tels que les acides acétique, oxalique, succinique, camphorique, subérique et les acides gras. Elles se dissolvent aussi dans les acides gras, les résines et les graisses animales.

Dans ces derniers temps, un chimiste habile, M. Millon, a indiqué, mais sans entrer dans des détails, une méthode nouvelle pour extraire le principe odorant des plantes et des fleurs. Ce procédé ne repose ni sur la distillation, ni sur l'expression ou la macération, mais sur deux opérations fort simples : 1° la dissolution, 2° l'évaporation.

On dissout le principe odorant dans le sulfure de

carbone ou dans l'éther, et on évapore la dissolution sur un feu doux. On obtient ainsi une substance butyreuse qui ressemble à l'essence de rose d'Orient et qui reproduit dans toute sa pureté, sa suavité et son intensité, l'odeur primitive de la fleur ou de la plante.

Ce produit est absolument inaltérable à l'air et se conserve des années entières dans des tubes ouverts, sans perdre de ses propriétés; mais ce mode de préparation des parfums nous paraît mieux adapté à la parfumerie qu'à l'art du liquoriste, et nous ignorons si l'on a fait cette dernière application ou comment on pourrait l'opérer.

Une classification bien exacte des huiles volatiles ne pourra être entreprise que lorsqu'on aura suffisamment étudié leurs propriétés respectives. Cependant, comme celle de Fourcroy nous paraît conduire à ce résultat, nous allons l'exposer. Ce chimiste les a divisées en six genres :

PREMIER GENRE.

Dans ce genre, Fourcroy range toutes les huiles qu'on ne peut obtenir ni par la distillation avec l'eau, ni par expression, ni par l'action de l'alcool, mais bien par celle d'une huile douce ou fixe, comme celle de lis, de jasmin, de tubéreuse, etc. Nous allons donner deux exemples de la préparation de ces huiles.

Huile de jasmin.

Placez dans une cruche de grès suffisante quantité de fleurs de jasmin, et versez-y de l'huile de pieds de bœuf en proportion assez grande pour qu'elles en soient recouvertes. Laissez macérer pendant quinze jours, en exposant ce vase, bien couvert, toujours au soleil; passez ensuite et exprimez légèrement; remettez l'huile dans la cruche avec la même quantité de fleurs, et quinze jours après passez de nouveau. Enfin, en répétant une troisième fois cette opération, l'on obtient une huile que l'on filtre et qui est très-chargée de l'odeur du jasmin.

On obtiendrait les mêmes résultats si, au lieu d'huile de pieds de bœuf, on employait du saindoux bien pur et non rance.

Huile de lis.

Prenez trois parties en poids de bonne huile d'olive, ou mieux d'huile de pieds de bœuf, et une de fleurs de lis, dont on a séparé les étamines; mettez le tout en infusion dans un pot de terre vernissé neuf; au bout de quatre jours, exprimez à travers un linge : remettez ensuite l'huile dans le vase, avec de nouvelles fleurs, et deux jours après, soumettez-les à la presse et filtrez l'huile obtenue qui est très-odorante. Pour la dépouiller de l'eau de végétation qu'elle contient, on l'introduit dans un flacon que l'on bouche avec un bouchon de liége traversé dans tout le milieu par un tuyau de plume ; en reversant ce flacon, l'huile, comme plus légère, gagne la surface, et l'eau occupe la partie inférieure; on la soutire en débouchant le petit canal fait avec le tuyau de plume précité.

On peut préparer de cette manière les huiles de tubéreuse, de jonquille, d'héliotrope, de hyacinthe, de muguet, de narcisse, de réséda, de giroflée, en un mot, des liliacées et de toutes les fleurs dont l'odeur est aussi douce que fugace.

On peut préparer aussi ces huiles, comme on le pratiquait jadis, en faisant macérer ces fleurs avec des étoffes de laine imbibées d'huile d'olive ou de pieds de bœuf, jusqu'à ce qu'elles commencent à perdre leur tissu et leur couleur ; on en ajoute successivement de nouvelles jusqu'à ce que l'huile, dont la laine est imprégnée, ait acquis une odeur assez forte ; on en extrait alors cette huile en soumettant la laine à la presse.

DEUXIÈME GENRE.

Fourcroy comprend dans cette classification les huiles aromatiques qu'on extrait des substances par simple expression. Quoique ce moyen soit applicable à plusieurs corps dont on peut extraire ainsi des huiles volatiles, ce n'est cependant que l'extraction de celles qui existent dans les petites cellules des écorces de citrons, de cédrat, de bergamotte, d'orange et des fruits de la famille des hespéridées.

Huile de bergamotte (Citrus limetta bergamotta),
Risso.

Huile de cédrat, *Citrus medica cedra* ; — de citron, *Citrus medica* et *Citrus limonum.* R. ; — d'orange, *Citrus aurantium* ; — d'orangette, *Citrus aurantium minimarum*, et de limette, *Citrus limetta.*

Par expression. Ce procédé, suivi en Italie, en Portugal et en Provence, consiste à râper l'épiderme de l'écorce blanche du zeste, afin de déchirer ainsi les vésicules huileuses qui la recouvrent ; on ramasse ensuite cette espèce de pulpe, et on l'exprime entre des glaces inclinées. Ces huiles déposent, par le repos, un peu de parenchyme qu'elles avaient entraîné ; lorsqu'elles sont devenues claires, on les conserve dans un flacon bien bouché.

Nous devons à Geoffroy un autre procédé pour l'extraction de ces huiles au moyen de l'alcool ; il consiste à laisser macérer pendant quelques jours la partie extérieure des écorces dans ce menstrue, et à y en ajouter ensuite de nouvelles jusqu'à ce que l'alcool soit très-chargé de cette huile. Alors, en ajoutant de l'eau à cette solution, ce liquide s'unit à l'alcool et en sépare l'huile. Schwetzen conseille d'employer l'éther sulfurique au lieu de l'alcool.

Enfin, il est encore un moyen plus avantageux, c'est la séparation de ces huiles en distillant les écorces qui les contiennent. Ce procédé est préférable à celui par expression, attendu que les huiles obtenues par ce dernier mode contiennent toujours du mucilage et de l'huile fixe; aussi sont-elles sujettes à s'altérer plus tôt. Nous allons présenter une de ces huiles préparées par expression et par distillation. Les autres huiles précitées peuvent être obtenues de la même manière.

Huile de citron.

Cette huile, obtenue par expression, est jaune, très-odorante, devient bientôt épaisse, ne se dissout pas en entier dans l'alcool, graisse les étoffes et acquiert à la longue une odeur désagréable.

Obtenue par la distillation, cette huile est fluide, d'une odeur, il est vrai, moins suave, mais elle est beaucoup plus soluble dans l'alcool et se conserve plus longtemps.

Ces diverses huiles se préparent en Provence et en Portugal; celle d'orangette est connue dans le commerce sous le nom d'huile de petit-grain, et celle d'orange sous celui d'essence de Portugal. On les falsifie avec l'alcool.

Pour reconnaître cette fraude, on a proposé de les agiter avec un peu d'eau qui reste laiteuse si l'huile contient de l'esprit-de-vin, tandis que dans le cas contraire, elle devient claire. Vauquelin pense que cette épreuve n'est satisfaisante que lorsque les huiles ne contiennent qu'une certaine quantité d'alcool ; que lorsqu'elle est moindre, elles produisent avec l'eau le même effet que celles qui sont pures.

Il est bon de faire observer que lorsqu'on se propose d'extraire l'huile volatile de toute autre substance que des écorces des fruits, il faut les réduire en poudre et les ramollir par la vapeur d'eau avant que de les exprimer. Il est cependant préférable de recourir à la distillation, attendu qu'on peut opérer plus en grand et que l'on obtient des produits plus purs.

Huile essentielle de fleurs d'oranger.

Cueillez les fleurs d'oranger par un temps sec et un peu avant leur entier épanouissement ; jetez-les dans l'eau à mesure que vous les éplucherez ; distillez après vingt-quatre heures de macération dans cette même eau, et en rafraîchissant médiocrement le serpentin ; terminez l'opération comme ci-dessus.

Toutes les huiles essentielles de fleurs, d'herbes odorantes, se préparent de la même manière. On cueille ces plantes au moment de la plus grande vigueur, par un temps sec et peu avant la grande ardeur du soleil ; on les monde de celles de leurs parties qui ont peu ou point d'odeur.

TROISIÈME GENRE.

Les huiles qui appartiennent à ce genre sont ordinairement colorées en brun ; elles sont, en général, plus pesantes que l'eau.

Huile de cassia cinnamomum.

On obtient l'huile de cassia en distillant l'écorce du *cassia* avec suffisante quantité d'eau. Baumé a retiré de 6 kil. 250 de cette écorce une eau très - odorante, chargée depuis quelques gouttes jusqu'à 4 grammes,

d'une huile essentielle fluide, d'une couleur blanche
et d'une odeur très-agréable. Cet habile pharmacien
a extrait d'un autre *cassia* dit fin, 10 grammes d'une
huile semblable, pour 6 kil. 250 de cette écorce.

Huile de cannelle.

Cette huile est le produit de la distillation de l'é-
corce du *Laurus cinnamomum* qui vient de Ceylan.

On prend de la cannelle de Ceylan, ou mieux celle
de la Chine, qui est regardée comme étant la plus
riche en huile; on la concasse et on la fait macérer
pendant un jour dans environ dix fois son poids d'eau ;
on y ajoute du sel marin, et l'on distille rapidement ;
on cesse l'opération lorsqu'on s'aperçoit que l'eau qui
passe n'est plus laiteuse ; on sépare l'huile de la première eau, qui, étant plus légère que l'huile, la surnage, et on la redistille jusqu'à quatre fois de suite
sur la même cannelle afin d'en extraire toute l'huile
qu'elle contenait. On connaît deux sortes d'huile de
cannelle : 1° celle qui provient de la cannelle de Ceylan est la plus rare et la plus estimée, elle coûte, ren-
due à Paris, depuis 40 jusqu'à 50 francs les 31 grammes ; 2° celle de la Chine, dont le prix est de 8 à 10
francs ; son odeur est moins agréable.

Huile de girofle.

Cette huile est le produit des boutons secs ou clous
du *Caryophyllus aromaticus*. Pour la préparer, on
prend :

<pre>
Girofle bien aromatique concassé. 5,000 gram.
Hydrochlorate de soude..........   500
Eau pure................... 10,000
</pre>

Laissez en macération pendant douze heures, et
distillez ensuite jusqu'à ce que la liqueur passe claire
dans le récipient, dont le col doit être long. La li-

queur laiteuse que l'on a obtenue abandonne bientôt l'huile qui, se trouvant beaucoup plus pesante que l'eau, va au fond du vase; on la sépare de ce liquide qui, tenant en dissolution un peu d'huile, est avantageusement employé pour de nouvelles distillations sur d'autres girofles.

Cette huile ainsi obtenue est d'une couleur jaunâtre, d'une odeur très-suave, d'une saveur analogue à celle du girofle, mais beaucoup plus forte; elle est employée comme odontalgique, comme parfum, etc.

L'hydrochlorate de soude que l'on emploie pour la distiller, n'ajoute rien à ses propriétés; il favorise seulement sa volatilisation en rendant l'eau susceptible de ne passer à l'état de vapeur qu'au-dessus de 100 degrés C. Nous avons recommandé de choisir les girofles bien odorants, parce qu'il est des distillateurs qui vendent ceux qui ont été déjà distillés, après les avoir aromatisés avec un peu de cette huile.

On prépare de la même manière les huiles de poivre, de sassafras, *Laurus sassafras*, et de bois de Rhodes, *Convolvulus scoparius*.

QUATRIÈME GENRE.

On classe dans ce genre les huiles qui, extraites par la distillation, se solidifient par le refroidissement ou se cristallisent par une évaporation lente.

Huile d'anis.

On extrait l'huile d'anis des semences du *Pimpinella anisum*, pent. dig. L. Cette plante est originaire d'Europe; ses fruits sont très-ovés, verdâtres, recourbés, striés, très-aromatiques, d'un goût piquant, agréable et sucré. Ils renferment une petite amande qui contient une huile fine, tandis que son enveloppe donne, par la distillation avec l'eau, une huile volatile qui cristallise par le plus petit froid. Cette huile est d'une couleur gris sale ; elle est soluble dans l'eau et dans l'alcool ; elle a l'odeur et la saveur de l'anis.

L'huile qu'on obtient en pilant l'anis et le soumettant à la presse, est un mélange d'huile douce et d'huile volatile.

Huile d'anis étoilé, ou badiane.

C'est le fruit de l'*illicium anisatum*, polyandrie, polyg. L., bel arbre qu'on trouve dans la Chine et dans la Tartarie. Le fruit est semblable à une étoile ; il est formé par la réunion de six à douze capsules épaisses, dures, ligneuses, contenant chacune une semence ovale, rougeâtre, lisse et fragile, qui contient elle-même une amande blanchâtre et huileuse ; le fruit donne, par la distillation avec l'eau, une huile qui a une odeur et une saveur analogues à celles de l'anis, mais plus suaves et plus douces.

Huile de fenouil.

L'*anethum fœniculum* de lin, fenouil, offre trois variétés, qui sont :

Le *fœniculum germanicum*, de Tournefort ;
Le *fœniculum vulgare acriori et nigriori semine* ;
Le *fœniculum dulce*, de Tournefort.

C'est celui qui est cultivé dans le Languedoc, qui donne des semences plus grosses, plus blanches, et d'une saveur plus agréable que les deux autres. Comme on le faisait venir autrefois d'Italie, on le connaît encore sous le nom de fenouil de Florence.

Les graines de fenouil se composent de deux semences soudées et fortement sillonnées, lesquelles sont surmontées par deux petits filets courts qui ont appartenu aux styles ; leur saveur est très-agréable, elle se rapproche de celle de l'anis ; les meilleures sont celles qui sont les plus grosses, d'un vert pâle et non jaunâtre ni brunâtre, car alors elles sont vieilles et par conséquent altérées.

On extrait du fenouil, par la distillation de ses semences au moyen de l'eau, une huile qui cristallise comme celle d'anis ; mais cette cristallisation ne commence qu'à un degré de froid de 5—0.

Baumé a retiré en mars 1760, de 2 kil. 937 de fenouil, 62 grammes d'huile ; en juillet 1766, 36 kil. 712 lui ont produit 918 grammes.

Huile de menthe.

On connaît plusieurs espèces de menthes. Linné a publié une monographie de cette plante dans ses *Amœnitates academicœ*. Les principales espèces sont :

L'aquatique, *mentha aquatica*, Lin.

Le baume des jardins, *mentha gentilis*, L.

La crépue, *mentha crispa*, L.

La poivrée, *mentha piperata*, L.

Le pouliot, *mentha pulegium*, L.

Le sauvage, *mentha sylvestris*, L.

Le menthastre, *mentha rotundifolia*, L.

La verte, *mentha viridis*, L.

La famille des menthes est douée d'une odeur plus ou moins forte et agréable, qu'elle doit à une huile essentielle qu'on en extrait par la distillation ; celles dont on la retire principalement sont la menthe crépue et la poivrée : la première a les fleurs verticillées, les étamines plus longues que la corolle, les feuilles ovales, pointues, dentées en scie, tandis que la poivrée a les fleurs capitales, les étamines plus courtes que la corolle, les feuilles très-vertes, ovales, pétiolées et dentées en scie.

On prépare ces deux huiles en distillant ces plantes

au moyen de l'eau et redistillant l'eau qui a passé à la distillation sur de nouvelles plantes, en suivant la méthode que nous indiquerons pour la distillation de celles du sixième genre. Nous nous bornerons à faire observer ici que pour obtenir une plus grande quantité d'huile, on doit prendre la menthe au moment de sa floraison, la choisir très-vigoureuse et cultivée dans un sol bien exposé au midi ; on doit, avant de la distiller, la dépouiller des tiges et la laisser en infusion dans l'eau pendant un jour. L'huile de menthe a une couleur verdâtre, elle a une odeur et une saveur très-fortes de menthe, elle est soluble dans l'alcool et dans l'eau. La première solution constitue l'esprit de menthe, et la seconde, l'eau de menthe dont on fait un si grand usage en médecine, comme cordial, vermifuge, etc.

L'huile de menthe poivrée est d'une couleur jaunâtre, elle a une odeur et une saveur de menthe poivrée excessivement forte ; elle irrite les yeux et se dissout dans l'alcool et dans l'eau ; elle constitue alors l'esprit et l'eau de menthe poivrée ; outre son emploi en médecine comme cordial et vermifuge, elle sert à faire les pastilles de menthe. On la prépare de la manière suivante :

On prend la menthe poivrée en fleurs, séparée de sa tige, et on la distille avec deux fois et demie son poids d'eau ; on pousse vivement à l'ébullition, et lorsqu'on a obtenu une quantité d'eau égale à celle de la menthe, on extrait cette plante de la cucurbite, on y met une égale quantité de nouvelle, et l'on y verse l'eau de menthe qui a passé à la distillation ; on continue ainsi tant qu'il y a de la menthe à distiller ; on reçoit le produit dans un récipient florentin, tel que nous l'indiquerons bientôt, et l'on sépare l'huile de l'eau.

Huile de rose.

C'est en Turquie et en Perse qu'on prépare l'huile de rose avec la rose pâle, qui doit, dans ces contrées, être beaucoup plus odorante que dans les nôtres, et la rose muscade, qui a une odeur bien plus forte et de laquelle participe davantage l'huile de rose du commerce.

On obtient cette huile en redistillant plusieurs fois la même eau sur des pétales de roses (*rosa centifolia* et *semper virens*) et du sel marin. On prend, par exemple :

Pétales de roses récentes.	25 kilog.
Eau commune.	10 litres.
Sel commun.	500 gram.

et on distille jusqu'à ce qu'il ne passe plus d'huile volatile.

L'huile ainsi obtenue offre une masse cristalline, formée d'un grand nombre de lames aiguillées, brillantes, qui, par le seul effet de la chaleur de la main, se fondent dans les parties liquides, où elles sont comme suspendues. Dans cet état, elle est transparente et a une teinte d'un blanc verdâtre ; quand elle est pure, son odeur est très-forte ; lorsqu'elle est affaiblie par d'autres huiles, elle est très-suave. Cette huile est soluble dans l'eau, elle lui communique son odeur et constitue ainsi l'eau de rose triple, double ou simple, suivant la quantité d'huile dont l'eau est chargée. Elle se dissout en entier dans l'alcool bouillant ; à froid, ce menstrue la sépare en deux parties, l'une qui est liquide et soluble dans l'esprit-de-vin, l'autre qui ne s'y dissout point et offre des lames brillantes. Ces deux huiles sont odorantes, d'après M. Guibourt. Depuis quelques années, le prix de cette huile, qui était exorbitant, a beaucoup diminué.

CINQUIÈME GENRE.

Dans ce genre, Fourcroy place les huiles qu'on obtient à l'état concret ; il ne comprend que l'huile de muscade.

Huile de muscade.

On extrait cette huile des noix de muscades, qui sont le fruit du *myristica moschata*, Lin., *myristica aromatica*, Lin. Le muscadier est un arbre assez beau des îles Moluques, qui fut apporté en 1770 dans les îles de Bourbon et de France. On connaît dans le commerce deux espèces de muscades, dit M. Guibourt, qui sont également distinguées aux îles Moluques, où l'on en compte, en outre, plusieurs variétés de chacune.

La première est la muscade mâle ou muscade sauvage ; on lui donne le premier nom, parce qu'elle est plus grosse que l'autre, et le second, parce qu'elle croît loin des lieux où on cultive la meilleure. Elle est d'une forme elliptique, d'une longueur de 41 à 54 millimètres, plus légère et moins aromatique, et facilement attaquée par les vers : elle est produite par le *myristica tomentosa* de Thunberg.

Dans le deuxième est la muscade femelle ou muscade cultivée, qui est produite par le *myristica moschata* ; elle est comme une petite noix ridée et sillonnée en tous sens, d'un gris cendré dans les sillons, qui prend une teinte rougeâtre sur les parties saillantes ; son aspect est donc d'un gris veiné de rouge ; elle est dure et cédant difficilement au couteau, d'une odeur aromatique très-agréable et forte, d'une saveur huileuse, âcre et chaude ; on doit la choisir bien pesante et non piquée des vers.

Cette huile se trouve dans le commerce en pains

carrés, longs, solides, d'une odeur de muscade bien caractérisée, et d'une couleur jaune marbrée.

Pour préparer cette huile, on pile les noix muscades dans un mortier de fer chauffé, jusqu'à ce qu'elles soient réduites en une pâte qu'on place dans une toile de coutil entre deux plaques de fer chaudes, qu'on soumet à l'action d'une bonne presse ; l'huile qui en découle se fige par le refroidissement. Cette huile est un composé d'une huile douce et d'une huile volatile qui est fluide, et qui se volatilise par la distillation avec l'eau ; elle est très-aromatique : l'autre huile est épaisse et conserve un peu d'odeur qu'elle doit sans doute à un peu d'huile volatile qu'elle retient. L'huile de laquelle on a séparé une partie de celle qui est fluide, est amenée à la consistance ordinaire, en la fondant avec le saindoux : cette fraude est facile à reconnaître, attendu que l'huile ainsi falsifiée est moins odorante.

SIXIÈME GENRE.

Fourcroy donne aux huiles volatiles qu'il groupe dans ce genre le nom de camphrées, parce qu'elles tiennent naturellement du camphre en dissolution ; telles sont les huiles de :

Aunée,	Pulsatile,
Matricaire,	Sauge,
Marjolaine,	Valériane,
Lavande,	Zédoaire, etc.
Romarin.	

Huile de marjolaine.

La marjolaine, *origanum majorana*, Lin., etc., est originaire de Barbarie ; elle est cultivée dans nos jardins, et croît naturellement dans quelques parties du midi de la France, non loin des habitations.

Cette plante est vivace, elle a une odeur forte et agréable; ses feuilles sont petites, blanchâtres, de forme ovoïde et un peu cotonneuses; ses fleurs sont blanches. Elle donne par la distillation une huile dont l'odeur, plus forte, il est vrai, est la même que celle des feuilles et des fleurs. D'après Proust, son huile contient un dixième de son poids de camphre.

Soixante-treize kilogrammes de cette plante, fraîche et en fleurs, ont donné à Baumé 459 grammes d'huile.

Quarante-neuf kilogrammes de la même ne lui en ont produit que 122 grammes.

Soixante-seize kilogrammes de la même, toujours en fleurs et récente, n'en ont donné que 112 grammes.

Il est aisé de voir que les proportions d'huile volatile sont très-variables dans cette plante qui, lorsqu'elle est sèche, en produit encore bien moins.

Huile de lavande.

La grande lavande ou l'aspic, et la lavande des jardins, ou officinale, avaient été confondues et désignées par le nom de *lavandula spica*. De Candolle a conservé ce nom à la première et réservé celui de *lavandula vera* à la seconde, que l'on cultive dans les jardins, et qui ne diffère de l'autre que par ses feuilles moins blanchâtres et plus étroites; le calice offre un duvet blanc, et ses bractéus sont presque cordiformes. La grande lavande croît naturellement dans le midi de la France, et particulièrement dans la Provence, le Languedoc et le Roussillon, où elle est connue sous le nom d'aspic ; elle est formée par une souche ligneuse, qui se divise en plusieurs rameaux ; ses feuilles sont linéaires , s'élargissent vers le sommet, à bords roulés en-dessous, d'une couleur blanchâtre, d'une odeur très-forte ; les tiges florales sont longues, grêles, dépourvues presque entièrement de feuilles, et terminées par un épi long, à verticilles interrompues, etc. On retire, par la distillation des fleurs de cette plante, une huile citrine, plus légère que l'eau, d'une densité égale à 0,898 à 20° C., et par la rectification, à 0,877. Cette huile, provenant de la lavande de Murcie, a donné à Proust jusqu'à 0,25 de camphre ; il y a tout lieu de croire que celle qui croît dans le Roussillon et l'arrondissement de Narbonne, particulièrement dans les Corbières et les montagnes de la Clape, en donneront presque autant. Cette huile jouit d'une propriété remarquable, c'est de dissoudre une grande quantité d'acide acétique concentré. Vauquelin, auquel on doit cette observation, s'est aperçu que cette propriété dissolvante augmente avec la concentration de l'acide, et que la portion de l'acide non dissoute était plus faible que celle qui était unie à l'huile. Si l'on verse de l'eau dans cette dissolution, elle se trouble, et cette liqueur finit par lui enlever l'acide. Thénard pense que des effets analogues auraient lieu probablement avec d'autres essences et d'autres acides.

Baumé, qui s'est beaucoup occupé de l'extraction des huiles volatiles des plantes, a obtenu, de 7kil.342 de lavande, 168 gram. d'huile essentielle ; 15kil.542 lui ont procuré 214 grammes, et 39kil.160, 765 grammes. Il paraît que les queues n'en contiennent presque pas.

Cette huile de lavande ne doit donc pas être confondue avec celle d'aspic que l'on trouve dans le commerce, laquelle n'est ordinairement, dans le midi de la France, qu'une infusion de ces fleurs dans l'eau-de-vie à 22 degrés ; il est facile de s'en convaincre en y ajoutant de l'eau, qui en trouble la transparence, et s'unit ensuite à l'alcool, tandis qu'il vient nager des stries d'huile à la surface. Le cosmétique, connu dans la parfumerie sous le nom d'eau de lavande, est une solution de cette huile dans l'alcool, avec un peu de storax en larmes, etc. Quand on veut s'en servir, on en verse quelques gouttes dans l'eau, qui blanchit de suite, et contracte l'odeur et la saveur âcres et piquantes de la lavande : ce blanchiment est dû à l'huile qu'abandonne l'alcool pour s'unir à l'eau, laquelle, restant suspendue dans le liquide, en trouble la transparence.

Huile de romarin.

Le romarin, *romarinus officinalis,* est un petit arbrisseau qui croît naturellement dans plusieurs parties de la France, et notamment aux environs de Narbonne, sur les montagnes de la Clape et des Corbières; il est si commun dans ces localités, qu'il sert au chauffage des fours. Les feuilles du romarin sont étroites, rudes, vertes à la surface supérieure et blanchâtres à l'inférieure; ses fleurs sont blanches et labiées; elles ont, ainsi que les feuilles, une odeur aromatique agréable et forte. On en retire par la distillation, une huile incolore plus légère que l'eau, d'une densité égale à 0,9109. Si on la distille, et qu'on ne prenne que la moitié du produit, son poids spécifique est alors réduit à 0,8886. D'après les expériences de Proust, cette huile contient un seizième de son poids de camphre; 11kil.748 de feuilles de romarin récentes, ont donné à Baumé 31 grammes d'huile.

Huile de sauge.

On connaît plus de cinquante espèces de sauges, et quoique toutes contiennent de l'huile volatile, ce n'est cependant que de l'officinale, *salvia officinalis,*

Lin., qu'on l'extrait ; cette espèce offre trois variétés bien distinctes :

1. La grande sauge : tiges rameuses, ligneuses, velues, feuilles oblongues, épaisses, blanchâtres et cotonneuses ; odeur et saveur aromatiques assez fortes.

2. La petite sauge ou sauge de Provence : feuilles plus petites, moins larges et plus blanches : elle est plus aromatique et plus estimée que la précédente.

3. Sauge de Catalogne : elle ne diffère de la précédente que par ses feuilles qui sont plus petites encore ; à cela près elle a les mêmes propriétés.

Ces sauges, distillées avec l'eau, donnent une huile légèrement citrine, d'une odeur forte et agréable, qui contient beaucoup de camphre.

Baumé, qui s'est occupé de l'extraction de cette huile, a obtenu de 22 kil. 516 de grande sauge en fleurs, 76 grammes d'huile ; plus tard, 82 kil. 236 ne lui ont produit que 72 grammes. Il attribue cette énorme différence à ce que le printemps fut très-pluvieux jusqu'au moment même où il fit cette distillation.

Les racines de *valériane* et de *zédoaire* contiennent aussi une huile qui tient du camphre en distillation, Nous sommes portés à croire que celles de

> Origan, *origanum vulgare*, Lin.,
> Thym, *thymus vulgaris*, Lin.,
> Serpolet, *thymus serpillum*, Lin.,

en contiennent également ; quant à celles du thym, les expériences de Newman le démontrent.

Distillation des huiles volatiles extraites des plantes.

La distillation des huiles volatiles mérite de fixer maintenant l'attention du distillateur-liquoriste. L'expérience a démontré que toutes les parties des plantes n'en donnent point également, et qu'elles sont d'autant plus riches en huile volatile, que la saison a été moins pluvieuse, qu'elles croissent dans les pays plus chauds, et qu'elles se rapprochent le plus de la floraison : c'est même lorsqu'elles sont en cet état, qu'elles sont plus riches en huile volatile par la distillation ; les feuilles, les fleurs, les racines ou les semences qui en contiennent, en produisent davantage étant fraîches que sèches ; il paraît qu'une partie de l'huile volatile se perd par la dessiccation. Il est digne de remarque que l'extraction des huiles volatiles devient plus aisée si l'on fait macérer pendant un jour dans l'eau, les feuilles, les semences ou les racines dont on veut les extraire, et en faisant servir cette eau à la distillation ; lorsqu'on veut opérer sur des plantes dont les tiges sont inodores ou peu odorantes, comme celles de menthe, de sauge, d'oranger, de romarin, d'origan, de serpolet, de mille-fleurs, etc., on en détache les feuilles et les sommités qu'on met en macération pendant un jour dans la cucurbite d'un alambic.

Si ce sont des bois, des écorces, des racines, etc., que l'on pénètre difficilement, on doit les diviser le plus qu'on peut, au moyen de la râpe, du pilon, etc., afin de faciliter l'extraction de l'huile ; enfin, pour certaines fleurs et quelques semences, comme les fleurs d'oranger, les semences d'anis, d'angélique, etc., nous conseillons de les placer dans une espèce de panier en osier. Voici maintenant les règles que nous croyons qu'on doit suivre pour obtenir les meilleurs résultats :

1. Opérez sur de grandes masses, afin de retirer plus de produit et de l'avoir de meilleure qualité ;

2. Distillez rapidement ;

3. Divisez les substances afin de faciliter la sortie de l'huile qu'elles renferment;

4. N'employez qu'une quantité d'eau suffisante pour empêcher la plante de brûler;

5. Pour les substances exotiques, dont l'huile est plus pesante que l'eau, saturez celle de la cucurbite de sel marin qui, augmentant sa densité, l'oblige de prendre, par son ébullition, une plus haute température : l'eau ordinaire bout à 100 degrés, et l'eau salée à 104 degrés ;

6. Pour les substances indigènes, cohobez à plusieurs reprises la première eau distillée sur une quantité nouvelle de substances ;

7. Employez, pour commencer la distillation, de l'eau déjà distillée sur la même substance, et par conséquent saturée de son huile essentielle ;

8. Se servir du récipient florentin pour les huiles qui surnagent l'eau ;

9. Pour les huiles naturellement fluides, rafraîchir souvent l'eau du serpentin ; mais la tenir à 30 ou 40 degrés pour les huiles qui se concrètent facilement, comme celles d'anis, de roses, etc. En général, pour la distillation des huiles volatiles, il est préférable de se servir d'alambics à conduit court et à chapiteau garni d'un réfrigérant; on peut en graduer la température à volonté, et il est bien plus facile de purger un conduit droit qu'un conduit contourné, de l'huile qui y adhère et qui communique son odeur.

On doit procéder à la distillation des plantes, fleurs, feuilles, racines, bois, écorces ou semences aromatiques, d'après les règles ; il est aisé de voir que l'huile volatile s'élève avec l'eau en vapeurs, et passe avec elle à la distillation. Si la quantité de ce liquide est trop forte, relativement à celle de ces substances, il en résulte que l'huile volatile reste en dissolution dans l'eau ; il en est de même si elles sont peu chargées de principes huileux. Dans tous les cas, on redistille constamment cette eau sur de nouvelles substances; dès lors, se trouvant déjà saturées d'huile, les nouvelles portions qu'elle leur enlève viennent nager à sa surface, ou tombent au fond, suivant que la densité de ces huiles est plus faible ou plus forte que celle de l'eau ; le liquide qui passe à la distillation a un aspect louche ; il se clarifie en partie, et une portion de l'huile s'en sépare ; et si elle est plus légère que l'eau, elle coule par le bec du récipient florentin ; dans le cas contraire, c'est l'eau qui s'écoule par cette issue; tandis que l'huile reste au fond du vase. M. Amblard a présenté à la Société de pharmacie le plan d'un appareil propre à être substitué au récipient florentin, ce qui donna aussitôt l'idée à M. Chevalier d'apporter au récipient florentin ordinaire une modification qui le rendit propre à recueillir les plus petites portions d'huile volatile plus légère que l'eau ; elle consiste en un tube effilé dont la partie inférieure va plonger au fond de ce récipient : ce tube doit être un peu plus haut que le vase, et entrer parfaitement dans l'ouverture supérieure ; l'extrémité inférieure doit être tirée à la lampe, de telle sorte qu'elle soit en rapport avec le filet d'eau qui coule de l'alambic, et la supérieure doit être renforcée à la lampe, afin de pouvoir y placer un bouchon de liège.

Quand on distille, on adapte ce tube au récipient florentin, et l'eau, qui est condensée par la distillation, passe dans ce tube; quand l'opération est finie, on bouche le tube avec un bouchon de liège, on le sort du récipient, et, en le débouchant, on laisse couler l'eau qui surnage l'huile ; on le bouche de nouveau pour porter cette huile dans un vase approprié.

C'est par ces mêmes moyens qu'on extrait l'huile volatile des semences d'anis, de fenouil, de moutarde, de genièvre, de coriandre, d'angélique, etc.; des fleurs et sommités fleuries de lavande, de romarin, d'oranger, de roses, de thym, d'origane, etc.; des feuilles d'absinthe, d'hysope, de marjolaine, de matricaire, de menthe, de myrthe, de persil, de rue, de sabine, de sauge, de tanésie, etc.; de la racine d'*enula campana,* des bois de sassafras, de l'écorce de cannelle, etc.

Il est bon de faire observer que les plantes ne donnent pas annuellement les mêmes quantités d'huile, et que ces quantités sont relatives aux saisons plus ou moins pluvieuses et plus ou moins chaudes, au dérangement de ces mêmes saisons, à la maturité des plantes, à la nature du sol, à son exposition, etc. Dans le chapitre suivant, en traitant des eaux distillées, nous aurons soin de parler d'un nouveau mode de distillation qui paraît offrir plusieurs avantages sur l'ancien. Au reste, la distillation de ces eaux ne diffère en rien de celle des huiles; il n'y a d'autre différence que pour ces dernières; on opère le plus souvent sur une grande masse de substances végétales, ou bien en redistillant les produits obtenus sur de nouvelles matières à distiller.

M. Ch. Tichborne conseille, pour extraire les essences des diverses parties des plantes qui les renferment, de faire usage de la glycérine qui n'a pas besoin d'être chimiquement pure, mais seulement inodore et d'un poids spécifique de 1,24 à 15° C. On mélange, par exemple, cette glycérine à plusieurs reprises avec les fleurs des plantes, afin de saturer l'essence que celles-ci renferment, et pour laquelle cette glycérine paraît avoir une affinité toute particulière; on étend avec de l'eau, et on agite avec une petite quantité de chloroforme. Après le repos et le départ, le chloroforme se dépose au fond, entraînant avec lui toute l'essence; on le fait alors évaporer ou distiller à basse température. Le résidu est dissous dans l'alcool qui fournit un extrait alcoolique des fleurs employées. La glycérine peut servir de nouveau en l'étendant avec de l'eau, filtrant au charbon et évaporant jusqu'à la densité requise.

Rendement quantitatif en essence des plantes, bois et écorces aromatiques.

Il y a un très-grand intérêt dans l'industrie du distillateur-liquoriste de connaître non seulement les propriétés physique et chimique des matières premières, mais aussi les rapports de leurs principes dominants. Une analyse entreprise à cet effet, avec quelque précision qu'elle soit exécutée, ne peut guère conduire à une moyenne sur laquelle on puisse compter, et il n'y a qu'une fabrication en grand poursuivie avec soin pendant plusieurs années, qui puisse fournir à cet égard des données certaines. Ainsi, on a indiqué comme rendement quantitatif en essence des plantes aromatiques, des rapports tellement variés, qu'il n'y a qu'un grand nombre d'expériences, unies à l'observation des hommes compétents en ces matières, qui puissent fournir des résultats utiles.

L'âge des substances exerce une grande influence sur leur richesse en essence, et c'est en général à cette circonstance qu'on peut attribuer les différences énormes que, par exemple, a fourni la distillation du cubèbe, etc. Le temps qui a régné au moment de la récolte, mérite aussi d'être pris en considération; dans les étés secs et chauds, les parties des plantes qu'on recueille renferment plus d'essences que lorsqu'elles ont été récoltées dans des années froides et pluvieuses; sans compter que la nature du terrain est pour chaque espèce de plantes, et dans la formation de ces produits éthérés, un facteur dont l'influence ne peut être mise en doute.

La nature, du reste, ne peut être seule accusée de ces différences; une industrie mal dirigée y joue un rôle peut-être plus important encore. Dans les années antérieures, ou de 1844 à 1855, M. H. Zeise, d'Altona, a eu souvent l'occasion de distiller de la cannelle de Ceylan, mais il a été obligé, depuis quelque temps, d'abandonner cette distillation, parce que les écorces rendaient si peu d'essence qu'on ne pouvait plus entreprendre ce genre d'extraction sans perte pécuniaire. Il suppose qu'aujourd'hui ces écorces doivent, sur le lieu même de production, être soumises à une distillation (opération qui doit s'exécuter à la vapeur, dans laquelle les matières ne sont pas traitées par l'eau, mais pénétrées par de la vapeur à une faible pression), autrement il serait impossible d'expliquer les faibles rendements qu'on obtient actuellement. L'essence de cannelle (*Oleum cinnamoni acuti*) qu'on trouve aujourd'hui dans le commerce, est un produit d'importation qu'on livre à bas prix et qu'on ne prépare pas en Europe.

L'essence de cardamome est vendue dans le commerce à raison de 18 à 20 francs les 100 grammes, tandis qu'il a toujours été impossible, dit M. Zeise, de la produire à moins de 36 à 38 francs. On ne peut pas, toutefois, dire que cette première essence ne soit pas naturelle et authentique, mais elle doit aussi avoir été préparée sur le lieu de production, et il est extrêmement douteux qu'elle ait été fabriquée en Europe. On peut dire la même chose de l'essence de bois de sassafras, qui coûte dans le commerce 10 francs le kilogramme, tandis que le bois râpé se vend en Europe, **32** francs les 100 kilogrammes, et que de ces 100 kilogrammes, on ne peut extraire que 0 kil. 750 d'essence. Cette essence de sassafras du commerce est probablement importée de l'Amérique du Nord.

M. Zeise a aussi fait connaître les résultats des diverses distillations qu'il a eu l'occasion d'opérer, et comme ce travail a toujours été fait en grand, il croit que ces résultats méritent une entière confiance.

DÉSIGNATION DES PLANTES AROMATIQUES.	QUANTITÉS d'essences extraites de 100 kilog. de matières premières	
	kil.	kil.
Absinthe, herbe récente (*Absinthium officinale*).	0.1250	»
Piment de la Jamaïque, graine (*Myrtus pimenta*).	2.6250 à	3.0000
Amandes amères (*Amygdalus communis*).	0.7500 à	0.8750
Anis, semence (*Pimpinella anisum*).	2.0000	»
Anis étoilé, semence (*Illicium anisatum*).	4.3125 à	4.9375
Cardamome mineure (*Alpina cardamomum*).	2.1875	»
Carvi, semence (*Carum carvi*).	3.5625 à	4.5000
Caryophyllie de Bourbon.	18.0000	»
Caryophyllie de Zanzibar (*Caryophyllus aromaticus*).	16.0000 à	16.0312
Cascarille, écorce (*Croton elateria*).	0.6250 à	0.8750
Camomille romaine, fleurs sèches (*Anthemis nobilis*).	0.4062	»
Camomille commune, fleurs sèches (*Matricaria chamomilla*).	0.0625 à	0.2109
Bois de cèdre citron (*Pinus cedrus*).	1.1875 à	2.1250
Cannelle de Ceylan (*Laurus cinnamomum*).	0.4375 à	1.7187
Cannelle de Java (*Laurus cinnamomum*).	0.2187	»

DÉSIGNATION DES PLANTES AROMATIQUES.	QUANTITÉS d'essences extraites de 100 kilog. de matières premières
	kil. kil.
Baume de Copahu (*Copaifera offici-nalis*).	58.0000 à 67.0000
Cubèbe (*Piper cubeba*).	0.4062 à 0.7812
Cyprès, bois (*Cupressus thyoides*). .	3.3750 »
Fenouil, semence (*Feniculum vul-gare*)	0.2187 à 0.2343
Genièvre, baies (*Juniperus commu-nis*).	0.7500 à 0.8750
Laurier, baies (*Laurus nobilis*). . .	0.7187 à 0.8125
Macis (*Myristica moschata*).	7.0000 »
Menthe poivrée, herbe sèche (*Men-tha piperata*).	0.7187 »
Noix muscade (*Myristica moschata*).	3.6875 »
Amandes amères (*Amygdalus per-sica*).	0.8750 à 1.0000
Poivre de Batavia, baies (*Piper ni-grum*).	2.4375 »
Poivre de Singapore, baies (*Piper nigrum*).	2.3125 »
Sabine sèche (*Juniperus sabina*). . .	2.7500 »
Santal blanc, bois (*Santalum album*).	1.2500 à 2.7500
Sassafras, bois (*Laurus sassafras*). .	0.7500 »
Moutarde de Hollande (*Sinapis ni-gra*).	0.4375 à 0.6875
Moutarde d'Italie (*Sinapis nigra*). .	0.4375 à 0.6250
Gingembre du Bengale, racine (*Zin-ziber officinarum*)..	1.1250 »

Sophistication des huiles volatiles.

Le peu d'huile volatile qu'on retire de certains végétaux, et par conséquent leur prix élevé, sont cause
que la cupidité a cherché plusieurs moyens de les
sophistiquer ; ces moyens sont au nombre de quatre :

Par les huiles fixes ou grasses;

Par l'alcool;

Par la même huile volatile ancienne et peu odorante;

Par l'essence de térébenthine rectifiée.

Voici les moyens propres à s'assurer de ces fraudes :

1° On reconnaîtra la présence d'une huile fixe dans une huile volatile en enduisant un papier et le faisant chauffer; si le papier reste taché, c'est une preuve qu'il y a de l'huile fixe unie à cette huile; on peut alors en déterminer la quantité par la distillation.

Du reste, une huile volatile est d'autant moins fluide qu'elle contient une plus forte proportion d'huile grasse, et en agitant fortement, on voit des bulles d'air se réunir à la surface du liquide.

Si on distille l'essence allongée d'huile grasse, la première passe à la distillation, et l'huile grasse reste.

L'alcool qu'on verse en quantité 7 à 8 fois plus considérable sur une huile volatile contenue dans un tube, dissout l'essence et laisse intacte l'huile grasse;

2° Si l'huile est mélangée avec l'alcool, elle est moins odorante, plus fluide; l'eau avec laquelle on l'agite devient laiteuse et en dissout une plus grande quantité que lorsqu'elle ne contient pas d'alcool; il est cependant bien difficile d'en séparer ce menstrue quand il existe en très-petite quantité.

Voici encore un moyen de déterminer la quantité d'alcool contenu dans une essence. On verse de l'eau dans un tube gradué et l'essence par-dessus, de manière que le tube présente un vide dans le haut. On agite à plusieurs reprises. Si le volume de l'eau a augmenté, l'essence contient de l'alcool et son volume a diminué;

3° Avec la même huile ancienne et peu odorante, ou des huiles communes, cette sophistification exige, pour être reconnue, un odorat très-exercé;

4° Avec l'essence de térébenthine rectifiée, il suffit, pour reconnaître ce mélange, de frotter un peu de cette huile entre les mains; l'odeur particulière à cette essence ne tarde pas à se développer.

On a remarqué qu'en imbibant un linge ou un papier avec les sortes d'huiles mélangées, l'huile la plus fine s'évapore la première, et celle dont l'odeur est la plus pénétrante ne s'évapore qu'en dernier lieu.

On falsifie aussi les essences avec les résines et le baume de copahu dissous dans ces essences; mais en faisant évaporer, celles-ci laissent un résidu qui accuse la fraude.

Une falsification qu'on n'observe que trop fréquemment aujourd'hui, surtout pour les essences d'amandes amères et de cassie, est celle qu'on pratique en les allongeant parfois, surtout la dernière essence, jusqu'avec 20 0/0 de chloroforme. Mais la fraude est facile à découvrir par le moyen suivant, dû à M. H. Hager.

On verse dans un verre à expérience 15 gouttes de l'essence qu'on veut essayer, et suivant son degré de solubilité, 45 à 90 gouttes d'alcool et 30 à 40 gouttes d'acide sulfurique étendu, on agite et on ajoute quelques rognures de feuilles de zinc (20 à 30 grammes). On chauffe alors jusqu'à ce qu'il se manifeste un vif dégagement de gaz hydrogène, on retire du feu, puis on fait chauffer de nouveau. Au bout de 25 minutes, on mélange la liqueur avec le double de son volume d'eau distillée froide, on filtre à travers un filtre humide, on aiguise la liqueur filtrée avec l'acide azotique, et enfin, on décompose par une solution d'azotate d'argent; un précipité de chlorure d'argent trahit la présence du chloroforme dans l'essence.

Sur le précipité humide, quand il s'agit d'essence d'amandes amères, on verse environ 40 gouttes d'acide sulfurique concentré et 20 à 25 gouttes d'eau distillée, et le tout est bouilli pendant quelques secondes. Tout le cyanure d'argent se dissout, mais non pas le chlorure de ce métal. Il est bon de faire remarquer que la précipitation de l'azotate d'argent ne doit s'opérer qu'au sein de solutions étendues, parce que le sulfate d'argent est peu soluble (1 sur 200).

La sophistication des essences est toujours pratiquée très-largement, malgré qu'on ait proposé de nombreux moyens pour découvrir la fraude, qui tous échouent en partie, en ce qu'ils constatent bien le fait de la falsification, mais n'en indiquent pas l'étendue. En mettant à profit la propriété que possèdent la plupart des huiles essentielles de tourner le plan de polarisation d'un rayon de lumière, M. H. S. Evans a disposé un polariscope au moyen duquel on peut mesurer exactement l'étendue du pouvoir rotatoire. L'application de ce mode d'épreuve est simple, l'appareil facile à construire à peu de frais pour quiconque possède un microscope pourvu d'un prisme polarisant. Après avoir déterminé l'étendue de la rotation en degrés que possèdent les échantillons les plus authentiques et les plus accrédités d'essences pures, et aussi celle de toutes les substances qui servent à le frauder, ce n'est plus qu'une simple question de calcul de déterminer l'étendue de cette fraude, car il est démontré par expérience que le degré de rotation observé, est la moyenne des forces de rotation de chacun des éléments.

La classification que nous avons présentée est loin d'embrasser toutes les essences, elle est incomplète ainsi que toutes celles proposées, et nous sommes obligés de la compléter ici, relativement à des matières dont la découverte est assez récente et qui jouent un rôle assez important dans l'art du liquoriste et dans celui du parfumeur. Nous parlerons d'abord de l'*essence de mirbane*.

ESSENCES DE FRUITS.

Nitrobenzine ou essence de mirbane.

La *nitrobenzine, nitrobenzole, essence de mirbane, mirbane, essences d'amandes amères artificielle, benzine mononitrée*, a été découverte en 1834 par Mitscherlich, et nommée *nitrobenzide* par cet habile chimiste; elle a été étudiée par MM. Mansfield, Colas, Laroque, Lauth, Scheurer-Kestner, Zinin, Hofmann, Church, Tralle, Deville, Muspratt, Gerhardt, Laurent, Coupier, etc.

La nitrobenzine ou essence d'amandes amères se prépare par divers procédés que nous allons décrire sommairement, mais dont les trois premiers paraissent jusqu'ici avoir été appliqués en grand dans l'industrie.

Voici le premier de ces procédés industriels :

On introduit dans un ballon en verre de la contenance de 10 litres, 3 kilogrammes de benzine parfaitement rectifiée; on place le ballon dans un bain de sable, et on y ajoute un mélange de 2 kilogrammes d'acide azotique à 40°, et de 2 kilogrammes d'acide sulfurique à 66°. Pour favoriser la réaction, on chauffe très-légèrement. Au bout de quelque temps, il se manifeste une vive effervescence, accompagnée d'un dégagement abondant de vapeurs nitreuses. Afin de n'être pas incommodé par ces vapeurs, on doit placer l'appareil sous la hotte d'une cheminée ayant un bon tirage. On rend plus rapide et plus complète l'action du mélange acide sur la benzine, par une agitation fréquente du ballon.

L'opération dure de 7 à 8 heures ; on reconnaît qu'elle est terminée quand les vapeurs nitreuses et colorées cessent de se produire par l'agitation du ballon. On verse alors le mélange d'acides et d'essence dans un grand entonnoir en verre muni d'un robinet et placé au-dessus d'un flacon. Après quelques minutes de repos, l'essence vient nager sur les acides. Comme ceux-ci ont une couleur beaucoup plus claire que celle de l'essence, dont la nuance est jaune-brun, la séparation en est extrêmement facile : il suffit, pour cela, d'ouvrir le robinet placé sur la douille de l'entonnoir. On recueille ensuite l'essence dans un grand flacon et on lui fait subir plusieurs lavages à l'eau tiède. On reconnaît que tout l'acide en a été éliminé quand les eaux de lavages cessent de rougir la teinture de tournesol. Ce résultat obtenu, on laisse reposer quelque temps, et lorsque l'essence est entièrement séparée de l'eau, on la filtre à travers un papier sans colle ; on la conserve ensuite dans des flacons bouchés à l'émeri.

On pourrait donner le premier lavage avec une solution de soude à 1 ou 2 degrés, et les derniers avec de l'eau pure. Ce mode est même le meilleur lorsqu'on opère en grand, car la soude neutralise l'odeur nitreuse que l'acide azotique communique à l'essence.

Le second procédé, dont l'initiative est due à M. Mansfield, est généralement employé depuis que l'essence de mirbane est devenue l'objet d'une fabrication importante. En principe, ainsi que nous l'avons dit plus haut, ce mode ne diffère du premier que par la substitution de l'acide azotique fumant au mélange d'acides azotique et sulfurique. Seulement, et cette innovation nous paraît très - heureuse ,

M. Mansfield a eu l'ingénieuse idée d'introduire la continuité dans la préparation industrielle de ce produit.

L'appareil employé par ce chimiste consiste en un serpentin en verre épais, dont l'extrémité supérieure se bifurque en deux tubes munis chacun d'un entonnoir en verre. L'un de ces entonnoirs est destiné à recevoir la benzine, tandis que dans l'autre coule très-lentement un filet d'acide azotique fumant, c'est-à-dire, à 48 ou 50° Baumé. Quand les deux liquides se trouvent en contact, une vive réaction a lieu ; une partie de l'acide azotique se décompose en acide nitreux qui se dégage, et la benzine se transforme en nitrobenzine (essence de mirbane) qui s'écoule avec l'acide en excès dans le serpentin. Le produit est recueilli dans un récipient.

Pour séparer l'essence de l'acide, on verse le produit dans des entonnoirs. Après quelques minutes de repos, on soutire l'acide et on traite l'essence par son volume d'eau de soude à 2° Baumé. On agite 10 minutes ; on complète ensuite l'épuration de l'essence par des lavages à l'eau tiède, comme nous l'avons indiqué pour le premier procédé.

M. Moutier, habile industriel, fabrique la nitrobenzine en employant l'acide azotique faible sans addition d'acide sulfurique. Cet acide faible est placé dans une chaudière chauffée au bain-marie, munie d'un thermomètre, d'un trou d'homme, de deux tubes, l'un pour l'arrivée de l'acide, l'autre pour l'introduction de la benzine, et d'un tube de sûreté communiquant à un serpentin placé dans un réfrigérant. C'est dans cet acide faible ainsi chauffé qu'on fait arriver la benzine qui se transforme en quelques heures en bonne nitrobenzine.

M. Wagner a préparé aussi de la nitrobenzine en

faisant agir le mélange d'acide sulfurique et d'acide azotique sur du pétrole rectifié.

M. Böttger a obtenu aussi ce corps en faisant passer un courant continu de gaz d'éclairage de houille à travers de l'acide hypoazotique.

Suivant M. Kolbe, si on met en contact un amalgame de sodium solide avec une solution saturée d'acide benzoïque, et qu'on ait soin que la solution soit constamment maintenue acide par l'acide chlorhydrique, l'acide benzoïque se transforme en partie en essence d'amandes amères.

Quel que soit le moyen employé pour obtenir la nitrobenzine, et quand la réaction est terminée, ce qui est facile à reconnaître par la décoloration des produits, on étend d'eau l'acide restant afin de provoquer la séparation complète de la nitrobenzine. La nitrobenzine et l'acide étendu se superposent en deux couches, la nitrobenzine en-dessus, et on la sépare par décantation. Cette nitrobenzine est alors lavée à l'eau tiède, puis avec une solution très-faible de carbonate de soude, enfin de nouveau avec l'eau. Ces lavages doivent être opérés avec le plus grand soin.

On purifie aussi les nitrobenzines brutes par un léger excès d'ammoniaque qui forme des sulfates, nitrates et nitrites d'ammoniaque, et chauffant de 105° à 110° C., le nitrite se décompose en azote et en vapeur d'eau et les nitrates et sulfates restent insolubles; on filtre et on obtient des nitrobenzines et en très-bonne qualité.

On soumet aussi parfois les nitrobenzoles à la distillation pour en chasser une huile sulfurée qui leur communique une odeur désagréable.

En grande fabrication, 100 parties en poids de benzine donnent de 130 à 135 parties de nitrobenzine.

La préparation de la nitrobenzine en petit n'offre

aucune difficulté, mais en grand elle présente des dangers d'inflammation et d'explosion qui exigent qu'on prenne les plus grandes précautions et qu'on n'agisse qu'avec prudence.

On distingue dans le commerce trois sortes de nitrobenzine :

1° Une nitrobenzine dite *légère*, distillant de 200° à 210°, laissant un résidu noir, très-fluide, de 3 à 5 pour 100, qu'on fabrique avec des benzines très-légères, distillant de 80° à 95°. Sa densité à l'aréomètre de Baumé est de 24° fort. C'est la véritable essence de mirbane.

2° Une nitrobenzine plus lourde, distillant de 210° à 220°, pesant 23° Baumé, d'une odeur grasse qui la fait rejeter des parfumeurs.

3° Une nitrobenzine très-lourde, distillant de 222° à 235°, pesant 21° Baumé, faible, qui est employée par les fabricants à produire de l'aniline donnant du bleu.

Les nitrobenzines du commerce ne sont pas chimiquement pures : ce sont des mélanges de nitrobenzine réelle avec une grande quantité de ses homologues d'une part et de l'autre des composés nitrés provenant de l'action de l'acide azotique sur les carbures liquides et solides contenus dans la benzine.

La nitrobenzine pure est un liquide jaunâtre à la température ordinaire, d'une densité de 1,209 à 15° C., et qui, refroidi à 3°, cristallise en aiguilles. La densité de sa vapeur varie entre 4,4 et 4,35. Son poids atomique entre 1556,85 et 1556,687. Elle bout à 213°, possède une saveur sucrée et une odeur qui rappelle celle des amandes amères. Bien pure, cette odeur est très-suave, plus chaude que celle des amandes amères et rappelant un peu celle de la cannelle, peut-être moins fine et moins délicate que celle des amandes, mais ayant sur cette dernière l'avantage d'être moins altérable sous l'influence des alcalis.

La nitrobenzine est presque insoluble dans l'eau, mais elle se dissout facilement en toute proportion dans l'alcool, l'éther et les essences.

Occupons-nous maintenant des moyens qui servent à constater la pureté des nitrobenzines du commerce.

M. Th. Chateau, qui a publié en 1862 un mémoire sur l'analyse des benzines, nitrobenzines et anilines du commerce, mémoire qui a été couronné par la Société industrielle de Mulhouse, indique ainsi qu'il suit les caractères que doivent présenter les nitrobenzines du commerce de bonne qualité. Nous dirons, avant de procéder, que les essais se font dans un tube bouché à l'une de ses extrémités, qu'on y emploie 3 à 4 centimètres cubes de nitrobenzine, que les réactifs doivent être incolores et purs autant que possible, et enfin que nous nous bornons ici à l'essai de la nitrobenzine distillant de 205° à 210°, la seule qui nous intéresse dans ce manuel.

Acide sulfurique ordinaire. — A froid, la nitrobenzine se trouble par l'agitation, liqueur trouble jaune sale. A chaud, elle jaunit, l'acide brunit ; par l'agitation les deux teintes se mêlent pour former un liquide brun trouble qui noircit de plus en plus. Si à ce moment on ajoute de l'eau (8 à 10 fois le volume) et que l'on agite fortement, on obtient un liquide trouble jaune-gris, dans lequel nage un précipité floconneux lourd, jaune-gris sale.

Acide azotique ordinaire. — A froid ne trouble pas la nitrobenzine et ne se colore pas. A chaud, elle se trouble et l'acide devient laiteux.

Acide chlorhydrique. — A froid, la nitrobenzine se trouble, l'acide ne se colore pas. A chaud, elle se décolore en devenant claire et l'acide reste incolore. En refroidissant, la nitrobenzine se trouble de nouveau, l'acide devient laiteux, les deux teintes se confondent.

Potasse à l'alcool (en dissolution assez concentrée). — La nitrobenzine ne se trouble pas, la potasse se colore en jaune, pas de mousse. A chaud, la nitrobenzine prend une teinte jaune d'or, la potasse un ton verdâtre. A l'ébullition, la nitrobenzine se trouble sitôt qu'on retire le tube du feu et redevient jaune d'or et claire pendant l'ébullition; la potasse reste la même.

Ammoniaque liquide. — La nitrobenzine se trouble aussitôt, puis par l'agitation prend un ton rose-clair, l'ammoniaque devient jaune; par une agitation un peu plus forte, les deux liquides se troublent. A chaud, la nitrobenzine se décolore et redevient claire. L'ammoniaque reste jaune d'or; retirés du feu, les deux liquides se retroublent et la nitrobenzine reprend sa couleur.

Eau de chaux. — La nitrobenzine se décolore, le réactif se colore en jaune clair et surnage la nitrobenzine.

Eau de baryte. — Forte agitation, pas d'émulsion; coloration jaune clair du réactif, la nitrobenzine devient laiteuse et blanche.

L'essence de mirbane du commerce est ordinairement falsifiée par l'alcool. On décèle facilement cette fraude en traitant dans un petit ballon en verre, l'essence suspecte, par un volume double, agitant et laissant reposer. Si l'essence est exempte d'alcool, il ne se manifeste aucune réaction; dans le cas contraire, on voit se produire, au bout de quelques minutes, une réaction très-vive, avec dégagement de vapeurs rouges rutilantes. Ces vapeurs sont produites par la décomposition de l'acide azotique par l'alcool.

L'essence de mirbane a de nombreuses applications dans l'industrie. Les distillateurs s'en servent pour transformer l'eau-de-vie de pommes de terre en un *kirschwasser artificiel* qui présente la plus grande analogie avec le produit naturel. En parfumerie, cette essence est employée pour les savons fins de toilette colorés. Pour parfumer les savons blancs, dits d'*amandes*, on doit, pour éviter la coloration, se servir d'essence incolore. Cette dernière s'obtient en distillant l'essence jaune ordinaire au moyen de la vapeur d'eau surchauffée à $+ 220°$ C.

On sait quel ingénieux parti l'industrie a su tirer, dans ces derniers temps, des différents éthers aromatiques qui se rapprochent plus ou moins du produit précédent, et qui ont reçu de nombreuses applications dans la parfumerie et la fabrication des liqueurs. Nous citerons quelques-unes de ces combinaisons, et principalement celles auxquelles on a donné le nom d'*essences de fruits*.

Les essences de fruits qu'on prépare le plus communément aujourd'hui pour le commerce, sont les suivantes :

Essences d'ananas, de melon, de fraise, de framboise, de groseille, de raisin, de pomme, de poire, d'orange, de citron, de cerise, de merise, de prune, d'abricot et de pêche.

Ces essences sont des mélanges de sels d'oxyde d'éthyle ou d'oxyde de méthyle (acétate, formiate, butyrate, valérianate, benzoate, œnanthate, sébate, salicylate, etc.), qui seuls, ou combinés deux à deux, trois à trois, etc., dans des proportions diverses, donnent naissance à toutes ces essences.

En général, la proportion de ces sels, qu'on ajoute à 100° d'alcool est assez faible; cependant quelques-uns s'y élèvent jusqu'à 10 pour 100.

On fait encore entrer, dans quelques-unes de ces combinaisons, une petite quantité de chloroforme, d'éther azotique, de l'aldéhyde, et des acides tartrique, oxalique, succinique, benzoïque, etc.

Enfin, dans la préparation de la plupart de ces essences, on y combine généralement de 3 à 10 pour 100 de glycérine, qui, comme le démontre l'expérience, sert à fondre intimement les odeurs et les saveurs entre elles, et à n'en faire percevoir que la combinaison.

L'excipient de toutes ces essences est l'alcool rectifié, du poids spécifique de 0,83, parfaitement exempt de fusel, et les ingrédients doivent être, autant que possible, chimiquement purs.

Du reste, la quantité infiniment petite des substances actives qui entrent dans ces mélanges, fait qu'ils ne présentent pas le moindre danger pour la santé des consommateurs.

Sous le nom d'*essence de cognac,* on trouve dans le commerce une substance qui est le produit de la distillation des marcs de raisin. Pour l'obtenir, on introduit ces marcs égouttés et fermentés dans des sacs en toile, pour leur enlever le vin qu'ils peuvent renfermer, on ajoute de l'eau aiguisée d'un peu d'acide sulfurique, et on introduit dans une cuve en bois doublée en plomb, d'une capacité de 4 à 500 litres. Au fond de cette cuve, on fait arriver un courant énergique de vapeur qui enlève l'alcool et une huile essentielle, et on condense dans un réfrigérant. Quand l'alcool est refroidi, l'huile nage à la surface en gouttelettes noirâtres qu'on recueille, et on rectifie par plusieurs distillations successives, et enfin on ajoute un peu de bicarbonate de soude pour neutraliser l'acide qui a pu se former. Au bout de quelques jours, on jette sur un tamis de crin; les sels qui ont cristallisé restent, tandis que l'huile ou l'essence filtre à travers. Une petite quantité de cette huile, ajoutée à l'eau-de-vie, lui donne une saveur analogue à celle des eaux-de-vie de Cognac.

Cette essence, étant d'un prix élevé, est souvent étendue avec l'alcool absolu. On découvre, dit-on, cette fraude en mélangeant avec un peu d'huile d'olive, qui dissout l'essence, la sépare en formant une couche distincte et laisse un alcool sans saveur ni odeur.

En terminant ce chapitre, nous indiquerons un mode récent pour s'assurer que les essences n'ont pas été allongées ou falsifiées par l'alcool.

On éprouve, en effet, d'assez grandes difficultés quand il s'agit de découvrir, par un moyen sûr et prompt, l'alcool dans les essences éthérées, et qui sert souvent à les allonger. M. Pusher a proposé dernièrement de faire usage, pour cet objet, de la fuchsine, qui se dissout avec beaucoup de facilité dans l'alcool et qui, au contraire, est insoluble dans les essences éthérées. Ce réactif est tellement sensible qu'on parvient, de cette manière, à déceler une addition de 1 pour 100 d'alcool dans ces essences.

Glycérine.

Avant de terminer le chapitre relatif aux huiles essentielles, nous croyons devoir dire quelques mots sur une substance peu connue des liquoristes, et qu'ils pourraient peut-être appliquer avec avantage à leur fabrication.

La glycérine, que l'on nommait autrefois *principe doux* des huiles, est un liquide sirupeux, jaunâtre quand il n'est pas pur, mais que par des procédés pratiqués aujourd'hui en grand, on peut se procurer parfaitement pure et incolore. Sa saveur est un peu sucrée et alcoolique, sa densité est de 1,28 à 15° C., elle est soluble en toute proportion dans l'eau, soluble dans l'alcool et insoluble dans l'éther.

L'analyse chimique a appris que les vins renferment très-souvent de la glycérine.

M. V. Kletzinsky, professeur de chimie à Vienne, a démontré récemment que la glycérine parfaitement pure, prise à l'intérieur, même en assez grande quantité, déterminait une sensation très-manifeste de chaleur, mais ne provoquait jamais le moindre symptôme dangereux.

C'est en nous appuyant sur ces considérations que nous croyons pouvoir conseiller aux liquoristes de mélanger dans quelques-unes de leurs compositions une proportion qui doit d'ailleurs rester toujours assez faible de glycérine.

Cette glycérine, en effet, par ses propriétés douces et onctueuses qui la rapprochent d'un sirop, nous paraît propre à donner promptement aux liqueurs ce caractère fondu qu'on y recherche, qui ne peut généralement s'acquérir qu'avec le temps, et se trouverait ainsi atteint plus promptement par l'emploi de cette substance.

Mais nous insistons tout particulièrement pour que cette glycérine soit incolore et d'une pureté absolue et surtout parfaitement débarrassée de l'oxyde de plomb qui sert à sa purification, et qu'elle dissout en certaine quantité, car dans cette circonstance son action pourrait présenter quelque danger.

CHAPITRE VIII.

EAUX DISTILLÉES.

Les eaux distillées qui servent à la composition des liqueurs, résultent en général de la distillation de l'eau sur quelques principes végétaux qui s'emparent de leurs principes volatils, consistant le plus souvent en huiles essentielles. Le produit de ces distillations est donc une eau pure, plus ou moins saturée de ces mêmes principes; mais comme les règles à suivre se rattachent à celles qu'on met en usage pour l'extraction de certaines huiles volatiles, nous y renvoyons nos lecteurs.

Nous allons maintenant énumérer les principales eaux distillées, en suivant l'ordre observé par MM. Henri et Guibourt. Nous ne parlerons point de l'eau distillée, parce qu'il est aisé de voir que c'est de l'eau volatilisée et séparée ainsi des substances salines, etc., qu'elle peut contenir. On jette le premier litre qui passe à la distillation.

MM. Chevalier et Idt ont tracé les règles suivantes à observer pour la préparation des eaux distillées; on ne peut trop les recommander :

1. Si la substance a une texture serrée, ou si elle renferme peu d'eau de végétation, il convient de la concasser, de la râper ou de la diviser en morceaux et de la laisser quelque temps en contact avec l'eau, pour qu'elle pénètre la fibre végétale et facilite la sortie des principes volatils;

2. Si la plante est peu odorante, il faut cohober souvent, c'est-à-dire redistiller à plusieurs reprises le produit de la première distillation sur une quantité de plantes nouvelles;

3. Si la plante est odorante, en mettre de suite dans l'alambic une quantité suffisante pour la saturation de l'eau ;

4. Avoir soin qu'il y ait dans l'alambic assez d'eau pour que les plantes en soient baignées jusqu'à la fin de la distillation ; plus elles sont succulentes, moins il faut d'eau ;

5. Eviter que rien ne passe de la cucurbite dans le récipient ;

6. Si l'on craint que par leur coction les plantes se ramollissent au point de former une pâte au fond de la cucurbite, les soutenir à l'aide d'un panier d'osier ou d'un diaphragme métallique ;

7. Porter l'eau rapidement à l'ébullition, et l'y maintenir jusqu'à la fin ;

8. Rafraîchir le serpentin le plus souvent possible ;

9. Employer les plantes fraîches de préférence aux plantes sèches, excepté la mélisse qui, par la dessiccation, acquiert de l'odeur ;

10. Filtrer les eaux aromatiques après leur distillation, pour en séparer quelques gouttes d'huile volatile, qui souvent peuvent y être en suspension et qui les rendraient même dangereuses.

On connaît deux modes de distillation des eaux aromatiques, à savoir : la distillation au bain-marie et au milieu de l'eau, dans un alambic tête de maure, et la distillation à la vapeur.

La distillation au milieu de l'eau réussit bien avec les amandes amères, la cannelle, le girofle, le macis.

La distillation à la vapeur doit être préférée pour les plantes dont l'odeur est douce, agréable, et qui peuvent être employées de suite, attendu que le produit n'a pas de goût d'empyreume que possèdent souvent les eaux faites à feu nu. Ainsi on emploiera de préférence la vapeur pour les eaux d'absinthe, anis, carvi, citronelle, fenouil, genièvre, hysope, lavande, mélilot, mélisse, menthe, fleurs d'oranger, roses, sauge, serpolet, thym, etc.

Conservation des eaux distillées.

Les mêmes auteurs disent, avec raison, que les eaux, immédiatement après leur distillation, n'ont pas une odeur très-suave ; que presque toutes ont un goût d'empyreume qui passe avec le temps, et qu'on parvient à leur faire perdre de suite en les exposant dans un bain de glace. M. Chevalier a observé qu'à la même époque toutes contiennent un peu d'acétate d'ammoniaque. L'eau de fleurs d'oranger, au moment où elle vient d'être faite, est acide. Au surplus, toutes ou presque toutes les eaux distillées de plantes présentent, au bout de quelques jours, des flocons mucilagineux qui restent en suspension ou se précipitent, et leur communiquent un goût et une odeur désagréables ; d'après cela, il faut renouveler souvent ces eaux distillées, les conserver dans un vase de verre ou de faïence, les filtrer souvent pour ôter le mucilage ; ne pas les boucher avec du liége, mais seulement avec un papier, car si on bouche avec du liége, elles prennent bientôt un goût de moisi, ce que l'on peut voir si on a obtenu de l'eau de roses ou de fleurs d'oranger bouchée pendant longtemps avec un liége ; aussitôt qu'on veut s'en servir, il faut la rejeter et mettre un bouchon de papier, car autrement l'odeur dont nous venons de parler ne tardera pas à se développer.

On peut rétablir la limpidité des eaux troubles en ajoutant à chaque litre d'eau avariée 2 grammes de borax et autant d'alun ; mais l'eau n'est plus propre à la préparation des liqueurs.

Une eau aromatique recohobée, c'est-à-dire distillée une seconde fois, se conserve mieux, surtout si on ne prend que les premiers produits.

Nous allons maintenant passer en revue les principales eaux distillées.

Eau d'abricots.

Abricots frais. . . . . 10 kilog.
Eau.. 40 litres.

Distillez doucement, de peur d'un coup de feu, et retirez 20 litres.

Même préparation pour les eaux de prunes, coings, framboises et autres fruits.

Eau d'absinthe.

Sommités, petites tiges et feuilles
  d'absinthe fraîches. . . . . 10 kilog.
Eau. 20 litres.
Sel. 125 gram.

On fait macérer pendant 24 heures l'absinthe coupée en petits morceaux, on distille rapidement à moitié, on prépare de même les eaux de menthe, marjolaine, rue, origan, etc.

Eau d'amandes amères.

Amandes amères dont on a tiré
  l'huile par expression.. . . . . . . 5 kilog.
Eau bouillante. . . . . 40 litres.
Sel. 500 gram.

On réduit en poudre le tourteau d'amandes, on le délaie dans l'eau bouillante, et l'on distille. Cette eau est chargée d'acide hydrocyanique, reconnaissable même à l'odeur ; aussi, de même que celle de laurier-cerise, doit-elle être administrée avec beaucoup de circonspection.

On prépare de même les eaux de noyaux, d'abricots, de pêches, de cerises, etc.

Eau distillée d'angélique.

Racine d'angélique sèche et concassée.................... 2^{kil}.447
Eau..................... 15 litres.

On fait macérer la racine d'angélique dans l'eau pendant un ou deux jours, et l'on distille jusqu'à ce qu'on ait obtenu de 12 à 15 litres de liqueur.

On prépare de la même manière :

Les eaux d'aunée.
— de valériane sauvage.
— de calamus aromaticus, etc.

Eau d'angélique.

Racine d'angélique concassée. . 2^{kil}.500
Eau................. 40 litres.
Sel.................. 500 gram.

Faites macérer pendant 24 heures, distillez pour obtenir 20 litres de produit.

Préparez de même les eaux d'aunée, roseau aromatique, cardamome.

Eau d'anis.

Semences d'anis vert sèches et pilées. 5 kilog.
Eau..................... 40 litres.
Sel .... 250 gram.

Faire macérer, distiller, retirer 20 litres.

Préparer de même les eaux d'aneth (semences), badiane, carvi (semences), fenouil (semences), genièvre (baies).

Il est nécessaire avec toutes les eaux que le réfrigérant soit un peu chauffé, pour empêcher que l'huile essentielle ne s'y concrète.

Eau de cannelle.

Cannelle de Ceylan pulvérisée.. .   2^{kil}.500
Eau. . . . .   40 litres.
Sel.. . . . . , ...   1 kilog.

Faites macérer pendant 24 heures, distillez à feu nu, et retirez 20 litres. Réfrigérant un peu chaud.

Préparez de même les eaux de cannelle de Chine, cascarille, girofle, macis, muscade, sassafras, bois de Rhodes.

Eau de citron.

Zestes de 80 citrons frais.
Eau. . . . .   40 litres.
Sel . . . .   250 gram.

Distillez et retirez 20 litres. On prépare de même les eaux de bergamotte, cédrat, oranges douces et amères.

Eau de coriandre, d'angélique (semences) *chervi* (semences), *daucus de Crète.*

Semences fraîches et pilées. . . . . . .   10 kilog.
Eau. . . . .   40 litres.
Sel . . . .   250 gram.

Macérez pendant 24 heures, distillez, et retirez 20 litres.

Eau de fleurs d'oranger.

Fleur d'oranger récente, mondée
  des queues. . . . .   5^{kil}.875
Eau pure.. . . . .   15 litres.

On porte au point voisin de l'ébullition l'eau de la cucurbite de l'alambic ; on y met alors les fleurs qu'on remue soigneusement ; on recouvre du chapiteau, etc., et l'on distille. Si l'on retire 1000 grammes de produit pour chaque 1000 grammes de fleurs, cette eau est appelée *eau de fleurs d'oranger double.* Si l'on retire 1 kil. 500 pour chaque 1000 grammes de fleurs, on la nomme triple. Enfin, elle est dite *quadruple*, quand on ne retire que 500 grammes d'eau par 500 grammes de fleurs.

L'eau de fleurs d'oranger simple est la double coupée avec parties égales d'eau distillée.

Les fabricants de Grasse, et quelques pharmaciens, préparent une autre eau de fleurs d'oranger avec les queues des fleurs et les feuilles fraîches, auxquelles ils ajoutent 4 grammes de néroli pour chaque 5 kil. 875 d'eau. Ainsi obtenue, cette eau est plus amère, moins suave; mais elle est considérée comme cordiale, stomachique et vermifuge.

Enfin, quand on ne peut se procurer de fleurs localement, on en fait venir de salées, soit d'Espagne, soit de Portugal, et, si elles n'ont pas plus de trois ou quatre mois, on en obtient par la distillation une eau de fleurs d'oranger très-suave.

Nous recommandons de jeter les fleurs dans l'eau bouillante de l'alambic, parce que M. Boulay a remarqué qu'en procédant ainsi, l'eau obtenue n'était pas trouble.

M. Boulay a constaté que la qualité de l'eau de fleurs d'oranger dépend de la saison dans laquelle la fleur a été récoltée, de la manière dont la distillation est conduite, des proportions de fleurs employées, et de la quantité d'eau que l'on en retire; ce qui m'a conduit à établir que la fleur d'oranger, comme celle des autres plantes, est plus abondante en huile volatile, si la saison a été chaude et sèche, et *vice versâ*. Pour 6 litres 363 de bonne eau de fleurs d'oranger, il faut 2 kil. 447 de fleurs mondées de leurs calices, qu'on met dans la cucurbite contenant 9 litres 790 d'eau bouillante; on sature, si l'on veut, l'acide qui se développe, au moyen de 7 grammes de magnésie par 489 grammes de fleurs.

Distillateur-Liquoriste. 17

Aujourd'hui on fait usage d'un procédé différent de celui indiqué ci-dessus. On prend :

> Fleur d'oranger fraîche et mondée..   5 kilog.
> Eau commune. . . . .   40 litres.
> Sel commun. . . . .   500 gram.

On met l'eau et le sel dans la cucurbite, on allume le feu et on porte presque à l'ébullition. On verse alors la fleur d'oranger, on ajuste le chapiteau sur la cucurbite et sur le serpentin, on lute, on adapte le récipient florentin sous le bec du serpentin, et on procède à la distillation pour retirer 20 litres d'eau de fleurs d'oranger simple. Pour avoir l'eau de fleurs d'oranger double ou triple, on ne recueille que la moitié ou le tiers de la quantité indiquée, et on reverse l'eau distillée sur une nouvelle quantité de fleurs.

Cette distillation doit être conduite rapidement pour ne pas altérer le produit.

Moyens de reconnaître la bonté de l'eau de fleurs d'oranger.

L'acide sulfurique jouit de la propriété de communiquer à l'eau de fleurs d'oranger une couleur rose plus ou moins intense, suivant que cette eau est plus ou moins chargée d'huile essentielle de fleurs d'oranger. Comme les autres eaux distillées aromatiques n'offrent point ce même phénomène, le développement plus ou moins prononcé de cette couleur peut devenir un moyen de reconnaître la bonté de l'eau de fleurs d'oranger du commerce. Il suffit, pour cela, de verser dans une quantité donnée de cette eau première qualité, et dans une autre quantité semblable de celle qu'on veut essayer, une égale quantité de gouttes d'acide sulfurique; on examine ensuite l'intensité des teintes ; plus celle qu'on essaie se rapproche de celle qui sert de type à cet essai, plus elle est bonne, et *vice versâ*. L'acide azotique agit encore avec plus de rapidité.

Eau d'hysope, de lavande, de mélilot.

Sommités fleuries et fraîches. . . . .   10 kilog.
Eau.   40 litres.
Sel. . . . .   250 gram.

Faites macérer, et retirez 20 litres de produit.

Eau de laurier-cerise.

Feuilles récentes de laurier-cerise
  et cueillies au commencement de
  l'été. . . . . $0^{kil}.979$
Eau. . . . . $4^{lit}.500$

Distillez pour en retirer 979 grammes de liqueur.

Cette eau distillée, contenant de l'acide hydrocyanique, est aussi d'un emploi dangereux ; à plus forte raison, celle du Codex, qui conseille de ne retirer par la distillation que moitié du produit ci-dessus.

Les eaux des feuilles de pêcher, d'amandier, de cerisier, d'abricotier, etc., se préparent de la même manière, et jouissent, à peu de chose près, des mêmes propriétés.

Eau de marasquin.

Merises mûres. . . . . 20^{kil}. »
Framboises fraîches mondées.. .   3 . 500
Feuilles de merisier.. . . . .   1 . »
Noyaux de pêche. . . . .   250 gram.
Iris de Florence en poudre.. . .   1 kilog.
Eau. . . . .   40 litres.

Écrasez les fruits, faites macérer dans l'eau pendant 24 heures, distillez avec précaution pour retirer 20 litres.

Eau de menthe poivrée.

Feuilles mondées fraîches, et sommités fleuries de menthe poivrée. . . 1 kilog.
Eau. 4

Après vingt-quatre heures de macération, distillez pour obtenir moitié de l'eau employée. Si on veut l'avoir plus chargée, on la redistille sur de nouvelles plantes. Lorsqu'on en a une grande quantité à distiller, dès qu'on retire l'alambic du feu, on en sort la menthe avec une grande écumoire, et l'on en ajoute de nouvelle dans la liqueur, résidu de la distillation qui, étant bouillante, abrége beaucoup cette seconde distillation.

On obtient de la même manière les eaux

d'absinthe.	de mélisse,
de cerfeuil,	de menthe crépue,
d'hysope,	de rue,
de lierre terrestre,	de sabine,
de marjolaine,	de sauge,
de matricaire,	de thym, etc.

Eau de menthe poivrée.

Menthe poivrée en fleurs et fraîche..   5 kilog.
Eau. . . . . 20 litres.
Sel . . . . 125 gram.

Laissez macérer, distillez, retirez 10 litres.

Préparez de même les eaux de mélisse citronnée, menthe crépue, romarin, sauge, serpolet et thym.

Eau de noix vertes (d'après les procédés de MM. Henri et Guibourt.)

Noix à peine formées. . . . . 2^{kil}.937
Eau. . . . . 10 litres.

Dès que les fleurs de noyer sont tombées, et que les noix sont à peine formées, on les cueille, et après les avoir pilées dans un mortier de marbre, on les distille avec les proportions d'eau portées dans la formule ci-dessus, pour obtenir environ 2kil.937 de produit.

Eau d'œillet.

Pétales d'œillet.. . . . . 10 kilog.
Eau.. . . . . 40 litres.
Sel commun.. . . . . 250 gram.

Distillez comme pour l'eau de fleurs d'oranger, et retirez 20 litres.

Eau de rose.

Pétales de roses récentes.. . . . . . 7^{kil}.342
Eau.. . . . . 20 litres.

On distille pour obtenir environ 7kil.342 d'eau; il est bien évident que si l'on veut l'obtenir plus forte ou plus chargée d'huile essentielle, on la redistille sur une nouvelle quantité de roses, ou bien on retire moins de produit à la distillation. Ainsi, comme l'eau de fleur d'oranger, on peut en obtenir de *double, triple, quadruple,* etc.

On prépare également de très-bonne eau de rose avec des roses salées, ce qui arrive quand le liquoriste n'a pas assez de roses pour en faire une distillation. Il faut alors dissoudre du sel suffisamment dans l'eau bouillante, y plonger les roses et les conserver en cet état plus de six mois; les roses, quoique devenues brunâtres, n'en donnent pas moins une très-bonne eau. Il est des liquoristes qui se contentent de les piler avec du sel : l'une et l'autre méthodes sont bonnes à suivre.

De la même manière on distille les eaux de fleurs

d'acacia,	de muguet,
de bluets,	de nymphéa ou nénuphar,
de fèves,	de pivoine,
de giroflée jaune,	de tilleul, etc.
de lis,	

Voici encore un mode de distillation des roses indiqué par J. Cénodella :

« Ayant à distiller beaucoup de roses, j'en cueillis, dit-il, un matin une quantité suffisante que je mondai de leurs calices : j'introduisis les pétales et les étamines dans un alambic à large ouverture, dans lequel je versai la quantité d'eau nécessaire, et je le couvris de son chapiteau ; je laissai le tout en macération pendant quelques jours jusqu'à ce qu'il se développât une odeur vineuse, en ayant soin de remuer de temps en temps le mélange ; je distillai ensuite et j'obtins une eau de rose très-odorante ; le lendemain, j'enlevai avec une petite spatule une huile essentielle qui nageait à sa surface sous forme d'écailles transparentes, luisantes et un peu jaunâtres, d'une odeur très-suave, ayant enfin tous les caractères de l'huile de rose de l'Orient. Une pareille quantité de roses distillées par le procédé ordinaire a donné une eau moins odorante, et pas la moindre trace de cette essence. »

N. B. Ce procédé, de laisser fermenter les pétales de roses, n'est pas nouveau ; on le trouve décrit dans l'*antidotarium Bononiense*, édit. de Venise, 1766, en ces termes : *Macera per aliquot dies, donec rosæ odorem fere vinosum acquirant.* Malgré cela, Cénodella n'en a pas moins le mérite d'avoir appelé l'attention sur un procédé qui, quoique tombé dans l'oubli comme tant d'autres choses utiles, n'en offre pas moins des avantages réels.

Une autre méthode consiste à prendre les proportions suivantes :

> Pétales de roses récentes. . . . . 20 kilog.
> Eau commune. . . . . 40 litres.
> Sel commun. . . . . 1 kilog.

On distille au bain-marie pour retirer 20 litres de produit.

Eau de sassafras.

Râpure de racine de sassafras. . . 0kil.979
Eau. 6lit.500

Après quatre ou cinq jours de macération, distillez à moitié pour avoir environ quatre litres de produit.
C'est ainsi qu'on prépare également :

Les eaux de cascarille.
— de cannelle fine.
— de gaïac.
— de bois de Rhodes.
— de santal citrin, etc.

L'eau du serpentin doit être tiède, afin de ne pas y laisser figer quelques huiles volatiles, telles que celles d'aunée, qui serait le principal produit perdu.

Eau de thé.

On met dans une cucurbite d'étain, 489 grammes d'excellent thé vert, sur lequel on verse 3kil.916 d'eau bouillante. Après deux heures d'infusion, on distille pour obtenir 2kil.937 d'eau. Après cela, on prend 245 grammes de thé semblable, sur lequel on verse 489 grammes d'eau bouillante, et après quelques heures d'infusion, on y verse le produit ci-dessus, et l'on distille pour obtenir 2kil.937 d'eau de thé.

Voici une autre formule d'eau de thé :

Thé impérial. . . . . 1 kilog.
Thé hyswin. . . . . 500 gram.
Thé pekao. 500
Eau. . . . . 40 litres.

On met dans la cucurbite les trois espèces de thé, on verse dessus de l'eau bouillante, on bouche hermétiquement, on laisse infuser pendant 3 à 4 heures, et on distille pour obtenir 20 litres.

Nous allons terminer l'article relatif aux eaux distillées par la description d'un alambic qui en augmente la bonté.

Alambic pour la préparation des eaux distillées, de SOUBEIRAN.

La première idée de cet appareil a été donnée à l'auteur par M. Mitscherlich. Il consiste en une cucurbite dans laquelle plonge un bain-marie en cuivre, pareil à celui qu'on emploie pour la distillation des liqueurs alcooliques. A travers la partie du bain-marie qui s'élève au-dessus de la cucurbite, passe un tuyau de cuivre recourbé qui descend le long de ses parois, se recourbe et s'ouvre vers le milieu de son fond. Ce tuyau, qui part de la partie supérieure de la cucurbite, est destiné à en porter la vapeur produite par l'ébullition de celle-ci dans le bain-marie. Il est commode de faire pratiquer à celle-ci une seconde douille qui reste fermée avec un bouchon, et qui permet d'ajouter au besoin une nouvelle quantité d'eau. Les plantes que l'on veut distiller sont mises dans le bain-marie; mais pour qu'elles soient traversées également par la vapeur, et qu'aucune partie ne puisse se soustraire à son action, elles reposent sur un diaphragme criblé de trous, porté par trois ou quatre pieds qui le tiennent soulevé au-dessus de l'orifice du conduit à vapeur. Ce diaphragme est muni de deux anses en cuivre qui servent à l'y introduire et à l'enlever après la distillation terminée.

Quant tout est ainsi disposé, on couvre le bain-marie de son chapiteau, on y adapte le serpentin et l'on distille. La vapeur d'eau passe dans le fond du bain-marie, traverse les plantes, s'y condense d'abord; mais, quand la température est portée à 100°, alors la distillation marche avec autant de rapidité qu'à l'ordinaire, sans que les plantes soient exposées à être brûlées. Afin que la cucurbite ne soit pas dépourvue d'eau, en mesurant la quantité qu'on y a introduite, on juge par celle qu'on en a retirée par la distillation, de celle qui doit y rester.

On peut se contenter de percer la paroi supérieure du bain-marie, et d'y faire passer un tuyau mobile que l'on met et que l'on ôte à volonté. L'appareil peut alors servir alternativement à ses usages habituels ou à la distillation à la vapeur.

Sophistication des eaux distillées.

On vend souvent dans le commerce pour eaux distillées des eaux aromatiques qu'on prépare tout simplement en versant sur du carbonate de magnésie ou sur du sucre en poudre une huile volatile et triturant, en versant peu à peu l'eau qu'on veut aromatiser, agitant avec force le mélange, laissant reposer une demi-heure et filtrant.

Ces eaux sont moins aromatisées et moins franches de goût que celles distillées; elles ne sont pas épaisses et grasses au toucher, et on les reconnaît par les moyens suivants :

On fait bouillir l'eau aromatique avec une dissolution concentrée d'hydrochlorate d'alumine ; il se forme un précipité de carbonate de magnésie quand l'eau a été préparée avec cette base.

On fait évaporer l'eau à siccité, et si cette eau a été préparée avec le sucre, on obtient un résidu sucré qui, jeté sur des charbons ardents, se boursoufle, fume et dégage une odeur de caramel.

CHAPITRE IX.

FABRICATION DES LIQUEURS.

—

Ⅰ^{re} SECTION.

MOYENS GÉNÉRAUX.

A mesure que le goût des boissons spiritueuses s'est propagé, le plaisir de se distinguer du vulgaire, la sensualité, ou la crainte de blesser des gosiers délicats peu habitués à la rudesse de l'eau-de-vie, suggérèrent l'idée de la mitiger avec de l'eau et du sucre : telle fut, après l'eau-de-vie pure, la première liqueur qui parut sur les tables bien servies.

Peu à peu, et successivement, on imagina de joindre à ce breuvage si simple quelques parfums qui, en le rendant plus délicat, firent bientôt d'une boisson inventée par le luxe, un objet de nécessité. Dès lors naquit une nouvelle branche d'industrie qui fut exploitée avec tant d'empressement que le besoin de soutenir avec avantage la concurrence força chaque fabricant de chercher mille moyens de diversifier ces liqueurs, pour stimuler la sensualité déjà un peu blasée des gourmets. Le nombre des préparations de ce genre s'accrut prodigieusement, et s'accroît tous les jours en raison de la grande consommation et de la concurrence qui en est la suite ; mais le fond en est toujours le même.

Toutes les liqueurs de table, de quelque nom qu'on les décore, ont pour base un mélange d'alcool, de sucre et d'eau, dont les proportions varient selon le genre de liqueur que l'on veut préparer. On y ajoute, comme accessoires, les aromates que l'on croit les plus propres à flatter le goût et l'odorat ; et le grand talent d'un liquoriste consiste dans le choix de ces aromates, leur dosage, et dans l'art de discerner les odeurs et les saveurs qui se marient le mieux ensemble, pour éviter d'associer celles qui ne jouissent pas de cette propriété, ou qui se contrarient.

Cette partie de l'art demande une étude particulière. Les arômes les plus suaves ne sont pas tous susceptibles de produire de bonnes liqueurs ; on pourrait citer dans certaines familles naturelles, telles plantes qui n'en donneraient que de très-mauvaises, quoique recherchées pour leur odeur ; d'autres dont le parfum peu prononcé en lui-même peut néanmoins donner lieu à d'heureuses combinaisons. Enfin des odeurs peu agréables, prises isolément, peuvent produire entre les mains d'un artiste habile, des liqueurs délicieuses ; l'arôme de la truffe, par exemple, dont le parfumeur ne saurait tirer un parti utile, fournit un ratafia fort agréable.

Après avoir fait choix des arômes qui doivent parfumer une liqueur, il est non moins indispensable de rechercher le mode sous lequel on doit en faire usage. Tantôt on emploie en nature la substance aromatique, en la faisant infuser dans l'alcool ou l'eau, tantôt on la soumet à la distillation, soit pour en parfumer directement cette même liqueur, soit pour en retirer particulièrement le parfum sous forme d'huile essentielle, d'eaux aromatiques, d'esprits odorants, etc., etc. Chacun de ces procédés offre des avantages et des inconvénients qui seront examinés dans cet article.

On peut rapporter à quatre principales les différentes manières de préparer les liqueurs de table : la *distillation directe,* l'*infusion* ou *macération,* le *mélange des produits distillés,* celui des *sucs de fruits avec l'alcool.* On pourrait, à la rigueur, faire une cinquième classe des liqueurs produites par la *fermentation* de ces mêmes sucs, si elles ne devaient être considérées plutôt comme de véritables vins.

Le premier procédé, qui a été pendant longtemps le seul employé pour la fabrication des liqueurs fines, et qui n'est pas encore entièrement abandonné, semblerait au premier abord le plus parfait, en même temps que le plus propre à combiner intimement les divers éléments de ces liqueurs, et à n'y introduire que les principes les plus délicats des végétaux.

Mais il est incontestable que, quelques soins que l'on apporte à la distillation, elle fait toujours perdre aux végétaux une portion de leur arôme le plus subtil, le plus suave ; d'un autre côté, les principes volatils ne s'élèvent point tous à la même température ; leur pesanteur spécifique, l'intimité de leur combinaison, la contexture des végétaux qui les renferment, peuvent s'y opposer.

En sorte que, lorsque l'on soumet à la même distillation plusieurs substances aromatiques, il est évident que celles dont les principes sont les plus volatils fournissent bien davantage que les autres ; et il est bien rare que l'on n'obtienne pas un produit tout différent de celui que l'on devait attendre d'après les proportions respectivement observées dans le mélange. Si l'on ajoute à cela, d'une part, la main-d'œuvre, les dépenses et l'embarras, et, d'autre part, l'inconvénient que présente la distillation, même au bain-marie, de communiquer aux liqueurs, sinon toujours le goût du feu, du moins une certaine saveur que l'art n'efface pas toujours complétement sans l'aide du temps, on sentira que la distillation directe n'est ni le plus économique, ni le meilleur procédé pour avoir des liqueurs parfaites.

Dans la plupart des fabriques, on obvie en grande partie à cet inconvénient en mêlant de l'eau à l'alcool qu'on distille sur les substances aromatiques. Ainsi, en employant 100 parties d'alcool à 85° C., on y ajoute 80 parties d'eau pure, et l'on ne recueille que 90 parties de produit qui n'a point ce goût de feu dont nous venons de parler. On verra plusieurs exemples de cette méthode.

L'infusion dans l'alcool est infiniment préférable, ainsi que je l'ai dit en parlant des teintures et des infusions, toutes les fois que l'on tient plus à la délicatesse des liqueurs qu'à leur parfaite blancheur. Quand elle est faite d'après les règles prescrites pour ce genre d'opération, elle extrait d'une manière uniforme, et sans les altérer, les principes aromatiques ; comme ils n'éprouvent aucune déperdition, il faut, pour donner un parfum égal, beaucoup moins de matière que par la distillation ; et la combinaison des divers arômes est bien plus exacte, parce que, ne devant pas être volatilisés, leur pesanteur spécifique n'apporte aucun changement dans leur manière d'être.

Pour que les liqueurs préparées de cette manière ne perdent aucune de leurs qualités, tant sous le rapport du parfum que sous celui du goût, il faut que l'infusion se fasse à la température de l'atmosphère ; il en est de même des arômes si fugaces, que l'on ne peut en imprégner l'esprit-de-vin qu'à l'aide d'un certain degré de froid. On emploie assez souvent, à la vérité, l'ardeur du soleil pour les sucs de fruits plus sucrés qu'aromatiques, mais l'on n'a jamais recours à une plus forte chaleur, à moins que l'on ne veuille soumettre à l'infusion des portions de plantes qui ne rendent bien leurs principes que dans l'eau.

Les liqueurs de la troisième classe se préparent en mélangeant ensemble, dans de justes proportions, des

Distillateur-Liquoriste.   18

teintures ou des esprits auxquels on ajoute des sirops, et au besoin de l'eau-de-vie. J'ai indiqué le parti que l'on peut retirer des teintures.

L'emploi des esprits aromatiques préparés d'avance, bien saturés et exempts de goût de feu, a, sur la distillation directe, l'avantage de pouvoir rassembler et conserver sous de très-petites masses, de grandes quantités d'arômes divers ; de permettre de les mélanger et de les doser avec exactitude, de mille manières différentes et à la minute ; d'éviter l'embarras et la dépense des distillations trop fréquentes ; de permettre de fabriquer à l'instant toutes sortes de liqueurs sans avoir besoin d'attendre que le temps les ait adoucies ; en un mot, de simplifier de beaucoup les opérations du liquoriste, tout en améliorant la qualité des produits. Enfin, n'employant par ce moyen que des ingrédients sans couleur, on obtient des liqueurs susceptibles de recevoir toutes les nuances de fantaisie que l'on voudra leur donner.

Les sucs de fruits produisent par leur mélange avec l'alcool, avec ou sans le secours de la fermentation, une nouvelle variété de liqueurs d'autant plus agréables quand elles sont bien faites, qu'elles sont plus naturelles et qu'elles conservent, dans toute leur fraîcheur et toute leur pureté, le parfum ainsi que le goût du fruit. Elles exigent presque toujours le concours de l'infusion.

Le principe mucoso-sucré, répandu en abondance dans les sucs de fruits, troublerait la transparence des liqueurs si l'on n'avait préalablement soin de le séparer par la dépuration. Cette précaution est inutile quand on doit employer le concours de la fermentation, parce qu'elle a la propriété de détruire le muqueux des fruits.

Les marasquins ou liqueurs produites par la distillation des vins de fruits, rentrent dans les classes précédentes, puisque l'on opère alors sur de véritables alcools analogues à celui du vin de raisin.

Il est essentiel pour le liquoriste d'avoir toujours en réserve, selon l'importance de sa consommation, des quantités suffisantes de bon alcool à 85° C.; de sirop de sucre bien cuit et très-limpide; de liqueur simple; d'esprits aromatiques; d'eaux odorantes; d'huiles essentielles en nature ou dissoutes dans l'esprit-de-vin; des teintures aromatiques; des teintures colorantes; et de connaître au juste la quantité de liqueur qui peut servir à confectionner une dose donnée de chacune de ces substances.

A l'aide de ces provisions qu'il devra remplacer à mesure qu'il les entamera, et avec la facilité d'avoir toujours sous la main de l'eau très-pure, un liquoriste intelligent pourra, sans autre guide que son goût, fabriquer en peu d'instants telles quantités et qualités de liqueurs que les besoins de son commerce pourront exiger. Si ces liqueurs sont composées avec des alcools préparés assez longtemps d'avance pour s'être dépouillés de toute saveur étrangère, elles auront, au bout de quelques jours, presque tous les caractères de la vétusté, et pourront être livrées à la consommation avec avantage, et sans compromettre la réputation du fabricant.

SECTION II.

CLASSIFICATION ET NOMENCLATURE.

Les liquoristes divisent généralement en quatre classes principales les produits de leur art, c'est-à-dire qu'ils préparent des *liqueurs ordinaires*, des *liqueurs demi-fines*, des *liqueurs fines* et des *liqueurs surfines*.

Ces diverses dénominations donneraient à entendre

que la qualité des substances employées, et le plus ou moins de soin apporté dans la fabrication, constituent toute la différence qui existe entre ces quatre classes de liqueurs : cela n'est vrai que jusqu'à un certain point.

Ces distinctions reposent plutôt sur les proportions respectives de sucre, d'alcool et d'eau. Ainsi, par exemple, on emploie environ 1 partie de 3/6 du commerce contre 2 parties d'eau et 125 à 175 grammes de sucre par litre de mélange, pour les liqueurs ordinaires ; parties égales d'esprit et d'eau, avec 250 à 300 grammes de sucre par litre, pour les liqueurs fines, et jusqu'à 375 à 500 grammes de sucre sur les mêmes proportions d'esprit et d'eau, pour les liqueurs surfines ; on charge aussi un peu plus la dose d'aromates pour ces deux dernières classes. Quant aux proportions de sucre, non-seulement on les diminue quelquefois d'un bon tiers sans un grand inconvénient, mais encore il y a, dans chaque classe, des liqueurs qui en demandent plus ou moins les unes que les autres. Le goût de l'artiste et celui du public sont ici le guide le plus sûr à consulter.

Les liqueurs fines et surfines sont spécialement désignées sous les noms de *crèmes* et d'*huiles*. Les premières ont reçu cette dénomination par comparaison de leur consistance à celle de la crème du lait. Les huiles sont plus épaisses que les crèmes, et filent comme de l'huile d'olive. Il faut d'ailleurs observer que, dans le principe, toutes les liqueurs connues sous le nom de crèmes, étaient blanches, et les huiles colorées comme des huiles d'olive.

Quoi qu'il en soit de ces diverses définitions, on peut diviser toutes les liqueurs en liqueurs ordinaires ou *eaux*, en *crèmes*, en *huiles*, et faire une quatrième classe des *ratafias*. Toutes ces liqueurs peuvent d'ailleurs être fines ou communes, selon la qualité des ingrédients et la manière dont elles sont préparées.

Après avoir établi ces grandes divisions, il semblerait convenable de donner à chaque liqueur en particulier un nom approprié à la substance aromatique qui y domine : ainsi, par exemple, les noms de *citronnelle*, de *fine orange*, d'*anisette*, d'*eau de noyaux*, indiqueraient d'avance au consommateur la nature de la liqueur qu'on lui présente, et il ne serait pas exposé à acheter, sous l'appât trompeur d'un nom étranger à la chose, une liqueur qui n'est pas de son goût.

Le public et le bon sens y gagneraient, il est vrai, mais de quelles ressources ne se priverait pas le marchand ! une liqueur cesse d'être de mode ; cependant

Il nous faut du nouveau, n'en fût-il plus au monde,

a dit un poète ; mais dans cette partie, la carrière est tellement battue et rebattue, qu'il n'est pas facile à tout le monde de créer de nouvelles recettes.

Que fera donc le liquoriste embarrassé de l'emploi de sa liqueur ? Il commencera d'abord par lui faire prendre une nouvelle physionomie en lui donnant une couleur particulière, puis, sous les auspices d'un nom bizarre, bien pompeux, il la présentera hardiment comme un nouveau produit de son génie inventif ; et le bon public, séduit par cette amorce, sera tout étonné de retrouver, dans la liqueur nouvelle, celle dont il commençait à ne plus se soucier, ou de voir la même composition se reproduire sous autant de noms que de couleurs différentes.

Un habile fabricant doit d'ailleurs profiter de tous les artifices innocents qui peuvent favoriser le débit de ses productions. Faut-il s'étonner, d'après cela, que les liquoristes aient imaginé, depuis quelques années, de mettre en bouteilles l'esprit de nos grands hommes ; que le *petit lait d'Henri IV* et l'*eau des braves* aient obtenu un succès auquel leur titre n'est peut-être pas étranger, et que nos petites maîtresses boivent encore avec plaisir l'*huile de Vénus* et le *parfait-amour* ?

SECTION III.

PARFUM ET COLORATION.

On a vu, dans l'article précédent, le rôle important que les substances aromatiques et colorantes jouent dans la fabrication des liqueurs. Les préparations aromatiques que l'on emploie le plus fréquemment sont les esprits distillés concentrés, ou alcoolats, et les essences. On a beaucoup d'avantage à faire un usage général de celles-ci, malgré qu'on ne soit pas toujours assuré de les avoir d'excellente qualité.

La propriété qu'elles ont de renfermer beaucoup d'arôme sous un très-petit volume les rend extrêmement précieuses par la facilité qu'elles donnent de communiquer à une quantité quelconque de liqueur déjà faite, le degré de parfum dont elle a besoin, sans être obligé de rien changer aux proportions des autres substances. Mais le risque que l'on court d'être trompé, à moins de les préparer soi-même, et la promptitude avec laquelle elles se détériorent, empêchent d'en généraliser l'emploi autant qu'on le pourrait. Les particuliers qui veulent s'amuser à composer, à peu de frais, leurs liqueurs, peuvent cependant en obtenir de très-bonnes en mélangeant, par litre de liqueur simple, quelques gouttes d'essence de bonne qualité.

On peut encore, au lieu de couper l'alcool avec de l'eau pure pour l'amener au titre voulu, le mélanger avec l'eau distillée de l'aromate dont le parfum doit dominer, ou employer, au lieu de sirop simple, celui que l'on aurait préparé avec cette eau : cette dernière méthode, quoique fort bonne quant aux résultats, deviendrait embarrassante, en ce qu'il est plus commode de recourir à un seul et même sirop pour toutes les liqueurs, que d'être assujetti à en fabriquer d'avance de vingt ou trente espèces différentes.

Il est des parfums dont l'emploi demande préalablement quelques manipulations particulières : l'ambre gris et la vanille, dont l'arôme est si pénétrant et en même temps si diffusible qu'il n'en faut qu'une très-petite quantité pour aromatiser suffisamment une grande masse de liqueur, ces parfums, dis-je, ne fournissent rien à la distillation ; la racine d'iris ne donne par cette voie que très-peu d'odeur, ce qui oblige de l'employer à bien plus haute dose qu'en infusion dans l'esprit-de-vin. L'odeur du musc s'affaiblit beaucoup dans cet esprit ; cette odeur, naturellement peu agréable, le devient par l'addition d'un peu d'ambre ; son parfum ne monte non plus que très-difficilement à la distillation : l'ambre, à son tour, acquiert beaucoup plus de montant par l'addition d'une très-petite quantité de musc : cet aromate ne se distille pas mieux que les précédents.

Un peu d'anis vert corrige une certaine odeur de punaise que l'on reproche à la badiane ; quelques feuilles de cassis produisent le même effet à l'égard du suc des baies de cet arbrisseau. Le coing serait peu agréable sans une petite dose de girofle ; la vanille se mêle beaucoup mieux dans les compositions quand elle a été triturée avec un peu de sucre ; cette petite manipulation paraît en outre développer son parfum.

La coloration n'ajoute aucune qualité réelle aux liqueurs, puisqu'une liqueur bien limpide, bien blanche, est tout aussi bonne, tout aussi agréable que si elle était décorée d'une nuance ou verte, ou jaune, ou rose, etc. Il y a plus, les matières colorantes que l'on est obligé d'employer, surtout pour donner une couleur foncée, altèrent quelquefois le goût ; mais n'importe, avec quelques gouttes de couleur et un nom sonore, on peut tirer du même tonneau autant de liqueurs différentes qu'on le désire, et l'on est dispensé de se creuser la tête pour imaginer de nouvelles combinaisons. D'ailleurs il est des gens qui veulent multiplier leurs jouissances en y faisant participer tous les sens à la fois, et certes il n'est pas de moyen plus innocent de les contenter.

Cette partie de l'art du liquoriste, peut-être la moins essentielle au fond, n'est pas la plus facile : un palais tant soit peu exercé est un guide fidèle pour faire connaître le degré de perfection d'un mélange ; mais l'œil trompe souvent à l'égard de la couleur.

L'esprit-de-vin contient, comme on sait, une portion quelconque d'acide libre que les autres principes avec lesquels il est associé ne peuvent neutraliser, et qui altère très-promptement certaines couleurs ; d'un autre côté, cette fermentation lente à laquelle les liqueurs doivent en grande partie leur perfectionnement, décompose à la longue la plupart des principes colorants.

Voilà pourquoi les couleurs rouges, fournies par les sucs de fleurs et de fruits, durent si peu, pourquoi celles de la violette et du tournesol passent promptement au rouge, etc., etc. ; les couleurs jaunes, au contraire, brunissent presque toutes avec le temps. Ces phénomènes expliquent les variations singulières que la vétusté apporte dans la coloration des liqueurs, variations que l'art peut prévenir jusqu'à un certain point par un bon choix de substances, mais qu'il ne saurait réparer quand elles ont eu lieu, sans crainte d'achever de détériorer les liqueurs qui les ont souffertes.

SECTION IV.

MÉLANGE OU CONFECTION.

Toutes les opérations décrites jusqu'ici n'ayant d'autre but que de disposer et préparer préalablement tout ce qui doit concourir à la confection des liqueurs, la bonté de celles-ci dépend presque autant des soins apportés dans le mélange des diverses substances que dans le bon choix que l'on a pu en faire.

Toute liqueur étant, comme on vient de le voir précédemment, un composé de trois substances fondamentales, l'alcool, le sucre et l'eau, auxquelles on ajoute comme accessoires des principes odorants ou sapides, la perfection du composé dépend d'une fusion plus ou moins intime entre les molécules des divers ingrédients, de manière à ce que chacun d'eux ne domine ni trop ni pas assez. Deux choses principales sont donc à rechercher dans la confection des liqueurs : mettre les diverses substances qui les composent dans des rapports tels qu'elles se combinent le plus intimement et le plus promptement possible, et conserver à chacune de ces substances, pendant l'opération, toutes ses propriétés. Voici un moyen de parvenir à ce double but :

On apprête le sucre comme il est dit plus loin au sujet de la liqueur simple, c'est-à-dire qu'on le fait fondre sur le feu dans la totalité de l'eau à employer. Ensuite, et pendant que le sirop refroidit, on mêle avec la dose d'alcool prescrite les esprits aromatiques et les teintures, les huiles essentielles, etc.; on verse alors, petit à petit, sur le sirop froid, et en remuant à mesure, cet alcool aromatisé ; on ajoute ensuite les eaux odorantes, s'il y en entre, et les principes colorants, délayés préalablement dans une certaine quantité d'eau ou d'alcool.

Cela fait, et après avoir remué encore pendant quelques instants, pour rendre le mélange aussi exact que possible, on examine et l'on goûte pour voir s'il est à peu près au point voulu; nous disons à peu près, car ce n'est qu'au bout de quelques jours que l'on peut avoir des données positives. On laisse donc, après avoir corrigé les défectuosités trop marquées, digérer pendant quelques jours dans un lieu ni froid ni chaud, en ayant soin de remuer de temps à autre; après quoi on examine de nouveau la liqueur pour ajouter définitivement ce qui y manque; on la filtre ensuite.

Quelques personnes se contentent de jeter pêle-mêle dans le même conge le sucre en morceaux et les autres ingrédients, et de remuer le tout jusqu'à ce que le sucre soit fondu. Les liqueurs préparées de cette matière conservent toujours, ou du moins pendant longtemps, une sorte de crudité, et n'ont jamais ce degré de finesse ni ce velouté que l'on remarque dans les autres. Quelques liqueurs par infusion se font en jetant le sirop bouillant sur les autres substances; on laisse alors infuser à vase clos pendant plus ou moins longtemps; on ajoute ensuite l'esprit-de-vin, et l'on passe, soit de suite, soit après quelques jours de macération.

Hors ces cas, qui eux-mêmes sont rares, le mélange se fait toujours à froid : à plus forte raison ne doit-on jamais le faire dans la bassine qui a servi à cuire le sirop. Il n'y a d'autres exceptions à cette règle que le ratafia de fleurs d'oranger pralinées, et celui aux amandes grillées.

Nous verrons plus loin, dans la section VIII de ce

chapitre, quels sont les autres modes de fabrication des liqueurs.

Quelques liquoristes croient devoir filtrer leur liqueur presque aussitôt, tandis que d'autres attendent plusieurs jours. Cette dernière méthode, adoptée par la plupart des personnes habituées à raisonner leurs opérations, est la meilleure, car il convient de ne filtrer la liqueur que lorsqu'elle est achevée, et elle ne l'est réellement qu'au bout de quelques jours de mélange, pendant lesquels il convient encore de la goûter de temps en temps, afin d'y faire les corrections nécessaires.

Le moyen le plus commode pour cela est d'ajouter du sirop bien cuit, si le sucre est la seule substance qui n'y soit pas en quantité suffisante ; de l'esprit, si elle est trop faible ; de la liqueur simple, si les aromates dominent trop ; enfin quelques gouttes d'alcoolat ou d'essence de celui qui se trouve en moins : on ne doit jamais faire infuser les substances en nature quand la liqueur est faite. L'eau est celle que l'on doit le plus éviter d'ajouter après coup, parce qu'elle laisse à la liqueur une saveur fade et plate qui s'efface très-difficilement.

Il est difficile, ou, pour mieux dire, impossible de déterminer d'une manière exacte les doses respectives des substances à employer dans la confection de telle ou telle liqueur, parce que la saveur du mélange est subordonnée, non-seulement à cette cause, mais encore avant tout à la force de l'eau-de-vie, au degré de concentration des esprits aromatiques, à la qualité et à la cuite du sucre, à la maturité des fruits et des fleurs, à l'influence de la nature du sol et de l'état de la saison sur leur saveur et leur parfum ; en un mot, aux diverses qualités de chacune des matières premières et des substances composées que l'on emploie.

Enfin la nature des appareils et la manipulation sont une nouvelle cause de variation dans les résultats, car, toutes choses égales d'ailleurs, les mêmes substances employées aux mêmes doses par deux ou plusieurs artistes, donneront autant de produits qui ne seront pas absolument pareils, surtout si, chose impossible à éviter, le feu n'a pas été gouverné avec uniformité.

SECTION V.

CLARIFICATION.

On a vu que les liqueurs préparées par la fermentation se clarifient d'elles-mêmes ; quant aux autres, on n'a pas trouvé de meilleur expédient que de les filtrer, c'est-à-dire de les faire passer et repasser, autant qu'il est nécessaire, à travers les pores d'un corps assez serré pour ne laisser couler que la partie la plus fluide, et retenir les substances grossières qui en troublent la transparence.

Comme il faut, en outre de ces conditions, que le corps servant de filtre ne puisse communiquer aux liqueurs aucune mauvaise qualité, on a successivement essayé à cet usage plusieurs matières. Celles dont on se sert le plus généralement aujourd'hui sont le coton cardé, les tissus de laine ou de coton croisé dont on fait les chausses, et le papier blanc non collé, connu sous le nom de *papier Joseph*. Le papier gris ordinaire, ayant l'inconvénient de donner un goût désagréable, n'est plus employé pour les liqueurs fines ; mais si l'on était obligé de s'en servir, il faudrait avoir la précaution d'y passer auparavant un peu d'eau chaude.

Le papier criblé d'une multitude infinie de pores très-rapprochés et très-déliés est excellent pour la filtration des liqueurs qui ne sont ni trop épaisses ni trop pesantes. On le plie de manière à ce qu'il forme un cône pointu plissé, et on le place dans un entonnoir; il ne peut suffire à une opération un peu longue, soit qu'il finisse par s'appliquer contre les bords de l'entonnoir qui lui sert de support, soit qu'il crève sous le poids, ou que ses pores, se bouchant par les impuretés, ne livrent plus passage à la liqueur.

Le coton est préférable au papier, et plus commode quand on sait l'employer; il faut avoir pour cela un entonnoir à double grille. On remplit l'intervalle des deux grilles d'un lit de coton cardé étendu bien uniformément, surtout sur les bords, et médiocrement tassé, ou bien on en remplit à moitié ou environ la tige d'un entonnoir ordinaire. L'essentiel est de ne le presser ni trop ni trop peu, et d'éviter surtout de verser la liqueur directement sur le coton, qui s'affaisserait de suite. Comme la filtration ne s'opère ici que par une très-petite surface, le coton se remplit d'une couche tellement épaisse de lie, qu'il ne laisse bientôt plus couler la liqueur si l'on n'a soin de le changer fréquemment.

L'emploi des chausses est bien plus expéditif, en ce que la filtration s'opère tout à la fois à travers un corps plus poreux, moins prompt à s'encrasser, et surtout sur une surface bien plus étendue.

Lorsque l'opération se fait à l'air libre, il se fait par tous les points de cette surface une évaporation plus ou moins abondante des principes alcooliques et aromatiques, surtout si la liqueur est chaude, tandis que, l'air absorbant en même temps une portion de l'humidité à mesure que la liqueur passe, la partie sirupeuse s'épaissit et se dépose sur la surface extérieure de la chausse où elle forme un enduit qui finit par obstruer les pores. En sorte que, d'une part, les principes les plus volatils s'évaporent en partie, et que, d'autre part, la filtration s'arrête quelquefois tout-à-fait si la liqueur est très-épaisse ou que la chausse travaille depuis longtemps. On obvie à ce double inconvénient au moyen de l'entonnoir fermé dont il a été parlé à l'article des *ustensiles*.

La nature du tissu des chausses doit être subordonnée à celle de la liqueur à filtrer ; si l'on faisait passer une liqueur très-fluide à travers un tissu lâche, elle coulerait trop facilement à travers les mailles, et, ne rencontrant pas assez d'obstacles, n'aurait pas le temps de s'y dépouiller, tandis qu'une liqueur très-chargée de sucre ne traverserait qu'avec les plus grandes difficultés celle d'une étoffe trop serrée. Avant de se servir de la chausse, il faut, surtout si elle est neuve, la plonger dans du sirop chaud ou dans la liqueur pareille à celle que l'on veut filtrer. Cette petite préparation a pour but de boucher en partie les pores trop ouverts ; malgré cela, il est rare que les premières portions de liqueur passée ne soient pas troubles, et il est bon de les reverser dans la chausse. Quand l'opération est finie, on rince la chausse à grande eau, on la frotte entre les mains après l'avoir retournée, pour en faire sortir tout le sirop et les impuretés dont elle est imprégnée, et on la fait sécher promptement. On ne doit jamais savonner ni lessiver les chausses, dans la crainte de leur faire prendre un mauvais goût.

La filtration n'a pas seulement pour effet d'éclaircir les liqueurs ; il est certain qu'elle modifie sensiblement leur qualité, soit en bien, soit en mal, selon la manière dont elle a été faite ; sans parler des qualités particulières qu'elles peuvent en outre emprunter à des substances auxiliaires que l'on ajoute quelquefois pour les clarifier.

On sentira aisément la raison de ces changements,

si, d'une part, on se rappelle que la filtration dissipe souvent une portion des principes les plus volatils, et si, d'autre part, on réfléchit aux rapprochements plus immédiats, aux combinaisons plus intimes qui doivent s'opérer entre les divers éléments de la liqueur, en passant à travers une multitude de filières qui les forceront à se diviser, à se subdiviser à l'infini, à se rapprocher et se mêler pour ne plus former qu'un tout homogène.

Aussi, lorsque l'on examine la liqueur attentivement avant et après la filtration, on est quelquefois tout étonné des différences que l'effet seul de cette opération a fait naître dans la saveur, dans le parfum, et même jusqu'à un certain point dans la nuance. Il convient donc, ainsi qu'on l'a vu dans l'article précédent, de ne filtrer la liqueur que lorsque la confection est terminée, et même d'attendre que quelques jours de digestion lui aient donné ce degré de perfection qu'elle n'a jamais au moment du mélange. Il convient en outre de la filtrer à froid et de ne pas la laisser exposée à l'air.

La chausse ayant été préalablement imbibée de sirop ou de liqueur, comme il est dit ci-dessus, on la place dans son entonnoir ou on la suspend à un support quelconque; on place un vase convenable en dessous; on la remplit et l'on abandonne l'opération à elle-même quand elle est bien établie.

La liqueur, suintant bientôt de toutes parts à travers le tissu de l'étoffe, descend lentement de tous les points de la surface extérieure de la chausse, jusque vers la pointe, où toutes les gouttelettes se réunissent en un filet mince qui coule à son tour dans le vase. Si ce filet ne coule pas avec continuité, le tissu étant trop serré, eu égard à la consistance de la liqueur, celle-ci n'en sera, il est vrai, que mieux filtrée, mais l'opération sera fort longue et pourra même s'arrêter avant que la chausse ne soit vide ; si, au contraire, le filet est trop abondant, ce sera une preuve que le tissu est trop lâche, et la liqueur ne s'éclaircira qu'imparfaitement.

Si la liqueur, bien que filtrant à travers une étoffe convenable, paraît louche au premier abord, on attendra qu'elle coule parfaitement claire, pour reverser dans la chausse, ce qui aura passé en premier lieu : cela fait, on couvrira l'appareil, et l'on n'aura plus à s'en occuper si ce n'est pour le remplir quand il sera vidé, et changer le récipient quand celui-ci sera plein. La quantité de liqueur que peut filtrer en une journée une chausse de capacité connue, est subordonnée non-seulement à la qualité de son tissu, mais encore à la consistance de la liqueur, à sa température, à celle de l'atmosphère, à une foule de circonstances imprévues : cette opération est généralement longue.

Quand on filtre à l'entonnoir, il est essentiel qu'il soit couvert afin d'éviter l'évaporation, et il faut le placer sur une cruche ou un bocal à large ouverture. Sans cette dernière attention, l'entonnoir n'étant soutenu que par sa tige, le moindre choc suffirait pour lui faire perdre l'équilibre, pour le renverser et même pour casser cette tige s'il est en verre.

Le filtrage pur et simple ne suffit pas toujours à la parfaite clarification des liqueurs ; il en est plusieurs auxquelles on est obligé d'ajouter diverses substances propres à séparer, à précipiter les matières qui en troublent la transparence, ou à les envelopper pour les retenir, tandis que la liqueur passe à travers les pores du filtre. Quelques personnes emploient pour précipitant l'alun ; mais ce sel, étant doué d'une saveur âpre et désagréable, ne doit être employé que dans la préparation de quelques teintures colorantes auxquelles il peut seul donner de l'éclat et de la solidité. Quant à la pâte d'amande sèche, employée par quelques personnes, d'après les conseils de Demachy, elle absorbe en pure perte une portion considérable de liqueur, et ne remplit qu'imparfaitement le but proposé. Le collage au lait, au blanc d'œuf ou à la colle de poisson, est préférable à toutes les autres substances intermédiaires.

SECTION VI.

PERFECTIONNEMENT ET CONSERVATION.

Les liqueurs sont rarement parfaites au sortir de la chausse ; celles qui ne laisseraient rien à désirer sous ce rapport finiraient d'ailleurs par se détériorer, si l'on n'apportait à leur conservation les soins nécessaires. On a vu, en effet, à l'article de leur coloration, les changements de ton que l'effet de la lumière et celui de l'acide de l'esprit-de-vin leur font éprouver ; on verra tout-à-l'heure les résultats de l'espèce de fermentation sourde à laquelle elles sont sujettes.

Elles n'ont jamais dans leur nouveauté cette finesse, ce velouté, cette *uniformité de saveur* que le temps leur donne ; le sucre ne couvre pas aussi complétement que par la suite, la force de l'esprit et le montant de certains aromates : les saveurs, en un mot, sont mélangées, mais non *fondues* et combinées. D'un autre côté, les liqueurs préparées par la distillation, ou des esprits aromatiques trop nouveaux, sont sujettes à conserver pendant quelque temps ce goût d'alambic qui nuit si fort à leur agrément, si l'on néglige les moyens de le leur faire perdre de suite.

Geoffroy, connu par plusieurs découvertes intéressantes dans la pharmacie et la chimie, ayant observé de l'eau de fleurs d'oranger qui avait été gelée, reconnut qu'elle avait non-seulement perdu un goût de feu très-fin qu'elle avait auparavant, mais encore acquis un parfum suave. Cette remarque, appliquée depuis aux liqueurs de table, a appris qu'en les plongeant pendant quelques instants, ou même pendant quelques heures, dans la glace pilée, on parvient, non-seulement à les dépouiller de l'âcreté en question, mais encore à donner à leur parfum plus d'énergie et d'uniformité. Cette petite manipulation, qui n'est pas à dédaigner, doit se faire de préférence après la filtration.

Il ne tarde pas à s'établir dans toutes les liqueurs composées de sucre et d'esprit une sorte de fermentation sourde, très-lente, mais continue, pendant laquelle les divers principes, qui n'étaient auparavant qu'à l'état de mélange pur et simple, se combinent et s'identifient en quelque sorte les uns avec les autres, de manière à ne plus former qu'un tout de même nature; l'esprit se fait beaucoup moins sentir après cette nouvelle combinaison, non qu'il ait réellement perdu de sa force, mais parce que le sucre l'enveloppe plus intimement; le palais le mieux exercé et l'odorat le plus fin ne sauraient alors distinguer isolément ni l'odeur ni la saveur des autres ingrédients s'ils sont dosés convenablement.

Ce phénomène peut être comparé à une action mécanique ou à une sorte d'ébullition lente qui tendrait à subdiviser à l'infini les molécules du mélange, et à les tenir dans une agitation perpétuelle, quoique inaperçue. Ce mouvement intestin ne peut donc que concourir au perfectionnement des liqueurs, tant qu'il ne dépasse pas certaines bornes; mais s'il était trop violent ou trop prolongé, il les ferait passer à un état de fermentation véritable qui les décomposerait entièrement.

On connaît aussi sous le nom de *tranchage* une opération propre à communiquer une saveur fondue et de vétusté qu'on recherche dans toutes les liqueurs de table ; voici en quoi consiste cette opération :

On verse la liqueur dans un bain-marie assez grand pour qu'elle n'en remplisse que les deux tiers, on couvre avec le chapiteau et on introduit le bain-marie dans la cucurbite remplie d'eau, on ajuste le col-de cygne, on lute, on chauffe à une chaleur modérée, et aussitôt qu'on cesse de pouvoir tenir la main sur le chapiteau, on retire vivement le feu du fourneau afin qu'il n'y ait pas distillation, et on laisse refroidir complétement avant de retirer le bain-marie de la cucurbite. Cette opération, comme on le voit, ressemble assez à celle qu'on pratique dans divers pays de vignobles pour vieillir les vins, et a de l'analogie avec le procédé Appert pour la conservation des substances alimentaires.

Le tranchage des liqueurs peut s'opérer de diverses manières. L'une des plus usitées consiste, comme on vient de le voir, à les introduire dans une capacité chaude, une étuve, par exemple, où on les laisse pendant un certain temps que l'expérience apprend à connaître.

M. Eug. Lormé nous a indiqué un autre procédé qui réussit généralement bien. Ce procédé consiste à verser les liqueurs dans l'alambic et à les soumettre à une douce élévation de température jusqu'à ce que la distillation de la partie spiritueuse commence à s'effectuer. Aussitôt qu'on a recueilli quelques centilitres de liqueur, on arrête le feu et on laisse la liqueur se refroidir avec lenteur.

Ce moyen rentre évidemment dans le précédent;

mais il présente cet avantage qu'on a pour ainsi dire une mesure de la température qu'il convient de donner à la liqueur, qu'on n'est plus borné à s'en rapporter à la chaleur d'une étuve qui peut varier dans les différents points, et enfin qu'il n'y a pas à craindre de pertes par évaporation des liqueurs, de danger des incendies et autres inconvénients analogues.

En général, les liqueurs se *bonifient* mieux en grandes masses que divisées en petites parties ; il y a par conséquent double avantage à opérer de suite sur de certaines quantités, économie de fabrication et qualité supérieure des produits. Pour leur donner et leur conserver tout le degré de perfection dont elles sont susceptibles, il faut, en outre, ne leur laisser que la quantité d'air nécessaire au développement du mouvement intestin dont il vient d'être parlé, et les soustraire à l'influence de toutes les causes qui pourraient l'arrêter, le troubler ou l'exciter outre mesure.

Ces causes sont principalement : la température trop chaude ou trop froide, le manque absolu d'air ou sa surabondance, le contact direct d'une atmosphère humide qui, en délayant le principe sucré, le rendrait plus fermentescible, les matières qui peuvent devenir des levains de fermentation, l'agitation trop fréquente des vases, l'influence des orages, etc.

Il convient donc, après avoir filtré et clarifié les liqueurs de la manière la plus convenable, de les conserver dans des vases aussi grands que possible, et très-propres, remplir ceux-ci à très-peu de chose près, les boucher avec soin, les ranger à poste fixe dans un lieu tempéré dont la chaleur soit toujours entre quinze et vingt degrés, éloignés, comme il a été dit ailleurs, du bruit des voitures, des forges, etc. Enfin, lorsque l'on veut les avoir parfaites, il faut ne les mettre en bouteilles qu'au bout d'un an et plus, et les garder après cela quelques mois à la cave si on a le temps d'attendre. L'un des grands secrets des liquoristes les plus renommés est d'avoir constamment en réserve de grandes quantités de liqueurs, afin de les laisser vieillir.

La nature des vases employés à la conservation n'est pas indifférente. On se sert de cruches de grès pour de petites quantités; mais quand on opère en grand, on préfère les vases de bois, non-seulement comme moins fragiles, mais comme plus propres à conserver, autant que possible, l'uniformité de température. Ces vases doivent être faits d'un bois qui ne communique ni couleur, ni saveur aux liqueurs, et lavés auparavant à l'eau acidulée par 1/10 d'acide sulfurique, et lavés ensuite à l'eau bouillante. Ils doivent être tenus constamment pleins, sauf un très-petit espace. Les vases de métal doivent être proscrits.

On ne peut pas toutefois se dissimuler que le bois est perméable à l'alcool, et qu'à la longue, et quand il s'agit de conservation, les liqueurs alcooliques introduites dans des vaisseaux en bois, ne doivent y éprouver des pertes par évaporation. Mais peut-être cette évaporation n'a-t-elle lieu que dans les fûts neufs, et après un certain temps de service, il est possible que dans les vaisseaux qui ont déjà été employés depuis longtemps, les pores du bois soient obstrués par certaines matières extractives qui les ont rendus imperméables à l'alcool. L'expérience paraît confirmer cette opinion.

Les personnes qui sont forcées de mettre les liqueurs en bouteille, peuvent, d'après le conseil de Demachy, les plonger dans l'eau un peu plus que tiède, pendant quelques heures, dans des bocaux médiocrement remplis, et les mettre ensuite dans l'eau très-froide. Cette méthode, quoique assez bonne, n'amène point les liqueurs à leur degré de perfection comme le temps.

M. Niepce de Saint-Victor, auquel la photographie, inventée par son oncle, doit de si remarquables perfectionnements, a, pendant le cours de ses nombreuses expériences, observé un fait relatif à l'action de la lumière sur les vins et les alcools. Si on expose à la lumière du soleil un vin dans un vase de verre blanc plein et bouché hermétiquement, on constate, après deux ou trois jours, que ce vin est plus sucré que celui qui est resté exposé à la même température, mais privé de la lumière.

Il résulte de là que l'action de la lumière peut être très-favorable à certains vins, qu'elle peut leur donner la qualité d'un vieux vin, à la condition que l'action de la lumière sera suffisante, mais pas trop prolongée. Sans cela, le vin contracte souvent un arrière-goût désagréable et, dans tous les cas, devient comme un vin dit passé.

Ce mode, pour vieillir les boissons, paraît applicable aux liqueurs de table; mais on conçoit qu'on ne peut y avoir recours qu'en petit, et que ce n'est guère que dans les ménages qu'il est permis d'en faire des applications. Il a d'ailleurs de l'analogie avec le tranchage, mais un inconvénient, qui est de décolorer en grande partie les vins ou les liqueurs.

Depuis quelque temps on a obtenu des effets extrêmement avantageux du chauffage des vins pour les vieillir et hâter leur maturité. Les expériences de MM. Pasteur et Vergnette-Lamotte, ne laissent plus de doute à cet égard; mais il n'a point encore été fait d'expériences analogues sur les liqueurs, et on ne sait pas si un chauffage opéré avec intelligence et mesure, serait de nature à hâter aussi leur maturité. Il est très-présumable que cette opération aurait, dans ce cas, le même succès, seulement il faudrait tenir compte de la différence dont ces liquides se comportent à la chaleur, et de l'influence qu'une élévation de la température pourrait exercer sur les ingrédients autres que l'alcool qui entrent dans la composition des liqueurs. Ce sont des expériences à faire et qui méritent tout l'intérêt du liquoriste.

SECTION VII.

PROPORTIONS.

Nous avons déjà expliqué plus haut en quoi consiste la différence qui existe entre les liqueurs ordinaires doubles, les liqueurs demi-fines, les liqueurs fines et les liqueurs surfines. Nous ajouterons encore quelques mots sur ce sujet, en prenant pour base des calculs un hectolitre de liqueur.

Pour fabriquer un hectolitre de *liqueurs ordinaires,* il faut 25 litres d'alcool à 85° C., et 12 1/2 kilogr. de sucre. Si on ajoute un esprit parfumé, la quantité vient en déduction de celle de l'alcool. Ainsi une liqueur où il entre 2 litres d'esprit parfumé n'est plus composée qu'avec 23 litres d'alcool à 85° C., et 12 1/2 kilogr. de sucre.

Quant à la quantité d'eau, on voit qu'elle doit être telle, 60 à 66 litres, qu'elle complète un hectolitre, c'est-à-dire qu'elle peut varier avec le degré de l'alcool, et en faisant remarquer qu'un mélange d'alcool et d'eau éprouve toujours une contraction, c'est-à-dire que ce mélange a un volume moindre que la somme de ceux d'alcool et d'eau qu'on combine ensemble.

Les liquoristes, ayant l'habitude de préparer leurs sirops à l'avance, rien ne sera plus facile, au moyen du tableau N° II de la page 73, de régler la quantité

de sirop à ajouter pour établir les proportions indiquées ci-dessus entre les éléments qui doivent composer une liqueur.

Du reste, on comprend que les proportions que
nous indiquons ne sont pas rigoureusement imposées
à l'artiste, et que suivant qu'il veut composer des liqueurs d'une saveur différente ou ayant plus ou moins
de force ou de douceur, il peut faire varier ces proportions entre certaines limites qui sont laissées à
l'arbitraire de chacun. En général, une liqueur ordinaire ne doit marquer que 5° au pèse-sirop; mais ce
degré peut changer si on a introduit du sirop blanc
de glucose dans la liqueur, sirop blanc qu'on y fait
entrer parfois dans la proportion de 30 à 40 pour 100
de celle du sucre.

Dans les *liqueurs doubles*, les proportions pour un
hectolitre sont 50 litres alcool à 85°, et 25 kilogr.
sucre, c'est-à-dire que les proportions de l'alcool et
du sucre y sont doubles par hectolitre de celles
des liqueurs ordinaires, de là leur nom de liqueurs
doubles. Ces liqueurs doubles ne sont guère destinées à servir de boissons, mais bien plutôt à faciliter
le commerce et le transport, et généralement on les
étend avec leur volume d'eau bien pure pour en faire
des liqueurs ordinaires. Il est cependant une remarque importante à faire à leur égard : c'est qu'on ne
peut pas y doubler la proportion des essences ou esprits parfumés, parce qu'autrement il se formerait,
au moment où on les étendrait d'eau, une précipitation des essences ou esprits qui les rendrait louches et
laiteuses.

Pour faire les *liqueurs demi-fines*, on augmente un
peu la proportion de l'alcool qu'on introduit dans les
liqueurs ordinaires, c'est-à-dire qu'au lieu de 25 litres, on en prend 28 à 30, et qu'on double la propor-

tion du sucre qu'on porte à 25 kilogr. Du reste, on observe, pour les aromatiser, les mêmes règles que pour les liqueurs ordinaires, la proportion d'alcool peut aussi y varier de 2 pour 100 en plus ou en moins, et généralement elles marquent 10° au pèse-sirop.

Les *liqueurs fines* qui doivent marquer de 15° à 17° au pèse-sirop se préparent avec 32 litres d'alcool à 85° ou d'alcool et d'esprit parfumé, et 43 à 44 kilogr. de sucre et l'eau nécessaire, 38 à 39 litres.

, Les *liqueurs surfines* françaises faites avec soin marquent 20° à 22° au pèse-sirop; il y entre 36 à 38 litres d'alcool et 50 à 56 kilogr. de sucre.

Les liqueurs surfines des îles se fabriquent invariablement avec 40 litres d'esprit parfumé et 50 kilogrammes de sucre qu'on fait fondre à chaud et qu'on y mélange à froid. Le mélange opéré, on soumet la liqueur au tranchage, on la colore, on colle et enfin on filtre.

Quant aux liqueurs étrangères, les proportions de l'alcool et du sucre y sont extrêmement variables et les formules que nous ferons connaître les indiqueront suffisamment pour chaque liqueur en particulier.

Avant de terminer, nous dirons qu'on connaît encore à Paris des liqueurs *tiers fines* qu'on fabrique en mélangeant une liqueur demi-fine avec une liqueur ordinaire.

Enfin, nous dirons que les liqueurs ordinaires sont souvent désignées sous les noms d'*eaux* et d'*huiles*, malgré que cette dénomination soit aussi souvent appliquée à des liqueurs plus fines, et que les liqueurs fines et surfines reçoivent aussi souvent les noms d'*élixirs*, de *crèmes*, etc., et qu'on réserve le nom de ratafias à des liqueurs fabriquées avec des infusions de fruits ou de matières aromatiques.

Distillateur-Liquoriste.   20

SECTION VIII.

MODES DIVERS DE PRÉPARATION.

On connaît divers modes de préparation des liqueurs qui présentent leurs avantages et leurs inconvénients. Le liquoriste doit les connaître tous et savoir les mettre en pratique suivant les conditions dans lesquelles il est placé ou les circonstances où il se trouve.

En thèse générale, les liqueurs proprement dites se préparent par voie de distillation ; mais cette opération se modifie suivant qu'elle est appliquée de telle ou telle manière. On compte généralement cinq modes de fabrication dont voici la désignation :

1° On introduit dans l'alambic tous les aromates qui doivent entrer dans la composition d'une liqueur avec l'alcool nécessaire, et on distille pour obtenir un esprit parfumé complexe qui est la base de cette liqueur et la constitue avec le sucre et l'eau et souvent avec une rectification. C'est le mode que nous appellerons *fabrication par esprits complexes*. C'est le plus anciennement connu, celui qu'on pratique encore journellement dans de petits établissements et loin des grands centres de production.

On n'obtient pas toujours par ce mode de fabrication toute la suavité qu'on désire, d'abord parce que les ingrédients qu'on distille ensemble se nuisent parfois les uns les autres, que leurs parfums ne distillent pas toujours à la même température, qu'on ne parvient que très-difficilement à doser ces parfums, enfin qu'on est plus exposé dans la distillation de ces ingrédients souvent nombreux, aux coups de feu, au dégagement des huiles empyreumatiques, à des saveurs imprévues et autres accidents analogues. Néanmoins, conduite avec beaucoup de soin et de précaution, la distillation par esprits complexes peut donner de bons résultats, et bien des liqueurs estimées ne sont pas encore aujourd'hui fabriquées autrement;

2° Le deuxième mode de fabrication des liqueurs est celui que nous appellerons *fabrication par esprits simples*. Dans ce mode, on prépare, avec l'alcool et chacune des substances aromatiques qui doivent entrer dans la composition de la liqueur, des esprits parfumés ou alcools aromatiques qu'on mélange ensuite entre eux dans des proportions déterminées pour produire la liqueur voulue. Parfois aussi on mélange entre elles plusieurs de ces substances aromatiques dont l'expérience a démontré que les esprits pouvaient très-bien se marier ensemble, ou dont les alcools aromatisés entrent assez communément dans la fabrication de certaines liqueurs.

La fabrication par esprits parfumés simples est, ce nous semble, la plus pratique, la plus commode, celle à laquelle nous donnons en général la préférence dans ce Manuel. En effet, le liquoriste peut, dans certains centres de production, se procurer ces esprits tout préparés, seulement il faut se mettre en garde contre la fraude. Dans ce mode rien n'est plus facile que d'établir les dosages les plus parfaits et les plus précis, de soumettre les résultats à l'épreuve du goût, et d'arriver exactement au résultat cherché.

Un autre avantage de la fabrication par les esprits parfumés, c'est que ceux-ci se conservent très-bien à l'état de pureté, qu'ils s'améliorent même avec le temps, que leurs éléments se marient et se fondent mieux entre eux, et qu'on peut les bonifier en les plongeant dans un mélange réfrigérant. Enfin, on peut avoir en provision des esprits de toute sorte pour les besoins de la fabrication et pour préparer promptement toutes les liqueurs demandées.

Les alcools aromatisés ont peu d'odeur; mais il est nécessaire de rappeler que cette odeur se développe quand on ajoute au mélange d'alcool aromatisé et d'alcool ordinaire l'eau nécessaire pour constituer la liqueur;

3° Nous donnons au troisième mode le nom de *fabrication par les eaux aromatiques*, c'est-à-dire par des eaux tenant en dissolution le principe des substances aromatiques qui y est passé par la voie de la distillation. Ce mode fournit des liqueurs d'une grande suavité de goût et d'une odeur flatteuse, seulement il a l'inconvénient que la fabrication de ces eaux exige beaucoup de soin, que celles-ci se conservent difficilement et qu'il faut constamment les soustraire au contact de l'air et de la lumière. On a bien cherché, par une rectification, à leur donner plus de fixité; mais c'est une opération de plus qui, tout utile qu'elle soit, ne les préserve pas des altérations auxquelles elles sont exposées. D'ailleurs, on ne prépare pas ainsi des eaux avec toutes les substances aromatiques qui entrent dans la composition des liqueurs, et si le liquoriste ne confectionne pas lui-même ces eaux, il est exposé à acheter des produits qui n'ont pas été distillés et qui sont tout simplement des dissolutions d'essences dans l'eau, qui ont un parfum bien moins suave et parfois même peu agréable;

4° Il existe un quatrième mode de fabrication des liqueurs auquel on peut donner le nom de *fabrication par les essences*. Les essences ou huiles volatiles contenues dans les substances aromatiques, sont des produits qu'on extrait immédiatement des fleurs et plantes fraîches par l'intervention de l'eau au moyen de la distillation ou de l'expression, et qui servent à préparer les liqueurs avec beaucoup de succès et de célérité. Ces essences toutefois ont le défaut de s'altérer très-facilement, de perdre leur odeur et d'acquérir une saveur rance. On peut, il est vrai, les rétablir en partie par une rectification; mais alors elles diminuent d'un tiers ou même davantage, ce qui constitue une perte très-sérieuse pour le liquoriste, attendu que beaucoup d'entre elles sont d'un prix élevé. D'ailleurs, les liqueurs préparées aux essences sont toujours moins suaves et ont moins de finesse que celles fabriquées avec les esprits parfumés, et enfin le liquoriste, la plupart du temps, ne prépare pas lui-même les essences, il les achète toutes fabriquées, et il n'y a peut-être pas de produit industriel sur lequel les fraudes soient plus nombreuses et plus fréquentes et où elles soient plus difficiles à constater. La fabrication par les essences ne doit donc être pratiquée qu'en cas d'absolue nécessité, ou bien dans les petits établissements, ou les ménages, pour des liqueurs qu'on consomme en peu de temps, ou celles où le consommateur ne craint pas un certain arrière-goût qu'elles communiquent presque toujours à ces boissons.

On peut très-bien, par les essences simples seules, préparer des liqueurs ordinaires demi-fines, fines et surfines; mais pour celles fines et surfines, on est dans l'usage de combiner plusieurs essences ensemble pour leur donner un parfum composé, plus suave et plus agréable au goût;

5° Enfin, il y a un cinquième mode de fabrication des liqueurs dans lequel on n'a pas recours à la distillation, parce qu'il existe certaines substances aromatiques ou sapides dont il n'est pas possible d'extraire le parfum ou les saveurs agréables au moyen de l'alcool bouillant ou de l'eau. C'est alors qu'on a recours à une opération qu'on appelle infusion et qui consiste à faire macérer ces substances pendant un certain temps dans l'alcool froid, ainsi que nous l'avons expliqué à la page 122.

Les liqueurs qu'on prépare avec ces infusions ont reçu le nom général de ratafias, quoique ce nom s'applique plus spécialement aux infusions de fruits, tels que cassis, cerises, framboises, merises, etc.

Les quatre premiers modes de préparations des liqueurs sont parfois combinés ensemble pour fabriquer certaines liqueurs. Par exemple, dans la crème de fleurs d'oranger, on ajoute à l'esprit de l'eau de fleurs d'oranger, et dans l'anisette de Bordeaux, on parfume les esprits complexes avec de l'eau de fleurs d'oranger et une infusion d'iris. Dans d'autres cas, on combine les esprits avec les essences ; mais toutes ces combinaisons qu'on peut faire varier à l'infini sont laissées à l'arbitraire du praticien, soit pour composer des liqueurs d'une saveur particulière, soit pour satisfaire au goût des consommateurs.

CHAPITRE X.

COLORATION DES LIQUEURS.

On est dans l'habitude de colorer plusieurs liqueurs, non pas pour rien ajouter à leurs propriétés, au contraire, mais pour distinguer parfois des espèces ou des qualités, et enfin pour se conformer, sous ce rapport, au goût du public.

Un liquoriste qui tient à sa bonne réputation et qui d'ailleurs a quelque conscience, ne doit employer à cette coloration que des substances incapables de nuire à la santé des consommateurs.

§ 1. COULEURS ROUGES.

Couleur rouge fine à la cochenille.

Cochenille noire en poudre...... 16 gram.
Alun de Rome aussi en poudre.... 4
Crème de tartre............. 4
Eau commune.............. 250

On fait bouillir l'eau qu'on jette sur la cochenille, l'alun et la crème de tartre. On obtient ainsi une solution plus ou moins foncée, suivant le besoin qu'on applique aux fines et surfines.

Couleur rouge au santal.

Bois de santal rouge........... 31 gram.
Alcool à à 85° C.............. 2 litres.

On fait digérer 24 heures, on filtre et on conserve dans un flacon bouché à l'émeri.

Couleur rouge au fernambouc.

Bois de Fernambouc en poudre.. .. 375 gram.
Alcool à 85° C.............. 2 litres.

On fait digérer pendant 48 heures et plus, et on filtre.

Couleur rouge aux baies de myrtille.

Baies de myrtille............ 500 gram.
Alcool à 85° C.............. 2 litres.

Après 48 heures de digestion, on exprime et on filtre.

Couleur rouge au cudbear.

Cudbear en poudre.. .... 1 kilog.
Alcool à 85° C.............. 2lit.5

On fait infuser pendant quatre jours, on tire au clair, on filtre et on recharge le résidu avec de l'alcool, et cela à plusieurs reprises jusqu'à épuisement.

Pour les liqueurs ordinaires.

Couleur rouge à l'orseille.

Orseille en pâte.............. 1 kilog.
Alcool à 85° C.............. 2lit.5

Pour les liqueurs communes qui prennent une teinte rouge violacée.

§ 2. COULEURS JAUNES.

Couleur jaune au safran.

Safran du Gatinais.......... 65 gram.
Eau commune............... 1 litre.

On jette la moitié de l'eau bouillante sur le safran, on laisse refroidir, on exprime et presse, puis on verse l'autre moitié sur le marc, on presse et on exprime encore. On réunit les deux infusions et on y ajoute 1/2 litre d'alcool à 85°. On recharge encore jusqu'à épuisement du safran.

Autre couleur jaune au safran.

Safran du Gatinais........... 31 gram.
Alcool à 85° C................ 2 litres.

Faites infuser, exprimez et filtrez.

Couleur jaune au curcuma.

Curcuma en poudre........... 125 gram.
Alcool à 85° C............... 1 litre.

Cette couleur sert aussi à faire les verts avec les bleus. On ne doit employer qu'avec beaucoup de réserve le curcuma qui jouit de quelques propriétés purgatives.

Couleur jaune brunâtre au caramel.

Mélasse de sucre de canne (des raffi-
    neries)....................... 2lit.5
Eau....................... 1 litre.
Cire vierge................ 5 gram.

Caramélisez dans une bassine avec les soins convenables, délayez avec de l'eau et filtrez. Cette couleur sert principalement à colorer les eaux-de-vie.

Couleur jaune au gingembre.

Gingembre broyé. . . . . 250 gram.
Alcool à 85° C. . . . . 6 décil.

On fait macérer 8 jours, et on décante la liqueur claire.

§ 3. COULEURS BLEUES.

Couleur bleue à l'indigo.

Indigo en poudre très-fine. . . . . . 16 gram.
Acide sulfurique à 66°. 160

On fait dissoudre l'indigo dans l'acide sulfurique, on agite, et quand la dissolution est opérée, on étend de 5 litres d'eau, et on sature l'excès d'acide par 250 grammes de craie. On laisse reposer, on décante, et on ajoute 12 à 15 centilitres d'alcool à 85° pour que la liqueur ne s'altère pas.

Autre couleur bleue à l'indigo.

On dissout :

Indigo en poudre. . . . . 1 partie.
Acide sulfurique à 66°. 15

on maintient le mélange pendant quelques heures à une température de 40 à 50 fois son volume d'eau, et on filtre. On remplit aux deux tiers une chaudière en cuivre de cette liqueur, on chauffe à 60° C., et à cette température, on y plonge des morceaux de laine blanche tissée, bien nette. On les y laisse six heures, on les retire, on les lave à l'eau courante, et on fait digérer cette laine dans l'eau très-chaude contenant une petite quantité de carbonate de soude en cristaux. Au bout de quelques heures, on retire la laine qui est complétement décolorée, et la solution bleu intense très-pur est conservée dans des vases en grés ou en verre pour colorer les liqueurs. Cette couleur ne dépose pas, sa nuance ne varie guère, et la laine qui a servi à la préparer peut être employée à de nouvelles opérations.

Couleur bleu-violet.

On fait digérer 30 grammes de cochenille dans 7 litres d'alcool à 85° pendant 4 ou 5 jours, puis on y ajoute 5 grammes d'alun calciné, et enfin 10 grammes d'ammoniaque liquide.

§ 4. COULEURS VERTES.

Les couleurs vertes s'obtiennent assez généralement par un mélange des couleurs jaune et bleue dans des proportions diverses. C'est ainsi qu'en mélangeant du jaune de safran avec la couleur bleue de l'indigo, on obtient des verts-pré, des verts-pomme, et qu'en ajoutant du jaune de caramel à du bleu, on a des verts-olive, des verts-feuille, etc.

On colore aussi certaines liqueurs, entre autres les absinthes, avec les feuilles de plantes, telles que l'ache des marais, l'épinard, les feuilles de mélisse, d'ortie, de véronique ; mais ces couleurs sont peu stables et généralement ne résistent pas à la lumière du soleil. Le principe qui colore ces feuilles étant la chlorophylle, qui n'est soluble que dans l'alcool à un degré élevé de concentration, on conçoit que le moyen est borné et sans grande utilité.

§ 5. COULEURS DIVERSES.

En combinant les couleurs indiquées ci-dessus, on parvient à produire toutes les teintes qu'on peut désirer : ainsi l'orangé est un mélange de jaune et de rouge, le violet un mélange de rouge et de bleu, et ainsi de suite, dans les proportions qui peuvent varier à l'infini, mais qui, pour une couleur donnée, ne peuvent être déterminées à l'avance et qu'on ne peut guère obtenir que par des tâtonnements, ne présentant, du reste, aucune difficulté.

Avant de terminer ce chapitre sur la coloration des liqueurs, nous rappellerons aux liquoristes qui ont quelques notions de chimie que depuis longtemps les chimistes, en traitant les principales matières colorantes d'origine végétale qui sont employées dans l'art de la teinture, sont parvenus à extraire de ces matières le principe lui-même qui leur procure des propriétés tinctoriales, que ces principes sont aujourd'hui très-connus, que quelques-uns sont même déjà répandus dans le commerce, et qu'on peut se les procurer à des prix modérés ou les préparer soi-même avec assez de facilité. Nous ajouterons que plusieurs de ces principes jouissent de propriétés tinctoriales très-énergiques et qu'il est présumable qu'il n'en faudrait qu'une très-petite quantité pour colorer les liqueurs sans leur faire perdre de leur transparence ; que ces matières traitées par les alcalis ou les acides affectent des couleurs et des nuances très-variées, et qu'il semble qu'il y a là une nouvelle source de matières colorantes pour le liquoriste.

Nous citerons entre autres, pour les couleurs rouges, l'*alizarine* et le *charbon sulfurique* qu'on extrait de la garance, l'*orcanettine* de l'orcanette, la *bixine* du roucou, l'*hématine* du bois de Campêche, la *brésiline* du bois de Brésil, etc. Pour les couleurs jaunes, le *quercitrin* que donne le *quercus nigra*, la *lutéoline* qui provient de la gaude, la *curcumine* que donne le curcuma, etc. Pour les bruns, le *cachou*, etc.

Seulement nous prévenons que la plupart de ces principes qui sont tous solubles dans l'alcool ne s'y dissolvent que quand celui-ci est concentré, mais qu'il en est aussi quelques-uns qui sont solubles dans l'eau et par conséquent solubles dans l'alcool à tous les degrés. Quelques-unes de ces substances ont également une saveur un peu âcre et astringente, et il serait à craindre que leur présence ne nuisît à sa saveur et à la délicatesse des liqueurs; mais comme il n'en faudrait qu'une très-faible quantité pour colorer de grandes masses, il est présumable que cette saveur n'en serait pas altérée.

Du reste, en appelant l'attention des liquoristes sur ce point, ce n'est pas pour leur conseiller de faire immédiatement usage de ce mode de coloration, mais bien plutôt pour les engager à faire quelques expériences qui, nous l'espérons, pourront les conduire à des résultats utiles.

On sait que depuis l'année 1834, la chimie, en se livrant à des études persévérantes sur les goudrons provenant de la distillation de la houille, est parvenue à en extraire de brillantes couleurs rouges, bleues, jaunes ou orangées, violettes, vertes, brunes, noires et grises qui sont connues dans le commerce sous une foule de noms variés par suite de la multiplicité des procédés qui ont été appliqués pour leur fabrication ou pour en modifier les nuances, mais généralement sous celui de *couleurs d'aniline* (1).

Toutes ces couleurs sont peu ou point solubles dans l'eau, surtout les violets et les bleus, mais solubles dans l'alcool, l'esprit de bois, l'alcool méthylique et l'acide acétique, ou dans des émulsions ou des solutions émulsives faites avec le glucose, la graine de lin, la racine de guimauve ou de luzerne, le bois de Panama, la saponaire, la glycérine, etc.

____

(1) Consulter le *Manuel des Couleurs d'Aniline*, de M. Th. Château, publié dans l'*Encyclopédie-Roret*, 2 vol. in-18. Prix : 7 fr.

L'extrême division de ces couleurs ainsi dissoutes et leur grand pouvoir colorant font présumer qu'il n'en faudrait qu'une bien légère quantité pour donner aux liqueurs une coloration agréable.

Nous ignorons si on a déjà fait une application de ce genre, et si nous mentionnons ici ces couleurs, c'est moins pour en conseiller l'emploi aux liquoristes que pour les engager à se tenir en garde contre une semblable application. Plusieurs de ces couleurs ont une saveur excessivement astringente et une odeur forte peu aromatique qui pourraient nuire à la pureté et à la délicatesse des liqueurs. Quelques-unes, préparées avec l'arsenic, pourraient, si elles étaient prises à l'intérieur, déterminer quelques perturbations dans l'économie ou la santé des consommateurs et même l'empoisonnement.

CHAPITRE XI.

FORMULES DE LIQUEURS.

Nous avons réuni dans ce chapitre et divisé en six sections les formules des liqueurs les plus connues en France, en Hollande, en Allemagne, en Russie, en Italie, en Angleterre et en Amérique. Cette réunion, quelque incomplète qu'elle soit, est cependant la plus étendue qui existe dans les divers ouvrages écrits jusqu'à ce jour sur la fabrication des liqueurs. Plusieurs formules n'existent même que dans notre ouvrage.

Tous les pays, en raison de la température de leur climat, ne produisent pas les liqueurs de même nom aussi alcooliques ni aussi sucrées. L'Italie, par exemple, dont le climat est chaud, ne fabrique que des liqueurs sucrées et rafraîchissantes ; au contraire, l'Allemagne, la Russie, l'Angleterre, cherchent à donner plus de montant et plus de spirituosité à leurs boissons, afin de parer aux brouillards et à la rigueur de la température. Nous avons donc jugé utile de séparer par sections, les produits fabriqués dans ces diverses contrées, afin de ne pas exposer le liquoriste à choisir une recette dont la liqueur ne serait pas goûtée hors du pays où elle se fabrique, ainsi que nous l'indiquons. D'ailleurs, le fabricant qui se propose d'exporter ses produits à l'étranger, doit connaître les doses qui conviennent aux divers pays où il se propose d'écouler sa marchandise. Cette division par sections l'empêchera de commettre des erreurs qui se traduiraient pour lui par des pertes assez sensibles.

Les liqueurs comprises dans les cinq premières sections sont rangées par ordre alphabétique, afin de faciliter les recherches; celles de la sixième section sont rangées, d'après leur emploi, comme liqueurs hygiéniques, pouvant au besoin figurer sur la table, et comme produits pharmaceutiques connus sous le nom général de vulnéraires.

SECTION Ire.

LIQUEURS FRANÇAISES.

Crème d'absinthe (surfine) par esprits complexes.

Feuilles sèches et sommités fleuries d'absinthe.	250 gram.
Feuilles de menthe poivrée.	120
Fenouil de Florence.	20
Anis vert..	25
Zestes de.	2 citrons.
Alcool à 85°.	7 litres.
Sucre.	11 kilog.
Eau.	5

On fait macérer, pendant 24 à 36 heures, les feuilles, les sommités fleuries, les graines et les zestes, dans l'alcool; on ajoute 6 litres d'eau, on distille pour retirer 7 litres 50 d'esprit, on rectifie avec la même quantité d'eau, on retire 7 litres 25, on ajoute le sirop de sucre préparé à chaud après qu'il a été refroidi, et enfin de l'eau pour compléter 20 litres.

Crème d'absinthe (surfine) par les essences.

Essence d'absinthe.	2 gram.
— d'anis..	6
— de menthe anglaise.	1.5
— de fenouil doux.	1.5
— de citron distillé..	6
Alcool à 85°.	7 litres.
Sucre.	11 kilog.
Eau.	5 litres.

L'opération est fort simple et le produit, 20 litres.

Extraits d'absinthe par la distillation.

	ORDI-NAIRE.	DEMI-FINE.		FINE.
		1re formule.	2e formule.	
Feuilles et sommités fleuries de grande absinthe.	gram. 600	gram. 600	gram. 600	gram. 600
Id. de petite absinthe.	»	200	200	125
Citronelle (mélisse citronée)..	125	125	125	200
Sommités fleuries d'hysope	100	100	100	225
Angélique (racines).	»	25	»	»
Anis vert..	400	800	800	1000
Badiane.	»	400	800	225
Fenouil de Florence.	»	250	850	850
Coriandre.	»	»	225	225
Alcool à 85°.	litres. 11.75	litres. 12	litres. 12.8	litres. 16.50
Eau	9.50	8	7.50	4

On fait infuser les plantes et les semences pendant 24 heures dans une portion de l'alcool, on distille avec l'eau, et au produit, on ajoute le reste de l'alcool et l'eau. Produit 20 litres.

Les extraits d'absinthe ne comportent pas de sucre.

Les absinthes se colorent souvent en vert au moyen de la distillée d'indigo, dont on verdit la couleur avec le caramel et le safran. Un peu d'alun pour tenir la couleur en suspension.

Les absinthes ordinaires marquent 45° à 46° à l'alcoomètre centésimal; celles demi-fines, 49° à 50°, et celles fines, 65° à 66°.

Lorsqu'on veut que les absinthes blanchissent quand on y ajoute de l'eau, il faut augmenter la dose des substances qui cèdent des huiles essentielles à l'alcool, telles que les absinthes, l'anis, la badiane, le fenouil et le coriandre, ou bien ajouter une dissolution dans l'alcool des essences de ces plantes aromatiques; quand on étend alors ces absinthes avec l'eau, une portion de ces essences, tenues en dissolution par l'alcool, se séparent et blanchissent cette boisson.

Extraits d'absinthe par les essences.

	ORDI-NAIRE.	DEMI-FINE.	FINE.
	gram.	gram.	gram.
Essence de grande absinthe.	6	6	6
— de petite absinthe...	»	3	3
— d'anis	»	12	25
— de fenouil de Florence	2	3	6
— de mélisse.......	»	»	1
— de menthe poivrée...	»	1	»
— de badiane.......	12	6	30
— de coriandre......	»	1	1
	litres.	litres.	litres.
Alcool.............	11.00	12.00	15.00
Eau..............	9.25	7.6	5.00

On colore de même que pour les absinthes par distillation, et on force un peu les essences quand on veut que la boisson blanchisse lorsqu'on l'étend d'eau. Le degré de spirituosité des absinthes par les essences est le même que celui des absinthes par distillation.

Anisette (ordinaire).

Alcool à 85° C.	2 litres.
Huile volatile d'anis.	8 gouttes.
Eau distillée.	1 litre 1/2.
Sucre.	1 kilog.

On fait un sirop à froid, on mêle le tout et on filtre.

Autre formule.

Anis étoilé.	250 gram.
Amandes amères concassées.	250
Coriandre.	250
Iris de Florence, en poudre.	125
Alcool à 60° C.	25 litres.

On fait macérer dans l'alcool, pendant cinq jours, les substances ci-dessus, on distille au bain-marie; on ajoute 6 kilogrammes de sucre dissous dans 4 litres d'eau distillée.

Anisette de Bordeaux (demi-fine).

Anis vert.	312 gram.
Thé hyswin.	62
Anis étoilé.	125
Coriandre.	31
Fenouil.	31
Alcool à 70° C.	16 litres.

On fait macérer pendant quinze jours, on distille au bain-marie, ensuite on fait un sirop avec 4 litres d'eau et 5 kilogrammes de sucre: on mêle le tout ensemble et on filtre.

Anisette de Bordeaux (surfine).

Badiane.. . . . . 500 gram.
Anis vert.. 250
Fenouil de Florence.. 125
Coriandre. 125
Bois de sassafras coupé. 125
Thé perlé.. 125
Graine d'ambrette.. 31
Alcool à 85° C. . . . . 16 litres.

On fait macérer toutes ces substances dans l'alcool pendant cinq à six jours, ensuite on distille au bain-marie en ajoutant 8 litres d'eau, on rectifie avec 8 autres litres d'eau, et on y mêle un sirop fait avec 14 kilogrammes de beau sucre et 12 litres d'eau distillée ; 1 litre d'eau de fleurs d'oranger double, 40 centilitres d'infusion d'iris et 1 litre d'eau de fontaine.

Anisette par distillation, par esprits parfumés simples.

	ORDINAIRE (Eau d'anis).	DEMI-FINE.	FINE.
	litres.	litres.	litres.
Esprit d'anisette ordinaire. .	1	1.20	5.00
Alcool à 85°..	4	4.40	1 40
	kilog.	kilog.	kilog.
Sucre.	2.50	5	8.6
	litres.	litres.	litres.
Eau.	12.50	10.00	7.6
Eau de fleurs d'oranger. . .	»	0.20	»
Infusion d'iris..	»	»	0.04

L'esprit d'anisette et d'alcool sont versés dans un conge. On fait, à chaud, un sirop avec le sucre et une partie de l'eau; on ajoute aux esprits, on complète les 20 litres avec l'eau qui reste, on colle et on filtre.

Anisette par esprits complexes.

	De Bordeaux.	De Paris.	De Lyon.
	gram.	gram.	gram.
Badiane.	350.00	300	350
Anis vert	87.50	100	200
Fenouil de Florence. . . .	7.50	25	25
Coriandre.	87.50	50	50
Bois de sassafras	87.50	»	25
Ambrette	37.50	»	»
Thé impérial..	37.50	»	»
	litres.	litres.	litres.
Alcool à 85° C.	7.60	7 50	8.20
	gram.	gram.	gram.
Amandes amères.	»	200	»
Angéliques (racines).. . .	»	6	6
Zestes frais..	»	4 citrons	6 citrons
Id.	»	6 orang.	»
	centilitres	centilitres	centilitres
Infusion d'iris.	10	5	10
Eau de fleurs d'oranger. .	40	200	80
— de cannelle de Ceylan	»	10	10
— de girofle.	»	2	»
— de muscade..	»	2	»
	kilog.	kilog.	
Sucre	11.2	11.2	»

Pour l'anisette de Bordeaux, on fait macérer pendant 24 à 36 heures, les aromates dans l'alcool, on distille avec 20 litres d'eau, on rectifie avec même quantité d'eau, et on retire 7 litres à 7 lit. 20. On fait fondre le sucre dans 8 lit. 50 d'eau chaude, on laisse refroidir, on ajoute à l'esprit parfumé complexe, puis l'infusion d'iris, l'eau de fleurs d'oranger, puis l'eau nécessaire pour faire 20 litres, on tranche, colle et filtre.

On opère de même pour l'anisette de Paris, c'est-à-dire qu'on distille et rectifie avec l'eau sur les aromates, les amandes amères et les zestes de citron, qu'on ajoute ensuite l'infusion d'iris, les eaux parfumées, le sirop de sucre et l'eau pour faire 20 litres qu'on tranche, colle et filtre.

Quant à l'anisette, façon de Lyon, on fait macérer les parfums, on distille, mais on ne rectifie pas, on retire 8 litres d'esprits parfumés, on y ajoute un sirop fait à chaud avec 11 kil. 2 de sucre raffiné, puis l'infusion d'iris, les eaux de fleurs d'oranger et de cannelle, l'eau nécessaire pour produire 20 litres, et enfin on tranche, colle et filtre.

Anisette par les essences.

	ORDI-NAIRE.	DEMI-FINE.	FINE.	SURFINE
	gram.	gram.	gram.	gram.
Essence de badiane.	6	7	13	18
— d'anis.	6	7	4	4
— de fenouil.. .	1	1.2	1.2	1.2
— de coriandre.	10	10	0.2	0.2
— de néroli. . .	»	.2	»	»
— de sassafras .	»	»	0.8	1.2
Extrait d'iris	»	»	5	6
Ambre doux.	»	»	1.2	1.6
	litres.	litres.	litres.	litres.
Alcool à 85°.	5	5.6	6.4	7.2
	kilog.	kilog.	kilog.	kilog.
Sucre.	2.5	5	8.7	11.2
	litres.	litres.	litres.	litres.
Eau.	13	11	7.8	5 2

On agite les essences pendant quelques minutes avec 1 litre ou 2 d'alcool, on ajoute le reste de l'alcool, on agite encore, puis le sucre fondu dans l'eau, on colore, colle et filtre. Produit 20 litres.

Baume humain, par esprits complexes (ordinaire).

Baume du Pérou.	30 gram.
Noix d'acajou.	250
Absinthe, sommités sèches.	30
Coriandre.	15
Zestes de.	6 citrons.
Alcool à 85° C.	5 litres.
Sucre.	2kil.75.
Eau.	13 litres.

Faites macérer pendant 8 jours dans l'alcool, distillez au bain-marie, retirez 7 litres, introduisez le sirop de sucre, complétez 20 litres avec le reste de l'eau, et colorez en violet.

Autre formule (surfine).

Baume du Pérou.	50 gram.
Benjoin en larmes.	25
Myrrhe.	15
Alcool à 85° C.	8 litres.
Sucre raffiné.	11 kilog.
Eau.	15 litres.

On fait macérer pendant 48 heures les résines aromatiques dans l'alcool, on distille, on rectifie, on ajoute pour parfumer 2 décilitres d'eau de fleurs d'oranger et autant d'eau de roses, le sirop et l'eau pour compléter 20 litres. Si la couleur n'est pas assez foncée, on colore.

Bénédictine, ou liqueur des Bénédictins de Fécamp.

Les moines Bénédictins de Fécamp ont voulu plutôt

imiter la liqueur des Chartreux de Grenoble que faire une liqueur nouvelle. Les deux communautés ont donné leur nom à leur liqueur. Les éléments qui les composent sont à peu près les mêmes, et ne varient que par quelques modifications dans le dosage.

Comme en toute chose, la copie n'est pas à la hauteur du modèle, la liqueur des Bénédictins est loin d'être aussi agréable, aussi suave que celle des Chartreux, dont la vogue est immense et méritée. Cependant, au point de vue de l'efficacité sanitaire, l'hygiène n'a rien à désirer, et l'on ne peut que recommander la Bénédictine ; c'est une liqueur tonique dont les effets bienfaisants viennent toujours en aide aux estomacs faibles et débiles.

Les Bénédictins tiennent secrète la formule de leur liqueur ; mais on peut arriver à la fabriquer avec les dosages suivants :

Mélisse.	50 gram.
Génepi des Alpes..	50
Cardamome mineure.	125
Hysope.	50
Racines d'angélique fraîches.	50
Menthe poivrée.	50
Calamus aromaticus..	25
Cannelle de Ceylan.	10
Muscades concassées..	5
Girofle.	5
Fleurs d'arnica..	20
Bon alcool de vin (Montpellier) à 85° C..	10 litres.
Sucre raffiné fondu dans 5 litres d'eau..	8 kil. 500.

Faites infuser pendant 48 heures les plantes et les racines dans l'alcool à 85°. Au moment de la distillation, ajoutez 10 litres d'eau et distillez. Reprenez le produit et rectifiez-le avec 5 litres d'eau, mélangez-le

avec le sirop *froid*. Le résultat doit être complété avec
de l'eau jusqu'à ce que l'on obtienne 25 litres ; on
tranche alors, on colore au safran, on laisse reposer,
on filtre et on met en bouteilles qu'on doit tenir à l'a-
bri de la lumière.

Cette recette qui nous est communiquée par MM. V.
Lebœuf et Cᵉ d'Argenteuil (Seine-et-Oise), est une
imitation assez parfaite de la liqueur des Bénédictins ;
cependant leur *Extrait concentré* (1) se rapproche
encore plus du modèle, que l'on peut ainsi fabriquer
à bas prix et facilement, puisqu'il ne s'agit plus que
d'ajouter les doses d'alcool et de sirop.

Céleri par esprits simples.

	ORDI-NAIRE.	DEMI-FIN.	FIN (crème).
	litres.	litres.	litres.
Esprit de céleri.	1.60	2.4	4.00
Alcool à 85º.	3.40	3.2	2 40
	kilog.	kilog.	kilog.
Sucre	2.50	5	8.65
	litres.	litres.	litres.
Eau	13	11	7.8

Céleri par esprits complexes (crème surfine).

Semences de céleri. . . . . 500 gram.
Daucus de Crète. 25
Alcool à 85º C. . . . . 7 lit.6.
Cannelle de Chine. . . . . 10 cent.
Sucre raffiné. 11 kil.2
Eau. 4 lit.5

On fait infuser les semences de céleri et de daucus

(1) Voir à la fin du volume la liste des produits de cette maison.

dans l'alcool, on distille pour retirer 7 lit. 2 d'esprit, on ajoute la cannelle et le sucre fondu à chaud dans l'eau. Produit 20 litres.

Céleri par les essences.

	DEMI-FIN	FIN.	SURFIN.
Essence de céleri..	grammes. 3	grammes. 4	grammes. 6
Alcool à 85°	litres. 5.6	litres. 6.4	litres. 7.2
Sucre raffiné.	kilog. 5	kilog. 8.7	kilog. 11.2
Eau	litres. 11	litres. 7.8	litres. 5.2

Opérer comme pour l'anisette. Produit 20 litres.

Cent-sept ans par esprits simples.

	ORDI- NAIRE.	DEMI-FIN	FIN.
Esprit de citron.	centilitres 20	centilitres 40	centilitres 80
— de coriandre. . . .	»	»	80
Eau de roses..	60	60	»
Alcool à 85°	litres. 4.20	litres. 5.20	litres. 4.80
Sucre..	kilog. 2.5	kilog. 5	kilog. 8.75
Eau..	litres. 13	litres. 10.40	litres. 8

On introduit dans un conge l'esprit et l'alcool, on ajoute le sirop de sucre préparé à chaud et refroidi, puis l'eau de roses, on complète 20 litres, on colore avec l'orseille, on colle et on filtre.

Cent-sept ans par les essences.

	ORDI-NAIRE.	DEMI-FIN.	FIN.
Essence de citron distillée	gram. 9.0	gram. 12.0	gram. 14.0
— de roses........	0.4	1 0	0.8
Alcool à 85°.........	litres. 5	litres. 5.6	litres. 6.4
Sucre............	kilog. 2 5	kilog. 5	kilog. 8.7
Eau.............	litres. 13 0	litres. 11	litres. 7 8

On colore en rouge avec l'orseille. Produit 20 litres.

Chartreuse.

On fabrique des liqueurs de la Grande-Chartreuse de trois couleurs différentes : la verte, la jaune et la blanche. La verte se colore ordinairement avec de la distillée d'indigo et du caramel, et parfois aussi avec le suc de quelques plantes, mais qui se décolorent à la lumière; la jaune, avec le safran, et la blanche sans qu'on y fasse entrer de matière colorante.

Il entre dans les liqueurs de la Grande-Chartreuse un grand nombre de substances aromatiques qui ne paraissent pas toutes indispensables à leur bonne fabrication. Ce qui fait le mérite de ces liqueurs, c'est le soin apporté à leur préparation et plus encore que toute autre liqueur, un repos prolongé, plusieurs années même pendant lesquelles les ingrédients multiples se fondent, se marient et fournissent une liqueur d'une grande suavité, cordiale et stomachique.

Les liqueurs de la Grande-Chartreuse sont, en résumé, des liqueurs surfines, préparées par la voie que nous avons appelée des esprits complexes, mais dans lesquelles il n'entre qu'une assez faible quantité de sucre, c'est-à-dire de 5 à 7 kil.50 par 20 litres de produit, tandis que nous avons vu que les autres liqueurs surfines se sucrent en général avec 10 à 11 kilogr. et plus de sucre pour la même quantité de produit.

Les liqueurs de la Grande-Chartreuse les plus délicates sont celles préparées par les Chartreux du couvent de la Grande-Chartreuse, à peu de distance de Grenoble, qui conservent secrètes leurs formules, mais on parvient à se rapprocher de celles qu'ils fabriquent avec beaucoup de succès par les formules suivantes.

	VERTE.	JAUNE.	BLANCHE.
	gram.	gram.	gram.
Absinthe des Alpes (génépi)	50	25	25
Aloès succotrin	»	5	»
Angélique (semences)	25	25	25
— (racines)	12	25	6
Fleurs d'arnica	3	3	»
Grand baume (balsamite)	30	»	»
Calamus aromaticus	»	»	6
Cannelle de Chine	3	3	20
Cardamome mineure	»	6	6
Coriandre	»	300	»
Fève de Tonka	»	»	2
Girofle	»	3	6
Hysope (somm. fleuries)	60	30	25
Macis	4	3	6
Muscade	»	»	3
Peuplier baumier (bourgeons)	4	»	»
Mélisse citronnée (citronnelle)	100	50	25
Menthe poivrée	50	»	»
Thym	6	»	»
	litres.	litres.	litres.
Alcool à 85°	12.50	8.5	10.50
	kilog.	kilog.	kilog.
Sucre raffiné	5	5	7.50

Pour préparer ces liqueurs, on fait macérer les substances aromatiques pendant 24 à 36 heures dans une portion de l'alcool, on ajoute à celui-ci son volume d'eau, on distille, on rectifie avec un même volume d'esprit parfumé et d'eau, on ajoute le sirop préparé à chaud avec une portion de l'eau et refroidi, on complète 20 litres, on tranche, on colore, on colle et on filtre. Produit 20 litres qu'on conserve dans un lieu frais à l'abri de la lumière.

Chartreuse par les essences (surfine).

Essence de mélisse citronnée.. . . .	4 décig.
— d'hysope.	4
— d'angélique.	2 gram.
— de menthe anglaise.	4
— de cannelle de Ceylan. . .	4 décig.
— de muscade.	4
— de girofle.	4
Alcool à 85° C.	7 lit.25
Sucre.	11 kil.500
Eau.	5 lit.50

China-China.

Amandes amères concassées. . . .	500 gram.
Semences d'angélique..	62
Macis.	4
Alcool à 85° C.	6 litres.

On fait macérer dans l'alcool pendant quinze jours les substances ci-dessus; on distille au bain-marie pour retirer 5 litres, ensuite on y mêle un sirop fait avec 2 kil.500 de sucre et 2 litres d'eau distillée; on y ajoute 250 grammes d'eau de fleurs d'oranger et dix gouttes d'essence de cannelle, 13 litres d'eau, on colore avec du caramel.

Crème des Barbades, par esprits composés (fine).

Zestes de.	3 citrons.
— de.	3 oranges.
Cannelle de Ceylan.	125 gram.
Macis.	8
Girofle.	4
Coriandre.	30
Amandes amères..	30
Muscade.	4
Alcool à 85° C.	7 litres.
Sucre..	8 kil.75
Eau.	7 litres.

On fait macérer les aromates pendant un mois dans
l'alcool, on ajoute le sirop, le restant de l'eau pour
faire 20 litres. Cette liqueur reste blanche.

Crème des Barbades, par esprits complexes,
et eaux aromatiques (surfine.)

Zestes frais de.	20 cédrats.
— frais de.	10 oranges.
Eau de cannelle de Chine..	10 cent.
Eau de girofle.	5
Eau de macis.	5
Alcool à 85° C.	10 litres.
Sucre raffiné..	11 kilog.
Eau..	5 litres.

On fait macérer pendant 30 à 36 heures les zestes
dans l'alcool, on distille pour retirer 7 litres, on ajoute
les eaux parfumées, le sirop de sucre et l'eau pour
produire 20 litres.

Crème de chocolat.

Cacao caraque torréfié et mondé..	3 kilog.
Cannelle de Ceylan..	24 gram.
Alcool à 60° C.	12 litres.
Teinture de vanille.	16 gram.

Eau distillée. . . . .   5 litres.
Sucre. . . . .   5 kilog.

On prépare le cacao comme pour le chocolat, on y met la cannelle en poudre, ensuite on distille au bain-marie avec l'alcool; après la distillation on y met le sirop fait avec le sucre et l'eau ; on y ajoute la teinture de vanille, puis on filtre.

Crème de citron, par les essences.

	ORDINAIRE.	DEMI-FINE.	FINE.	SURFINE
Essence de citron distillée.	4 gr.	8 gr.	12 gr.	15 gr.
Alcool à 85°.	5 lit.	4^{lit}.6	6^{lit}.4	7^{lit}.2
Sucre..	2^{kil}.50	5 kil.	8^{kil}.75	11^{kil}.2
Eau..	13^{lit} 2	11 lit.	7^{lit}.8	5^{lit}.2

Opérez comme à l'ordinaire. Produit 20 litres.

Crème de cédrat.

La crème de cédrat se prépare de même que celle de citron.

Crème de framboise (ordinaire).

Framboises entières. 1 kil.50
Alcool à 85° C. . . . .   5 litres.
Sucre. 2 kil.5
Eau. 13 lit.2

Faire macérer pendant 15 jours, soumettre à la presse, ajouter le sirop, le reste de l'eau pour faire 20 litres, et filtrer.

Crème de mille fleurs, pour les essences (surfine).

Essence d'héliotrope.	4 gram.
— de réséda.	4
— de tubéreuse..	4
— de néroli..	1
— de jasmin.	1
— de jonquille..	1
— de roses.	0 5
Alcool à 85° C..	7 lit.2
Sucre.	11 kil.2
Eau..	5 lit.2

Crème de moka (ordinaire).

Café moka torréfié et moulu. . . .	300 gram.
Alcool à 85° C.	5 litres.
Sucre..	3 kilog.

Faire macérer pendant 15 jours le café dans l'alcool, passer à la chausse, et ajouter le sirop de sucre et l'eau pour faire 20 litres.

Autre formule.

Café moka.	1 kilog.
Amandes amères..	200 gram.
Alcool à 85° C.	8 litres.
Sucre raffiné..	11 kilog.
Eau..	5 litres.

On torréfie le café au brun, on le passe au moulin, on fait infuser, on distille et rectifie, et on ajoute le sucre et l'eau. Produit 20 litres.

Crème de noisette à la rose, par esprits simples.

Esprit d'amandes amères..	2 litres.
— de roses.	2
Alcool à 85° C	11
Sucre raffiné.	11 kilog.
Eau.	5 lit.50

On colore en rose par le cudbear ou la cochenille.

Crème de noyau, par esprits complexes (surfine).

Amandes amères.. . . . .   400 gram.
Noyaux d'abricots. 1 kil.200
   —   de pêches. . . . .   400 gram.
Eau de fleurs d'oranger.. . . . . . .   4 décil.
Sucre raffiné. 11 kil.2
Eau.. . . . .   4 litres.

On fait infuser les amandes et les noyaux dans l'alcool, on distille, on ajoute l'eau de fleurs d'oranger,
le sucre et l'eau, et on colore au besoin avec la cochenille. Produit 20 litres.

Crème de Portugal, par les essences.

	ORDI-NAIRE.	DEMI-FINE.	FINE.	SURFINE
Essence de Portugal.	3 gr.	5 gr.	8 gr.	14 gr.
Alcool à 85° C. . . .	5 lit.	4 lit..6	6 lit..4	7 lit..2
Sucre.	2 kil..50	5 kil.	8 kil..75	11 kil..2
Eau.	13 lit..2	11 lit.	8 lit..8	5 lit..2

Produit 20 litres en traitant comme à l'ordinaire.

Crème de thé.

Esprit de thé. . . . .   6 litres.
   —   de racines d'angélique. . . .   12 cent.
Sucre. . . . .   8 kilog.
Eau..   7 litres.

Opérer par les moyens connus. Produit 20 litres.

Curaçao de Hollande (surfin).

Ecorces de Hollande.. . . . .   1 kilog.
Ecorces de.. . . . .   16 oranges.
Alcool à 85° C.. . . . .   11 litres.
Sucre. . . . .   10 kilog.
Eau.   4 lit.5

On zeste les écorces de Hollande ramollies dans l'eau, et on met, avec les zestes d'oranges, infuser dans l'alcool pendant un jour; on ajoute le sucre dissous dans l'eau, et on colore avec quelques centilitres d'infusion d'écorce et de l'eau pour compléter 20 litres. On tranche, colle et filtre.

Nous donnons plus loin, à la section des liqueurs hollandaises, une formule de curaçao qui se rapproche beaucoup de celle-ci, mais dont les proportions varient assez pour que les deux liqueurs présentent des différences sensibles. Nous y renvoyons le lecteur.

Curaçao, par esprits simples.

	ORDINAIRE.	DEMI-FIN.	FIN.
Esprit de curaçao.	1 lit. 60	2 lit. 60	5 lit.
— d'écorce d'oranges.	»	»	1 lit. 400
Infusion d'écorce de Hollande.	»	3 centil.	5 centil.
Alcool à 85° C.	3 lit. 400	3 lit.	»
Sucre.	2 kil. 500	5 kil.	8 kil. 650
Eau.	13 lit.	11 lit. 2	7 lit.

On colore en jaune par le caramel, ou en jaune rougeâtre avec le caramel et l'hématine. Produit 20 litres.

Curaçao, par esprits complexes (demi-fin).

Alcool à 85° C.	10 litres.
Ecorces de.	36 oranges.
Cannelle de Ceylan.	8 gram.
Macis.	4

On zeste les oranges de manière à n'enlever que la superficie sans attaquer le blanc; on les met macérer dans l'alcool pendant 15 jours, on distille au bain-marie, on y ajoute un sirop fait avec 3 kil. 500 de sucre et 18 litres d'eau; on colore avec du caramel. Produit 20 litres.

Curaçao, par les essences.

	ORDI-NAIRE.	DEMI-FIN.	FIN.	SURFIN
Essence de curaçao. . .	9 gr.	10 gr.	14 gr.	20 gr.
— de Portugal. . .	3.0	4.0	5.0	8.0
— de girofle. . . .	0.6	0.8	1.0	»
Infusion d'écorce de Hollande.	»	»	2.0	2.0
Alcool à 85° C.	5 lit.	5^{lit}.6	6^{lit}.4	7^{lit}.2
Sucre.	2^{kil}.5	5 kil.	8^{kil}.6	11 kil.
Eau.	13 lit.	11 lit.	7^{lit}.8	5^{lit}.5

On colore avec le caramel, l'hématine, le bois de Fernambouc. Produit 20 litres.

Eau de la Côte, par esprits simples.

	ORDINAIRE.	AUX NOYAUX.
Esprit de cannelle de Ceylan.	5 lit.	2 litres.
— de girofle.	12 décilit.	12 décilit.
— de noyaux d'abricots.	»	3 lit.
Alcool à 85° C.	3 lit.	2 lit.
Sucre raffiné.	11 kil.	11 kil.
Eau.	15 lit.	5 lit.

On opère par les moyens connus. Produit 20 litres.

Eau de la Côte des Visitandines (demi-fine),
par esprits complexes.

Alcool à 85° C. . . . .   6 litres.
Cannelle de Ceylan.. . . . . 125 gram.
Zestes de.. . . . .   2 cédrats.

Dattes. . . . . 125 gram.
Figues.. 125
Amandes amères. 62
Muscade. 16

On fait macérer pendant 10 jours, ensuite on distille au bain-marie pour retirer 5 litres; on ajoute un sirop fait avec 5 kil.500 de sucre et 3 litres d'eau distillée. Cette liqueur reste blanche. Produit 20 litres.

Eau-de-vie d'Andaye, par esprits simples (fine).

Esprit d'anis. . . . . 4 décil.
     —   de coriandre. 4
     —   d'amandes amères. 4
     —   d'angélique (racines). . . . 8
     —   de cardamome majeur.. . . 10 cent.
     —   —   mineur.. . . 10
     —   de citrons. . . . . 2 décil.
     —   d'oranges.. . . . . 1 litre.
Infusion d'iris.. . . . . 4 cent.
Alcool à 85° C.. . . . . 3 litres.
Sucre.. . . . . 8 kil.75
Eau. 7 lit.8

Eau-de-vie d'Andaye, par esprits complexes
(surfine).

Badiane concassée. . . . . 125 gram.
Coriandre. 190
Iris de Florence en poudre. . . . 250
Zestes de. . . . . 12 oranges.

On fait macérer pendant 8 jours, on distille au bain-marie pour retirer 17 litres; on ajoute un sirop fait avec 6 kilogrammes de sucre et 4 litres d'eau, on colore avec du caramel, puis l'eau nécessaire pour faire 20 litres.

Autre formule.

Anis vert.	75 gram.5
Coriandre.	150
Amandes amères..	150
Angélique (racines).	100
Cardamome majeur.	6
— mineur.	6
Zestes frais de..	2 citrons.
Alcool à 85° C.	7 lit.6
Sucre raffiné..	11 kil.2
Infusion d'iris.	4 cent.

On fait macérer les graines, amandes, racines, tiges
et zestes dans l'alcool; on distille pour retirer 7 lit.2
d'esprit, et on ajoute le sucre dissous et l'eau nécessaire pour faire 20 litres.

On prépare des eaux-de-vie d'Andaye de toutes les
forces, en faisant seulement varier la quantité de l'alcool et celle du sucre.

Eau-de-vie de Dantzig, par esprits simples.

	FINE.	SURFINE.
Esprit de cannelle de Ceylan..	50 centil.	70 centil.
— — de Chine..	1 litre.	1 lit.30
— de coriandre..	1 —	1 . 20
— de cardamome majeur.	10 centil.	15 centil.
— — mineur.	10 —	15 —
— d'ambrette.	10 —	10 —
Alcool à 85° C.	3 lit.60	3 lit.60
Sucre.	8 kil 7	11 kil.
Eau.	6 lit.	4 lit.

On broie une feuille d'or ou d'argent dans un peu
d'alcool, et on verse dans les bouteilles. Produit 20
litres. On peut augmenter de 2 à 4 pour 100 la proportion de l'alcool.

Eau-de-vie de Dantzig, par les essences.

	FINE.	SURFINE.
Essence de cannelle de Ceylan.	0 gr.8	1 gr.0
— de cannelle de Chine.	2 . 4	3 . 0
— de coriandre.	0 . 4	0 . 4
— de citron distillée.. .	5 . 0	6 . 0
— de Portugal distillée	1 . 6	2 . 0
Alcool à 85°.	6 lit.4	7 lit.2
Sucre raffiné.	8 kil.7	11 kil.2
Eau.	7 lit.8	5 lit 2

Eau d'argent, par esprits simples (surfine).

Esprit de citron..	2 litres.
— d'oranges.	1 lit.50
— de coriandre..	8 décil.
— de daucus de Crète.	4
— de fenouil..	4
Alcool à 85° C..	2 litres.
Sucre raffiné.	11 kil.2
Eau.	5 litres.

Opérez comme pour les liqueurs aux esprits, parfumez avec **2** décilitres d'eau de fleurs d'oranger, et introduisez des feuilles d'argent triturées.

Eau d'argent, par esprits complexes (fine).

Fleurs nouvelles de muguet. . . .	200 gram.
Amandes amères..	150
Menthe anglaise..	30
Muscade.	30
Cannelle de Chine.	50
Anis..	30
Angélique (racines)..	15
Cubèbes..	6
Girofle.	10

Alcool à 85° C. 6 lit.50
Sucre. . . . .   9 kilog.
Eau. . . . .   7 litres.

On opère comme pour l'eau d'or, et on ajoute des feuilles d'argent brisées.

Eau d'or, par esprits simples (surfine).

Esprit de citron. . . . .   2 litres.
  —   d'oranges. 1 lit.50
  —   de daucus de Crète. . . . .   4 décil.
  —   de coriandre.   8
  —   de fenouil.   4
Alcool à 85° C. . . . .   2 litres
Sucre raffiné. 11 kil.2
Eau. . . . .   5 litres.

On opère comme à l'ordinaire pour les liqueurs composées avec les esprits. On parfume avec 2 décilitres d'eau de fleurs d'oranger, on colore légèrement en jaune avec le safran et on introduit les feuilles d'or. Produit 20 litres.

Eau d'or, par esprits complexes (fine).

Cannelle de Chine. . . . .   30 gram.
Anis.   30
Genièvre (baies).   25
Muscade râpée.   15
Iris de Florence.   15
Romarin (fleurs).   15
Cardamome.   10
Girofle.   10
Zestes frais de. . . . .   10 citrons.
Zestes frais de. . . . .   5 oranges.
Alcool à 85° C. . . . .   7 litres.
Sucre raffiné. . . . .   9 kilog.
Eau. . . . .   7 litres.

On met en digestion pendant 24 heures en vase

clos dans l'alcool, on distille pour obtenir 9 lit. 5 auxquels on ajoute le sirop de sucre, on tranche, colle, filtre et ajoute des feuilles d'or brisées. Produit 20 litres.

Autre formule.

Cannelle de Chine.	45 gram.
Coriandre..	30
Macis..	25
Zestes frais de..	10 citrons.
Alcool à 85° C.	7 litres.
Sucre..	9 kilog.
Eau..	6 litres.

Faites macérer pendant 24 heures, et opérez comme ci-dessus. Colorez avec le caramel et ajoutez les feuilles d'or.

Eau divine, par esprits simples (surfine).

Esprit de citrons.	1 lit.50
— d'oranges..	1 . 20
— de coriandre.	6 décil.
— de muscades.	2
Eau de fleurs d'oranger.	2
Alcool à 85° C.	3 lit.50
Sucre raffiné.	11 kil.25
Eau..	5 litres.

Opérez comme ci-dessus. Produit 20 litres.

Eau divine, par esprits complexes.

Macis..	15 gram.
Coriandre..	75
Cardamome..	12
Zestes frais de..	6 citrons.
Alcool à 85° C..	18 litres.
Sucre..	8 kilog.
Eau..	6 litres.

Faites macérer le macis, le coriandre, le cardamome et les zestes dans l'alcool pendant 36 heures;

distillez, retirez 7 lit. 75 ; ajoutez le sirop de sucre fait à chaud et refroidi, et aromatisez avec 4 grammes d'essence de fleurs d'oranger et 3 grammes d'essence de bergamote. Produit 20 litres.

Eau des sept graines par esprits simples,
par distillation.

	ORDI-NAIRE.	DEMI-FINE.	FINE.
Esprit d'angélique (semences)......	4 décil.	5 décil.	6 décil.
— d'aneth.........	2 —	3 —	4 —
— d'anis.........	4 —	4 —	6 —
— de céleri......	4 —	4 —	6 —
— de chervi......	2 —	3 —	4 —
— de coriandre....	4 —	5 —	6 —
— de fenouil......	2 —	4 —	6 —
Alcool à 85°.........	2lit.800	2lit.8	2lit.6
Sucre.............	2kil.500	5 kil.	7kil.40
Eau..............	12lit.20	11 lit.	7lit.50

On colore en jaune très-clair avec un peu de safran ou de caramel. Produit 20 litres.

Eau des sept graines, par les essences.

	FINE.	SURFINE.
Essence d'angélique (semences)	0gr.6	0gr 8
— d'anis...........	3.0	4.0
— de céleri.........	1.0	1.2
— de coriandre.......	0 2	0.4
— de fenouil doux.....	1.0	0.8
— de Portugal distillée ..	1 0	2 0
— de citron distillée....	1.0	»
Alcool à 85° C.........	6lit.4	7 lit.
Sucre.............	8kil.7	11kil.2
Eau.............	7lit.8	5lit.2

Colorer en jaune clair avec le caramel. Produit 20 litres. On ne fabrique guère d'eau des sept graines dans les qualités surfines par distillation, et réciproquement on ne prépare pas cette eau dans les qualités inférieures avec les essences.

Eau verte stomachique.

Alcool à 85° C..	8 litres.
Coriandre..	62 gram.
Badiane	31
Semences d'angélique.	62
Girofle.	31
Safran.	8
Baume du Pérou.	16
Macis..	8
Cannelle de Ceylan.	31
Semences de carotte..	16
Essence de bergamote.	4
Noix d'acajou concassées..	12
Sommités de romarin.	16
Zestes de.	4 oranges.
— de.	4 citrons.

On fait macérer toutes ces substances dans l'alcool pendant quinze jours, et on distille au bain-marie, ce n'est qu'au moment de distiller que l'on met l'essence de bergamote. On fait un sirop avec 11 kilogrammes de beau sucre que l'on mêle avec le produit de la distillation, on ajoute l'eau pour faire 20 litres et on colore en vert.

Elixir de Cagliostro, par digestion.

Girofle.	1 gram.	50
Cannelle de Ceylan..	1	50
Muscade..	1	50
Safran..	0	50
Gentiane..	0	50
Tormentille.	0	50
Eau..	12 litres.	8 litres.

Aloès succotrin.. . . . . 5 gram.
Myrrhe. 25
Thériaque fine.. 5
Musc. . . . . 2 centig.
Eau-de-vie à 56°.. . . . . 3 centil.

On fait digérer toutes les substances dans l'eau-de-vie pendant 15 à 20 jours, on filtre, on ajoute 150 grammes de sirop et on aromatise avec l'eau de fleurs d'oranger.

Elixir de Cagliostro, par esprits complexes.

Girofle. . . . . 150 gram.
Cannelle de Chine. 150
Muscade.. 150
Safran.. 45
Gentiane 40
Tormentille. 40
Aloès succotrin. 500
Myrrhe. 250
Thériaque fine.. 500
Alcool à 85° C. 7 lit.50

Faites macérer pendant 3 jours, distillez avec l'eau pour retirer 7 litres, ajoutez 10 kilogrammes sucre raffiné fondu à chaud, 3 centilitres de teinture de musc, aromatisez avec 6 décilitres d'eau de fleurs d'oranger, tranchez, colorez avec le safran et le caramel, collez et filtrez.

Elixir de Garus, par esprits simples (demi-fin et fin).

Esprit d'aloès succotrin..	2 décilit.	3 décilit.
— de myrrhe.. . . .	2	3
— de safran.	2	3
— de cannelle de Chine	2	3
— de muscade. . . .	1	2
— de girofle.	1	2
Eau de fleurs d'oranger..	2	4 litres.
Alcool à 85° C.	4 lit.6	4 lit.4
Sucre..	5 kil.	2 kil.7

On colore avec le caramel, le safran, etc. On retire 20 litres.

Elixir de Garus, par esprits complexes.

Myrrhe	8 gram.
Aloès..	8
Girofle..	12
Muscade.	12
Safran..	31
Cannelle de Ceylan.	20
Alcool à 85° C..	5 litres.

On fait macérer pendant quinze jours, ensuite on distille au bain-marie, et on y ajoute un sirop fait avec 3 kilogrammes de sucre et 155 grammes de sirop de capillaire. Cette liqueur peut se faire par macération.

Autre formule.

Aloès succotrin..	2 parties.
Myrrhe.	1
Safran..	2
Cannelle..	1
Girofle.	1
Noix muscades..	1
Eau de fleurs d'oranger.	32
Alcool à 85° C	500

Laissez macérer pendant deux jours et distillez pour retirer 250 parties de liqueur alcoolique ; c'est l'alcoolat de Garus.

Pour avoir l'élixir de Garus, on ajoute à la liqueur 320 grammes de sirop de capillaire.

Elixir de Garus, par esprits complexes (surfin).

Safran du Gatinais.	12 gram.
Aloès succotrin.	25
Myrrhe..	25
Cannelle de Chine..	25

Girofle. . . . . 12 gram.
Muscade. 12
Alcool à 85° C.. . . . . 7 lit.20

Laissez infuser pendant quelque temps, distillez avec de l'eau, retirez 7 litres, ajoutez 12 kilogrammes sucre blanc fondu à chaud, versez le bouillant sur 200 grammes de capillaire, passez au tamis et mélangez à l'infusion colorée avec du caramel ou du safran.

Elixir de Garus, par les essences.

	FIN.	SURFIN.
Essence de cannelle de Chine.	2gr.4	3 gr.
— de girofle.	1.2	1.6
— de muscade..	0 4	0.4
Aloès succotrin.	8.0	10.0
Myrrhe	5.0	6 0
Safran.	0 8	1.0
Alcool à 85° C.	6lit.4	7lit.2
Sucre	8kil.7	11kil.2
Eau	7lit.8.	5lit 2

On fait dissoudre les essences dans l'alcool, on y fait infuser l'aloès, la myrrhe et le safran pendant 4 à 5 jours, et si la liqueur n'est pas assez colorée, on y ajoute du caramel.

Elixir de Garus du Codex.

Aloès succotrin.. . . . . 20 gram.
Safran.. 20
Myrrhe. 20
Cannelle de Chine.. 15
Girofle.. 15
Muscade.. 15
Alcool à 56° C 8000
Eau de fleurs d'oranger.. 500

Faites macérer 48 heures, distillez pour recueillir 4000 grammes d'alcool parfumé, puis prenez :

Alcool parfumé.. . . . . 4000 gram.
Sirop de capillaire.. 5000
Safran.. 4
Eau de fleurs d'oranger.. 250

On fait macérer le safran dans l'eau de fleurs d'oranger pendant 24 heures, on mêle le tout et on filtre. Si les aromates dominaient trop, on peut en diminuer la dose.

Fleur d'oranger, par les eaux aromatisées.

	ORDINAIRE.	DEMI-FINE.
Eau de fleurs d'oranger.	1lit.20	1lit.80
Alcool à 85° C.	5 lit.	5.60
Sucre	2kil.50	5 kil.
Eau	12 lit.	9 lit.

On mélange l'eau de fleurs d'oranger et l'alcool, on ajoute le sucre fondu à chaud dans une portion de l'eau. On complète 20 litres, on colle et on filtre.

Fleur d'oranger, par esprits simples.

	FINE.	SURFINE.
Esprit de fleurs d'oranger. . .	2 lit.	3lit.60
Eau de fleurs d'oranger.. . . .	1 —	»
Alcool à 85° C.	4.500	3lit 60
Sucre raffiné..	8kil.75	11 kil.
Eau	6lit.80	5lit.50

Opérez comme ci-dessus. Produit 20 litres.

Fleur d'oranger, par les essences.

	ORDINAIRE.	DEMI-FINE.	FINE.	SURFINE
Essence de néroli. .	2 gr.	2gr.40	3 gr.	4 gr.
Eau de fleurs d'oranger.	»	»	»	0.40
Alcool à 85° C. . . .	5 lit.	5lit.6	6lit 4	7lit.2
Sucre	2kil.5	5 kil.	8kil.7	11kil.2
Eau.	13 lit.	11 lit.	7lit.8	5lit.2

Opérez suivant les règles. Produit 20 litres.

Framboises, par esprit simple.

	ORDINAIRE.	DEMI-FINE.	FINE.	SURFINE
Esprit de framboises	2 lit.	3 lit.	4 lit.	5 lit.
Alcool à 85° C. . . .	3 —	2lit.6	2lit.4	2 —
Sucre.	2kil.5	5 kil.	8kil.65	11 kil.
Eau.	11lit.2	11 lit.	6lit.8	4 lit.

On colore en rouge avec l'orseille, le cudbear ou la cochenille suivant les règles. Produit 20 litres.

Génepi des Alpes.

Génepi.	100 gram.
Myrthe.	50
Fenouil.	50
Calamus aromaticus.	50
Baies de genièvre.	25
Menthe.	150
Girofle..	20
Carvi.	50
Angélique.	50
Anis..	50

Alcool à 90°. . . . .   8 litres.
Sucre raffiné.. . . . .   12 kil.
Eau.. . . . .   10 litres.

On fait infuser les épices dans l'alcool pendant 48 heures, et l'on ajoute 10 litres d'eau au moment de la distillation ; on rectifie le produit avec 5 nouveaux litres d'eau, et on le mélange avec le sirop *froid*. On complète alors 25 litres avec l'eau nécessaire, on tranche, on colore en vert, on laisse reposer, on filtre et l'on met en bouteilles. Produit 25 litres.

Huile et eau d'angélique, par esprits simples.

	ORDI-NAIRE.	DEMI-FINE.	FINE.
Esprit d'angélique (racines)........	1 lit.60	1 lit.400	2 lit.
— (semences).	»	1 400	2 —
Alcool à 85° C.	3.50	2.800	2.40
Sucre..	2kil.50	5 kil.	8 kil.60
Eau..	13 lit.	11 lit.	8 lit.

On opère comme pour l'anisette. Produit 20 litres.

Huile et eau d'angélique, par esprits complexes (surfine).

Angélique (racines)........ . . . 250 gram.
    — semences.. 250
Coriandre. 25
Fenouil. 25
Alcool à 85° C 7 lit.6
Sucre. . . . . 11 kilog.

On fait macérer pendant 24 heures, on distille avec 6 litres d'eau, on rectifie avec la même quantité de ce liquide, on retire 7 litres d'esprit parfumé. On ajoute le sirop de sucre fait à chaud avec une certaine quantité d'eau, on verse l'eau nécessaire pour faire 20 litres, on tranche, colle et filtre.

Huile et eau d'angélique, par les essences.

	ORDI- NAIRE.	DEMI- FINE.	FINE.	SURFINE
Essence d'angélique	1 gr.	7 gr.	10 gr.	15 gr.
— de coriandre.	»	»	»	0.4
— de fenouil.. .	»	»	»	0.8
Alcool à 85° C. . . .	5 lit.	3lit.6	6lit.4	7lit.2
Sucre..	2 kil.	5 kil.	8kil.7	11kil.2
Eau..	13 lit.	11 lit.	7lit.8	5lit.2

Procéder suivant l'art. Produit 20 litres.

Huile d'anis (surfine).

Anis.	400 gram.
Bois de Rhodes.	100
— de cascarille.	100
Alcool à 85° C..	8 litres.
Sucre raffiné.	11 kilog.
Eau.	5 litres.

On fait macérer l'anis et les bois dans l'alcool, on distille, on ajoute le sucre et l'eau. Produit 20 litres. Cette liqueur est blanche; si on veut qu'elle soit rouge, on la colore avec la cochenille.

L'*huile d'anis étoilé ou badiane* se prépare de la même manière.

Huile d'anis, par les essences (fine).

Essence d'anis.	40 gouttes.
Alcool à 85° C.	6 lit.50
Sucre.	8 kil.75
Eau.	7 lit.8

On mélange ensemble et on ajoute quelquefois un peu de teinture de vanille.

On prépare de la même manière les huiles de jasmin, d'angélique, de réséda, de tubéreuse, etc.

Huile de cacao, par esprits simples (surfine).

Cacao.	800 gram.
Alcool à 85° C.	8 litres.
Sucre.	11 kilog.
Eau.	5 litres.

On prépare le cacao comme dans la fabrication du chocolat, on fait infuser plusieurs jours, on distille, on rectifie, on ajoute le sucre et l'eau. Produit 20 litres.

Huile de café.

On clarifie 1 kilogr. de sucre que l'on fait cuire jusqu'à ce qu'en tirant subitement avec une spatule et l'agitant fortement, on puisse le réduire en poudre aussi dure que le sucre en pain. On tient ensuite le vase exposé pendant 4 ou 5 jours dans un endroit sec et à l'air libre. On choisit 1 kilogr. de café Moka, que l'on fait brûler soigneusement jusqu'à ce qu'il ait acquis une couleur marron clair tendant au violet; on l'introduit tout chaud dans une cucurbite contenant 3 litres d'eau tiède; on couvre avec un bon couvercle, on porte et l'on entretient la température à 50 degrés pendant 2 heures; on laisse refroidir, on passe à l'étamine et l'on verse cette teinture sur le sucre préparé; quand il est fondu, on y ajoute 4 litres d'esprit-de-vin rectifié, on agite fortement et l'on verse dans de grandes bouteilles de verre, et, après 4 ou 5 jours de repos, quand la liqueur est clarifiée, on la distribue dans de plus petites bouteilles que l'on bouche soigneusement.

Huile de cannelle par esprits complexes (surfine).

Cannelle de Ceylan............	150 gram.
— de Chine............	50
Girofle..............	10
Alcool à 85° C............	8 litres.
Sucre raffiné............	11 kilog.
Eau...............	5 litres.

On fait macérer les cannelles et le girofle pendant 36 heures, on distille et on rectifie, on ajoute le sucre et l'eau pour faire 20 litres, et on colore en jaune par le caramel.

Huile de gingembre.

Cannelle de Chine............	20 gram.
Gingembre............	200
Galanga............	40
Girofle............	12
Noix muscades............	6
Macis............	3
Alcool à 85° C............	10 litres.
Sucre raffiné............	11 kil.2
Eau............	4 lit.4

On fait macérer les aromates dans l'alcool, on distille pour recueillir 10 litres d'esprit parfumé, on ajoute le sirop de sucre et on colore en jaune d'or avec le caramel.

Huile de girofle, par esprits complexes (surfine).

Girofle..............	100 gram.
Cannelle de Chine............	25
Alcool à 85° C............	8 litres.
Sucre raffiné............	11 kilog.
Eau............	5 litres.

On fait macérer les clous de girofle concassés et la cannelle dans l'alcool, on distille, on ajoute le sirop après qu'il est refroidi, et on colore avec le caramel en jaune intense. Produit 20 litres.

Huile d'œillet, par les esprits simples (fine).

	FINE.	SURFINE (crême).
Esprit d'œillets à liqueur. . .	4 litres.	5 litres.
— de girofle.	2 décil.	4 décil.
Alcool à 85° C.	2 lit.20	1 lit.80
Sucre.	8 kil.7	11 kil.20
Eau.	6 lit.8	5 lit.2

On opère comme pour l'anisette et on colore au cudbear. Produit 20 litres.

Huile de rhum (fine et surfine).

	FINE.	SURFINE.
Rhum fin à 50° C..	6 litres.	6 litres.
Alcool à 85° C.	2.8	3 6
Sucre raffiné.	8 kilog.	10 kilog.
Eau.	4 lit.5	3 lit.6

On colore en jaune avec le caramel. Produit 20 litres.

Huile de roses, par eaux aromatiques.

	ORDINAIRE.	DEMI-FINE.
Eau de roses..	1 lit.20	1 litre.
Alcool à 85° C.	5.0	5.6
Sucre.	2 kil.5	5 kilog.
Eau commune.	12 litres.	9 litres.

On opère comme pour l'anisette, on colore en rouge avec l'orseille ou le cudbear. Produit 20 litres.

Huile de rose, par esprits simples.

	FINE.	SURFINE.
Esprit de roses..	5 litres.	6 litres.
Alcool à 85° C.	1.4	1.20
Sucre.	8 kil.6	11 kil.2
Eau..	7 litres.	5 lit.2

On colore en rouge avec le cudbear ou la cochenille. Produit 20 litres.

Huile de rose, par les essences.

	ORDI-NAIRE.	DEMI-FINE.	FINE.	SURFINE (crème).
Essence de roses. .	1 gr.2	1 gr.6	2 gr.4	3 gr.
Alcool à 85° C. . .	5 lit.	5 lit.6	6 lit.4	7 lit.
Sucre raffiné. . . .	2 kil.5	5 kil.	8 kil.7	11 kil.2
Eau.	13 lit.	11 lit.	7 lit.8	5 lit.2

On colore les liqueurs ordinaires par l'orseille, celles demi-fines par le cudbear, et les crèmes fines par
la cochenille. Produit 20 litres.

Huile de vanille, par esprits simples (surfine).

Vanille du Mexique..	40 gram.
Alcool à 85° C.	8 litres.
Sucre raffiné..	11 kilog.
Eau..	5 litres.

On pile la vanille avec 1 kilogr. de sucre, on fait
digérer au bain-marie, en ajoutant à l'alcool le sucre
pilé avec la vanille, on laisse refroidir, on colore à la
cochenille, on colle et filtre. Produit 20 litres.

Huile de vanille, par les essences (surfine).

Essence de vanille.	8 gram.
Essence de baume de Pérou.. . .	10 gouttes.
Alcool à 85° C.	7 litres.
Sucre.	11 kilog.
Eau.	5 litres.

Produit 20 litres. Cette liqueur doit rester blanche.

Huile de Vénus, par esprits simples (surfine).

Esprit de daucus..	8 décilit.
— de carvi..	4
— de chervi.	4
— d'aneth.	4
— de citron..	1 lit.20
— d'orange..	8 décilit.,
Eau de fleurs d'oranger..	2
Alcool à 85° C.	2 lit.80
Sucre raffiné..	11 kil.2
Eau..	5 litres.

On opère comme à l'ordinaire et on colore en jaune avec le safran. Produit 20 litres.

Huile de Vénus, par esprits complexes (fine).

Semences de carottes..	250 gram.
Cumin..	185
Cannelle de Ceylan..	125
Macis.	30
Alcool à 85° C.	6 lit.4
Sucre.	8 kil.75
Eau..	8 litres.

Faites infuser dans l'alcool, distillez, ajoutez le sirop froid, et colorez par une infusion de safran. Produit 20 litres.

FABRICATION DU KIRSCH (*Kirschenwasser*).

Nous croyons devoir entrer ici dans quelques détails sur la fabrication du kirschenwasser, en Suisse, et dans quelques-uns de nos départements de l'Est.

Fabrication suisse.

Tout le monde connaît la réputation dont jouit le kirschenwasser que l'on fabrique dans plusieurs cantons de la Suisse. Les distillateurs ne seront pas fâchés de connnaître son mode de préparation. Le meilleur kirsch provient des cerisiers non greffés, connus sous le nom de merisiers. Voici comme on le prépare :

Après avoir ôté la queue des cerises, on les écrase avec un fort pilon, et on les place dans un lieu modérément chaud, dans un tonneau que l'on recouvre, et on remue la matière. Lorsque au bout de deux semaines et quelquefois de vingt jours ou d'un mois, la fermentation est terminée, alors on peut distiller. Afin que la matière ne se brûle point sur le feu, on la remue dans la cucurbite et l'on n'y place le chapiteau que lorsqu'elle commence à bouillir ; alors on continue la distillation comme à l'ordinaire. Aussi longtemps que cette eau-de-vie coule limpide, elle a la force qui lui est propre ; dès qu'elle commence à se troubler, elle est faible et on la réserve pour la mettre dans l'alambic avec de nouvelles matières.

On retire aussi du kirsch des cerises sèches. Pour cela, on les met dans un tonneau, et on y verse de l'eau à 40° centigrades où elles fermentent, quoique plus lentement. On casse les noyaux qu'on mêle avec les cerises écrasées ; ce sont les noyaux qui lui donnent l'agréable amertume qu'a cette liqueur ainsi que son bouquet qui est dû en partie à de très-faibles portions d'acide hydrocyanique.

Cette méthode peut être très-améliorée sous le rapport des dangers que l'on court de brûler la matière. Pour l'éviter, il faudrait opérer la fermentation dans un tonneau à double fond, verser ensuite sur le marc de l'eau à 60° centigrades, soutirer la liqueur au moyen d'un robinet, et soumettre le résidu à la presse. Je suis porté à croire qu'en opérant ainsi, le kirsch n'aurait pas peut-être le même arôme et la même amertume.

Un chimiste espagnol distingué, don Ruiz-Perez, qui a entrepris un travail sur la fermentation alcoolique des cerises, s'exprime ainsi dans son Mémoire sur ce sujet :

« Je fis fouler, de la même manière que les raisins, 1,114 kilogrammes de cerises bien mûres avec leur queue, desquelles je retirai 800 litres de moût marquant 11 degrés que je mis fermenter avec le marc; au bout de 48 heures, cette fermentation s'établit; dès qu'elle fut terminée, j'en obtins 466 litres de liqueur que je distillai, ainsi que le marc que je délayai dans l'eau; le produit fut 143 litres d'eau-de-vie à 15 degrés, duquel, par une nouvelle distillation, j'en retirai 107 litres à 20 degrés qui équivalent à 57 litres d'alcool à 39, qui pèsent 45 kilogr. 2 hectogr.

» D'après ces résultats, 1,000 kilogr. de cerises donnent 670 litres de moût qui, par la fermentation et la distillation, produisent 48 litres d'alcool dont le poids est 39 kil. 45 décagr. ; ces faits semblent prouver que :

1° 100 parties de jus de cerises à 11 degrés donnent :

Eau....................	748.9
Matière insoluble et alcoolisable.. .	251.1
	1000.0

2° Que le produit est :

Alcool à 39 degrés. 61.1

dont le poids est de 50 kilogr. 1/2.

» Ayant remarqué que le moût de cerises fermenté produisait bien moins d'alcool qu'une égale quantité de moût de raisins, je voulus augmenter la spirituosité du premier pour obtenir une plus grande quantité de kirschenwasser, liqueur pour laquelle j'avais provoqué la fermentation; en conséquence, au moût obtenu de 1,140 kilogr. de cerises, j'ajoutai 46 kilogrammes de miel; la fermentation s'effectua avec beaucoup de régularité sous l'influence d'une température de 20 à 24° R. Ce moût, avant la fermentation, marquait 11 degrés. J'en obtins 481 litres de vin clair qui, par sa distillation et celle du marc, donnèrent 153 litres d'eau-de-vie à 17 degrés 1/2, lesquels, par une seconde distillation, produisirent 107 litres de kirschenwasser à 25 degrés, équivalant à 69 litres d'alcool à 39 degrés, ou, en poids, à 56 kil. 7 hectogr. Ce kirschenwasser était excellent et semblable à celui des cerises seules.

» Je tentai une nouvelle expérience en faisant sécher une quantité considérable de cerises dans les bois mêmes où l'on élève les cerisiers sauvages. Je les conservai pendant deux ans dans une chambre bien aérée. Au bout de ce temps, je pris 626 kilogr. de ces cerises sèches, je les écrasai sous une pierre de moulin à huile et je les mis dans une cuve avec 640 litres d'eau chaude. J'agitai la masse pendant un quart-d'heure, et je laissai ensuite en repos. Dans trois jours, la fermentation s'établit et se soutint vigoureusement pendant six autres, sous l'influence d'une température constante de 15 à 19 degrés R. La liqueur obtenue et le marc ayant été distillés deux fois, j'en obtins 60 litres de kirschenwasser à 25 degrés ; ce qui correspond à 37 litres 7 décilitres d'alcool à 39 degrés, ou, en poids, à 31 kilogrammes.

» En admettant cette expérience, 1,000 kilogrammes de cerises sèches donnent 60 litr. 22 d'alcool à 39, ou 54 kil. 12 en poids. Or, 1,000 kilogrammes de cerises fraîches n'en donnant que 39 kil. 45, il en résulte que 1,000 kilogrammes de cerises sèches produisent 11 kil. 75 d'alcool à 39 degrés de plus que les fraîches. »

M. Fremy s'est livré à une série d'expériences sur la fermentation des cerises ; les résultats obtenus sont : 82 litres et demi de kirschenwasser à 20 degrés pour 1,000 kilogrammes de cerises, ce qui serait un peu au-dessous du produit obtenu par M. Ruiz-Perez, qui le porte à 48 litres à 39°, ce qui équivaut à environ 85 lit. 20.

M. Fremy a fait une curieuse remarque, c'est que les orages hâtent la maturité des cerises et probablement des autres fruits.

Fabrication française.

Nous ne pouvons nous refuser au plaisir de citer ici une note très-intéressante de M. A. Trelut, vétérinaire à Vauvillers (Haute-Saône), sur l'industrie du kirsch.

« Le kirsch, dit-il, est un spiritueux que l'on obtient par la distillation des cerises cueillies à parfaite maturité et fermentées pendant un temps plus ou moins long. Dans le pays où on prépare ce liquide, on n'a conservé aucune tradition sur sa découverte, mais le témoignage irrécusable de cerisiers séculaires que l'on trouve dans les anciennes plantations, prouve que depuis bien longues années, l'industrie du kirsch apporte l'aisance dans les campagnes où elle est exploitée.

» Au premier coup-d'œil, cette question semble peu importante; mais si on y réfléchit sérieusement, on voit qu'elle peut être d'un grand intérêt pour l'agriculture. En effet, l'industrie du kirsch permet de tirer parti d'un sol qui, à cause de sa nature, son exposition et la difficulté de son exploitation, resterait inculte; elle occupe une population nombreuse tout en la rendant active et laborieuse; enfin, dans certaines terres cultivées, les cerisiers protègent les récoltes, les garantissent des trop fortes chaleurs.

» Nous nous occuperons de l'industrie du kirsch, au point de vue de l'intérêt qu'elle peut présenter pour l'agriculture; nous parlerons des soins qu'on donne aux cerisiers à compter de l'époque de la plantation; nous dirons un mot du choix du sol, de l'espèce de cerises préférable, de la récolte des cerises et des procédés employés pour la fabrication; enfin, de l'emploi des résidus.

« En France, la récolte du kirsch se fait, je crois, exclusivement dans une petite portion des départements de la Haute-Saône, des Vosges et du Doubs. Le centre du commerce du kirsch est à Fougerolles, canton de Saint-Loup (Haute-Saône); on trouve dans ce village, qui est très-étendu (il a 30 kilomètres de circonférence), des maisons de commission très-importantes tant de France que de l'étranger, notamment de Marseille, Toulon, Montpellier, d'Italie, d'Angleterre et même des Indes. Les localités principales sont : Clairegoutte, Ayvillers, Grerjus (Haute-Saone), Fontenoy-le-Château, Tremonzey (Vosges), Mouthiers (Doubs).

« En démontrant la possibilité d'étendre la culture du cerisier, on procurerait aux pays qui possèdent des terrains incultes une précieuse ressource; on créerait en outre le moyen de répondre à un besoin, tout en agrandissant un commerce qui ferait la richesse du pays; car il ne faut pas se le dissimuler, la récolte est de beaucoup au-dessous de la consommation : on peut aller plus loin, et dire qu'on exporte une plus grande quantité de kirsch que tous les lieux de fabrication n'en produisent.

« On a cru pendant bien longtemps dans le pays que le kirsch était une production due à des qualités particulières à certaines localités, à des propriétés inhérentes au sol, ou à toute autre cause inexplicable. On se bornait alors à rajeunir les vieilles plantations; aujourd'hui que tout marche vers le progrès, on est revenu de ces préjugés, et l'on voit chaque jour s'élever de nouvelles plantations; depuis cinquante ans, la surface d'exploitation en cerisiers a quintuplé.

« Dans les différents pays de kirsch, on attribue en général fort peu d'influence à l'exposition de la plantation; ce qui prouve que cette opinion est bien fondée, c'est que la récolte est également bonne en quantité et en qualité, qu'elle soit faite au levant, au couchant, au midi; chose essentielle cependant, c'est la nécessité d'éviter l'action des vents du nord.

« La situation des lieux a peu d'influence aussi sur la récolte, car on a également de bonne qualité dans les plaines, les côtes et les plateaux; mais une condition très-importante, on pourrait dire capitale, c'est de choisir une bonne nature de sol. En général, toutes les terres qu'on peut appeler froides, qu'elles soient argileuses, schisteuses, marneuses, sont mortelles au cerisier; les plantations y croissent lentement, l'arbre y devient noueux, chétif, rabougri, rapporte peu, et finit par périr; on a entièrement renoncé aujourd'hui à planter dans ces terrains. Dans les terres chaudes à différents degrés, on réussit toujours ; cependant les terres siliceuses sont préférables, et parmi celles-ci, il y a encore un choix à faire : les terres siliceuses blanches, qu'on appelle dans le pays terres de sable, sont plus hâtives que les terres rouges, jaunes et vertes de même nature ; on explique cette différence de l'époque de la maturité des cerises par les lois de la réflexion des rayons du calorique et de la lumière sur les diverses couleurs. Il y a double avantage de planter les terres sablonneuses, du moins celles qui sont cultivées ; on obtient d'abord une qualité supérieure, et la récolte des céréales est garantie de l'ardeur du soleil par l'ombre des cerisiers ; dans ces terres de sable, les arbres croissent vite, se portent bien, vivent des siècles, et fournissent beaucoup et de bonne qualité. Les terres calcaires, celles dites rousses, conviennent aussi ; l'accroissement des cerisiers est plus lent, c'est vrai, mais la récolte est abondante ; s'il y a une différence, c'est seulement, je pense, dans la qualité.

« On plante toujours en automne ; l'expérience a prouvé qu'en plantant dans les autres saisons, la plantation manque quelquefois. On se procure le cerisier sauvage dans les bois ; c'est de quatre à huit ans qu'on le préfère ; plus jeune, il se fait trop attendre ; plus vieux, il périt souvent.

« La distance qui sépare chaque cerisier varie suivant que le sol est cultivé ou laissé en friche ; elle varie aussi suivant que la plantation est située en plaine ou dans le coteau ; elle peut être fixée en moyenne à 12 mètres dans les lieux plats, et à 8 mètres dans les côtes ; on peut ajouter que dans les terrains cultivés, la distance doit être comparativement plus grande.

« Lorsque le cerisier est bien repris, à partir de l'époque de la plantation, on le laisse croître et prendre de la force jusqu'à l'âge de trois à six ans; alors on greffe toujours au printemps, le plus près possible de la végétation, c'est-à-dire un peu avant le mouvement de la sève. Le choix de la greffe est soumis à la volonté du propriétaire. Règle générale : lorsqu'on veut obtenir une grande quantité de liquide, on greffe une cerise qui ait le noyau petit et la chair grasse et très-charnue; si au contraire on préfère la qualité, on greffe une cerise qui présente une nature opposée à la précédente; dans le pays, on cherche à obtenir une moyenne en greffant une cerise qui tient par conséquent le milieu entre les deux extrêmes.

« Le cerisier, après la greffe, n'est pas plus qu'un autre arbre l'objet de soins particuliers; dans les terrains cultivés, on a seulement la précaution de n'en pas laisser approcher la charrue de trop près; on laisse autour de chaque pied d'arbre un rayon de 2 mètres environ que l'on cultive avec la pioche, afin de ménager les racines.

« Les premières récoltes sont, comme on le pense, bien peu abondantes; ce n'est pas avant l'âge de quinze ans que la plantation peut être considérée comme pouvant donner des bénéfices.

« La récolte des cerises se fait ordinairement dans la seconde quinzaine de juillet et la première quinzaine d'août; on choisit pour cueillir un beau temps, s'il est possible, car il est prouvé que le kirsch provenant de cerises récoltées par le soleil est supérieur en qualité à celui que l'on obtient de cerises cueillies par la pluie; dans ce cas-ci, la quantité est peut-être plus grande.

« Les cerises cueillies, on les dispose sans queue dans des tonneaux plus ou moins grands, et on attend pour distiller que la fermentation ait lieu. Le temps que dure cette fermentation varie de quinze à trente jours. Cette différence de temps dépend de la capacité des vases et de la température qui a présidé à la récolte. Jusqu'à ce que la fermentation soit terminée, on a soin chaque jour de battre, de faire tremper la partie supérieure des cerises, afin de ne pas laisser une partie de la masse trop longtemps exposée au contact de l'air : sans cette précaution, la surface aigrit ; en la négligeant, on s'exposerait à perdre le contenu du tonneau. Une précaution indispensable à prendre lorsque la fermentation est sur sa fin, c'est de ne pas attendre qu'elle soit entièrement terminée pour commencer la distillation, car, dans le cas contraire, la masse des cerises qui a été soulevée par le dégagement des gaz retombe au fond du tonneau ; il y a alors mélange des principes déposés à la partie inférieure avec la partie supérieure du pain, et le tout ne rend ni bonne qualité ni quantité.

« Pour procéder à la distillation, on dispose les alambics sur des petits foyers qui les enveloppent jusqu'au tiers inférieur de la cucurbite, afin qu'il se perde le moins de chaleur possible. Il faut dire que depuis quelques années seulement, on emploie deux procédés pour distiller : l'un, ancien, que l'on a toujours employé, c'est la distillation à feu nu ; l'autre, employé depuis cinq à six ans seulement, c'est la distillation à la vapeur. Le procédé à feu nu est celui généralement employé ; il demande bien moins de précautions, et peut être suivi par toutes les personnes qui en ont un peu l'habitude ; on prétend qu'il est aussi plus économique et moins dangereux. Le procédé à la vapeur consiste à placer un alambic dans une chaudière remplie d'eau, maintenue toujours à la même température. Cette chaudière enveloppe exactement l'alambic jusqu'à la moitié inférieure de la cucurbite ; on comprend très-bien que le feu est en contact avec la chaudière, et que la vaporisation des principes alcooliques a lieu par la chaleur de l'eau contenue dans la chaudière. On trouve ce procédé trop difficile et dangereux : difficile, parce qu'il faut une très-grande surveillance et l'appréciation d'un même degré de chaleur; dangereux, parce que si, dans le courant de l'opération, la température était portée à un trop haut degré, l'appareil pourrait éclater, blesser les distillateurs et occasionner la perte de la matière : on lui reconnaît un seul avantage, c'est de rendre moins sensible le goût d'empyreume que l'on trouve au kirsch quand il a été obtenu par l'autre procédé; encore cet avantage est moindre depuis qu'on prend plus de précautions pour chauffer.

« On a d'ailleurs amélioré l'ancien procédé en modifiant le tube nommé serpentin, qui sert de réfrigérant. Ce tuyau était anciennement contourné en spirale et pouvait avoir une longueur de 3 mètres; aujourd'hui, il est remplacé par deux tubes droits de 80 centimètres environ, qui partent du chapiteau de l'alambic et traversent obliquement de haut en bas le tonneau destiné à recevoir l'eau froide où l'on plaçait, avant cette modification, le serpentin. On comprend facilement que le produit de la distillation étant moins longtemps en contact avec le cuivre, il doit par conséquent en prendre moins le goût. Nous ne croyons pas utile de donner l'explication de ce qui se passe dans le travail de la distillation : les phénomènes physiques sont les mêmes, quelle que soit la nature des produits que l'on obtient.

« Nous ferons connaître cependant deux méthodes qui sont employées dans la distillation du kirsch : l'une de ces méthodes, la plus ancienne, consiste à obtenir de chaque cuite ou charge une certaine quantité de kirsch de 20 à 22 degrés alcooliques; l'autre, employée depuis peu par les propriétaires non marchands, consiste d'abord à obtenir de toute la quantité des cerises que l'on a distillée, du kirsch à quelque degré que ce soit, et ensuite à soumettre cette grande quantité de liquide à des distillations successives pour en obtenir du kirsch de 30 à 35 degrés, que l'on ramène à 19 ou 20 degrés en ajoutant de l'eau distillée très-pure ; par cette dernière méthode, on obtient un dixième en moins, mais on a une qualité bien supérieure. Quel que soit le procédé ou la méthode que l'on emploie, on a toujours la précaution de placer au fond de l'alambic une torche en paille très-épaisse, pour éloigner du cuivre les matières en distillation.

« La plus grande quantité du kirsch est livrée au commerce peu de temps après la distillation. Quand on veut le conserver, on le dépose dans des vases en verre : bonbonnes, flacons, bouteilles, etc.; on a la précaution, pour la première année, de recouvrir l'ouverture des vases avec un corps qui permette une légère évaporation ; les principes âcres se volatilisent et laissent dans le vase un liquide très-agréable, que l'on bouche ensuite exactement pour le conserver.

« Quand on n'a pas de vases en verre, on le place dans des futailles en frêne ; ce bois a l'avantage de ne pas colorer le liquide. On a l'habitude, dans le pays, de placer le kirsch, la première année, dans des chambres qui, par leur température un peu douce, favorisent l'évaporation ; je dois dire, en passant, qu'on fait peu de cas du kirsch coloré à quelque degré que ce soit; il est d'autant plus estimé qu'il est plus limpide et plus transparent.

« Les résidus des cerises n'ont eu jusqu'à ce jour aucune destination spéciale; quelques personnes les jettent sur le fumier, et d'autres, depuis quelques années seulement, les sèment dans les prés où croissent les mousses et les laiches : j'ai eu moi-même l'occasion de remarquer que ces plantes ne résistaient pas longtemps à l'action de ce nouvel engrais. Il serait à désirer que l'on fît de nombreux essais sur ces résidus, qu'on s'assurât s'ils possèdent cette propriété sur tous les terrains : ce serait un nouveau moyen d'améliorer les prairies naturelles.

« Quelques producteurs ont essayé aussi de donner le résidu du kirsch aux porcs ; il est très-probable, du moins on a le droit de l'espérer d'après les effets produits par d'autres résidus spiritueux, que, donné avec précaution et convenablement mélangé avec d'autres substances alimentaires, il serait, par ses propriétés enivrantes, favorable à l'engraissement. »

Kirschenwasser de la Forêt-Noire (imitation), par eau distillée.

Eau distillée de laurier-cerise. . . 25 centil.
Noir végétal lavé et séché. . . . . 50 gram.
Bon kirsch. . . . . 6 litres.
Ammoniaque liquide. . . . . quelques gouttes
Alcool à 85° C. . . . . 12 litres.

Eau pure, quantité suffisante pour ramener le tout à 50°. M. L.-F. Dubief, qui indique cette formule dans son *Traité de la fabrication des liqueurs*, page 71, conseille de réunir à l'alcool l'eau de laurier-cerise, à ramener le mélange à 50° avec l'eau, ajouter l'ammoniaque et filtrer deux fois sur le noir, et enfin ajouter le kirsch.

Crème de kirschenwasser.

Kirschenwasser. . . . . 18 litres.
Eau de fleurs d'oranger. . . . . . 750 gram.
Eau simple. 1 lit.5
Sucre. 4 lit.50

On fait un sirop avec le sucre et on mêle le tout ensemble.

Huile de kirschenwasser, par esprits simples.

	FINE.	SURFINE.
Kirsch ordinaire à 50°. . . .	4 litres.	5 litres.
Esprit de noyaux d'abricots. .	8 décil.	1 litre.
Alcool à 85° C.	3 lit. 2	3 lit. 2
Sucre.	8 kil 75	10 kil.
Eau.	6 litres.	3 lit.8

On parfume avec 2 décilitres d'eau de fleurs d'oranger. Produit 20 litres.

Huile de kirschenwasser, par les essences (surfine).

Essence de noyaux. . . . .   8 gram.
   — de néroli. . . . .   8 décig.
Alcool à 85° C.. . . . .   7 lit.20
Sucre.. . . . .   11 kil.9
Eau. 5 lit.2

Produit 20 litres.

Kirschenwasser de noyaux d'abricots.

Julia de Fontenelle a donné un procédé pour obtenir ce kirsch, qui nous a paru très-avantageux. On concasse un kilogr. de noyaux d'abricots séparés de leur coque, on les met en macération dans 50 litres de vin du midi, et le lendemain on distille pour obtenir de 12 à 13 litres de produit, suivant la spirituosité du vin. On y fait dissoudre 375 grammes de sucre en poudre fine, et l'on filtre rapidement. Cette eau-de-vie a la saveur du kirsch et peut être confondue avec lui.

Kirschenwasser de prune, de pêche.

On peut préparer une liqueur analogue au kirsch, en opérant avec les prunes, comme avec les cerises, en ayant soin de les écraser ainsi que les noyaux en procédant à la distillation. On vend souvent l'esprit des prunes pour du kirschenwasser; mais cette fraude est facile à connaître, parce qu'en mêlant celui-ci avec l'eau, le mélange devient laiteux, ce qui n'arrive pas au premier; en le frottant entre les mains, il ne répand pas non plus l'odeur agréable de celui des cerises. On peut préparer aussi du kirsch avec les pêches, en ayant soin d'écraser les noyaux.

On fait aussi, dans plusieurs parties de la Suisse, de l'esprit des mûres sauvages fermentées, ou fruits de la ronce, que les amateurs préfèrent au kirsch-wasser même.

M. Boussingault fils a publié dans les annales *du Conservatoire*, juillet 1866, un mémoire sur la fermentation des fruits à noyaux, dans lequel il fait remarquer que dans les procédés de distillation de ces fruits, par exemple, pour la distillation du kirschwasser, la bonne qualité n'est obtenue qu'aux dépens de la quantité du rendement. Une assez grande partie de la matière sucrée échappe au ferment et se retrouve dans les résidus.

En cherchant à apprécier la perte en alcool qui résulte des procédés employés par les brûleurs, M. Boussingault a constaté, par exemple, que dans la fermentation des cerises d'une durée de 43 jours, le rendement alcoolique n'a été que de 0,85 de la teneur calculée d'après la quantité de glucose contenu dans ces cerises. A peu près un quart de ce glucose n'a éprouvé aucune modification.

Dans le travail des merises ou petites cerises noires

on a obtenu 0,92 d'alcool, plus du tiers du glucose a échappé à la transformation. Les noyaux ont été séparés, et on a trouvé à peu près 4 grammes d'acide cyanhydrique sur 10 lit. 7 de liqueur.

La fermentation des cerises avec leurs noyaux conduite suivant les procédés des brûleurs allemands a donné, après 49 jours, 0,88 d'alcool ; un tiers du glucose est resté intact. La teneur en acide cyanhydrique a été 0 gr. 183 par litre, très-supérieure à celle du kirsch du commerce.

Les mirabelles n'ont donné que 0,48 d'alcool ; l'acidité est dans le rapport de 273 à 100 ; plus du tiers du glucose a échappé à la modification, mais si l'on fait abstraction du glucose développé par les acides, le rendement réel est supérieur à la teneur théorique, ce qui fait supposer qu'une partie du sucre fermentescible échappe au procédé analytique de dosage qu'on opère avec la liqueur cuivrique de Fehling qui, à ce qu'il paraît, n'indique pas toujours la quantité de sucre fermentescible, fait important qu'il est utile de signaler aux praticiens.

Larmes de Malte.

Zestes frais de.	50 oranges.
Alcool à 85° C.	19 litres.
Infusion de curaçao.	6 centilit.
Sucre raffiné.	11 kilog.
Eau.	4 ltres.

On fait macérer les zestes dans l'alcool pendant 36 heures, on distille et rectifie, on ajoute le sirop de sucre, et on colore avec le caramel. Produit 20 litres.

L'aciduline de Lyon, la liqueur de Mayorque, se préparent de même, si ce n'est qu'on y ajoute, après la fabrication, le jus de 50 à 60 oranges bien fraîches.

On prépare de même l'huile de cédrats, de bergamote.

Marasquins.

Ce nom appartenait, dans l'origine, à un esprit de
cerises sauvages que l'on fabriquait en grand dans
les environs de Zara, en Dalmatie, et qui jouit encore
aujourd'hui d'une réputation méritée; mais on l'a
étendu depuis à tous les esprits que l'on retire de la
distillation des vins de fruits, et l'on fait des marasquins de pêches, de framboises, de groseilles, etc.

Quand ces liqueurs sont bien faites, elles ont un
goût de fruit agréable; mais il faut, pour cela, choisir des fruits de bonne qualité, les faire fermenter
avec soin, et conduire la distillation selon les principes de l'art, précautions qu'observent rarement
les habitants des campagnes dans les pays où l'on
exploite ce genre d'industrie.

Les marasquins, provenant le plus souvent des
fruits à noyaux, doivent leur parfum à la peau du
fruit et ont en outre un goût de noyau très-prononcé.
Ces liqueurs ont rarement assez de force dès la première distillation: on est obligé de les rectifier, soit
à feu nu, soit à bain-marie si on en a la facilité, et
quelques personnes ajoutent, en ce moment, dans
l'alambic, des feuilles de l'arbre ou des noyaux du
fruit pour augmenter le parfum. Ces esprits gagnent
beaucoup à être sur-le-champ frappés de glace. Il ne
faut attribuer qu'à une mauvaise manipulation la
saveur caustique et désagréable de la plupart des
esprits de fruits répandus dans le commerce.

La fermentation des fruits doit se faire autant que
possible sur de grandes masses, et dans des vaisseaux
de bois que l'on aura eu soin de bien échauder pour
leur ôter toute espèce de goût. Il est inutile d'in-
sister sur la nécessité de conduire la fermentation et

la distillation avec tous les soins imaginables; ces deux objets ont été traités en leur lieu avec assez de détail. Il est bon de faire toujours fermenter quelques poignées de feuilles avec le fruit.

On donne à la liqueur distillée le degré que l'on juge convenable, et on la mélange ordinairement avec un sirop simple parfaitement clarifié, dans lequel on fait entrer environ 185 grammes de sucre par litre de liqueur, et une quantité d'eau proportionnée à la force de l'esprit. On filtre si on le juge à propos, précaution à peu près inutile quand le sirop est bien fait.

Marasquin de Zara, par distillation.

Comme l'on fabrique aujourd'hui du marasquin à l'imitation de celui de Zara, dans tous les endroits où cette fabrication peut offrir quelques avantages, les procédés varient non-seulement selon les lieux, mais encore selon les personnes qui s'en occupent. Voici néanmoins la méthode qui me paraît la meilleure et la plus simple.

On fait fermenter, selon la manière accoutumée, 45 kilogr. de merises, 5 à 7 kil. 500 de framboises, et 2 kil. 500 à 3 kilogr. de feuilles de l'arbre; lorsque l'on juge la fermentation arrivée au point convenable, on distille la liqueur avec quelques poignées de noyaux de pêches et 250 grammes d'iris de Florence concassé.

Ou bien on fait macérer pendant 2 ou 3 jours les fruits écrasés et les autres ingrédients, avec 40 ou 50 litres d'esprit-de-vin, et l'on distille dans l'alambic à double fond pour retirer tout le spiritueux. Si la liqueur n'est pas assez forte, on la rectifiera, et si on ne la trouve pas assez parfumée, on pourra remettre dans l'alambic, ou quelques poignées de noyaux, ou un peu d'iris. On frappe la liqueur de glace pendant quelques heures, et l'on ajoute le sirop.

On peut aussi *improviser* une sorte de marasquin, en mélangeant, dans les proportions convenables, des esprit de merises, de framboises, de fraises, etc., avec un peu d'alcool.

Marasquin de Zara (imitation, par les esprits simples (surfin).

Esprit de framboises.	3 litres.
— de noyaux d'abricots. . . .	1 lit.600
— de fleurs d'oranger.	4 décilit.
Kirsch vieux.	4 litres.
Sucre raffiné.	11 kil.2
Eau.	3 lit.40

On opère comme dans les méthodes ordinaires. Produit 20 litres.

Marasquin de Zara, par les essences (surfin).

Essence de marasquin	7 gram.
— de jasmin	2
Kirsch.	2 litres.
Alcool à 85° C..	6
Sucre.	11 kil.2
Eau.	4 lit.4

Autre formule (surfin).

Essence de noyaux.	7 gram.
— de néroli.	1
Extrait de jasmin	2
— de vanille	2
Alcool à 85° C.	7 lit.2
Sucre	11 kil.2
Eau	5 lit.3

Marasquins d'abricots et de prunes.

L'un et l'autre se préparent absolument de la

même manière que celui de pêches; mais à l'égard du marasquin de prunes, il ne faut pas perdre de vue ce qui a été dit ailleurs (1) sur le danger qu'il y aurait de casser les noyaux de ce fruit pour les mettre en fermentation. L'expérience a prouvé que l'huile de l'amande de prune devient, par la distillation, un véritable poison.

Marasquin de coings.

Le vin de coings, traité et distillé comme les autres vins de fruits, peut fournir par la distillation un fort bon marasquin, surtout si l'on jette dans l'alambic quelque poignées de noyaux de pêches.

Marasquins de fraises et de framboises.

Il se préparent de la même manière que celui de groseilles; mais j'ai cru remarquer que les vins de framboises et de fraises ont, plus que tous les autres, besoin d'être perfectionnés par la fermentation insensible; que l'esprit que l'on en retire gagne beaucoup à être frappé de glace et à vieillir un peu.

Marasquin de groseilles.

On préfère la groseille rouge comme la plus parfumée. On la fait fermenter avec quelques poignées de feuilles de groseiller, de cerisier ou de cassis, et l'on se conduit en tous points comme pour le marasquin de pêches. On peut même jeter dans l'alambic quelques poignées de noyaux de ce fruit.

Marasquin de pêches.

On fait fermenter les pêches comme si l'on voulait

(1) *Manuel de la Fabrication des Vins de fruits*, etc., par MM. Accum, Guill.... et F. Malepeyre, faisant partie de l'*Encyclopédie-Roret*.

en faire un vin à boire, sauf que l'on y peut mettre un peu plus d'eau, et on distille le contenu de la cuve dans l'alambic à grillage, ou, ce qui serait infiniment préférable, on sépare le vin de son marc, on le laisse achever pendant quelques jours par la fermentation insensible, et on le distille avec quelques poignées de noyaux lorsqu'il est suffisamment éclairci. (Cette. addition est inutile quand on distille le marc.) La liqueur se termine comme la précédente. Le marasquin de pêches prend quelquefois le nom de persicot.

Menthe, par eaux aromatisées.

	ORDINAIRE.	DEMI-FINE (crème).
Eau distillée de menthe.. . .	1 lit. 60	2 litres.
Alcool à 85°.	5 litres.	5 60
Sucre.	2 kil. 500	5 kil.
Eau.	11 lit. 600	9 litres.

Crème de menthe (surfine.

Esprit de menthe.	6 litres.
Essence de menthe.	3 gram.
Alcool à 85° C.	1 lit. 20
Sucre.	11 kil. 20
Eau.	4 litres.

On dissout l'essence dans l'alcool, on ajoute l'esprit, le sucre dissous dans l'eau. Produit 20 litres.

Crème de menthe, par esprits simples (fine).

Esprit de menthe.	5 litres.
Alcool à 85° C.	1 lit. 400
Sucre	8 kil. 7
Eau.	6 litres.

Crème de menthe par les essences.

	ORDI- NAIRE.	DEMI- FINE.	FINE.	SURFINE
Essence de menthe anglaise.	4 gr.	7 gr.	10 gr.	12 gr.
Alcool à 85°. . . .	5 lit.	5 lit.6	6 lit.4	7 lit.2
Sucre.	2 kil.5	5 kil.	8 kil.7	11 kil.2
Eau.	13 lit.2	11 lit.8	7 lit.8	5 lit.2

On opère comme pour les anisettes. Produit 20 lit.

Mézenc.

Daucus de Crète . . . . 125 gram.
Macis 30
Muscades concassées 25
Ambrette 15
Mirobolants 15
Camomille romaine. 250
Alcool à 90° . . . . 8 litres.
Sucre raffiné. . . . . 12 kilog.
Eau. . . . . 10 litres.

On fait infuser les plantes dans l'alcool pendant 48 heures et l'on ajoute 10 litres d'eau au moment de la distillation ; on rectifie le produit avec 5 nouveaux litres d'eau, et on le mélange avec le sirop *froid*. On complète alors 25 litres avec l'eau nécessaire, on tranche, on colore au bois de Fernambouc, on laisse reposer, on filtre, et l'on met en bouteilles. Produit 25 litres.

Moka, par les eaux et les esprits.

	DEMI- FINE.	FINE.	SURFINE.
Eau de moka.	4 lit.	»	»
Esprit de moka.	»	5 lit.	6 lit.
Alcool à 85°..	5.60	1 lit.4	1.20
Sucre..	5 kil.	8 kil.7	11 kil.20
Eau.	7 lit.	6 lit.8	5 lit.2

Mont-Dore.

Menthe	100 gram.
Génepi	100
Mélisse	100
Hysope	50
Angélique	50
Fleur d'arnica	50
Calamus	25
Cannelle	15
Macis	15
Coriandre	250
Aloès	10
Cardamome	10

On fait infuser les plantes dans l'alcool pendant 48 heures, et l'on ajoute 10 litres d'eau au moment de la distillation; on rectifie le produit avec 5 nouveaux litres d'eau, et on le mélange avec le sirop *froid*. On complète alors 25 litres avec l'eau nécessaire, on tranche, on colore au safran, on laisse reposer, on filtre et l'on met en bouteilles. Produit 25 litres.

Noyau, par les esprits simples.

	ORDI-NAIRE.	DEMI-FINE.	FINE (crème).	SURFINE.
Esprit de noyaux d'abricots . . .	1 lit. 80	2 lit. 80	3 lit. 20	5 lit. 20
Esprit d'amandes amères	»	»	1.60	2.00
Alcool à 85° C . . .	3 lit. 20	2.80	1.60	»
Sucre raffiné . . .	2 kil. 50	5 kil.	6 kil.	11 kil. 2
Eau	13 lit. 20	11 lit.	7 lit. 60	5 lit.

On opère comme pour l'anisette; mais les liqueurs fine et surfine sont aromatisées avec 2 centilitres d'eau de fleurs d'oranger. Produit 20 litres.

Crème de noyau de Phalsbourg, par les esprits complexes.

Alcool à 60° C.	15 litres.
Amandes d'abricots..	625 gram.
Zestes de.	12 oranges.
Amandes de pêches..	250 gram
— de prunes..	250

On fait macérer pendant 20 à 30 jours les amandes que l'on a préalablement concassées; on distille au bain-marie, ensuite on fait un sirop avec 3 kil.750 de sucre et 4 litres d'eau distillée. Quand le sirop est froid, on y ajoute un litre d'eau de fleurs d'oranger, et on filtre.

Plusieurs liquoristes font entrer dans la préparation de la crème de noyaux de Phalsbourg des esprits de noyaux d'abricots, d'amandes amères, d'oranges, de citrons, de cannelle de Chine, de girofle et de muscade. Ce mode de préparation donne une liqueur plus suave; mais où la saveur de l'acide cyanhydrique des amandes amères qui plaît aux amateurs, est un peu masquée par ces divers ingrédients.

Crème de noyau de la Martinique.

Le docteur Robinson a indiqué la recette suivante pour fabriquer le noyau de la Martinique.

Conserve de goyave.	50 gram.
Huile d'amandes douces.	100
— d'amandes douces pulvérisées fines.	100
— d'amandes amères pulvérisées fines.	100
Conserve de gingembre..	200
Cannelle en poudre..	50
Girofle en poudre.	50
Noix muscade.	50

Piment..	50 gram.
Gingembre de la Jamaïque. . . .	50
Citron confit..	100
Orange confite..	100
Alcool à 85° C.	18 litres.
Sucre candi en poudre.	11 kil.2
Eau..	4 lit.4

Battez l'huile avec un peu d'alcool, et mélangez avec les amandes dont vous avez fait une pâte avec un peu d'eau de fleurs d'oranger; bouchez le vase, exposez-le au soleil ou dans un local chaud pendant 15 jours en agitant fréquemment; introduisez avec le reste des ingrédients dans l'alcool, et laissez digérer 12 à 15 mois dans un vase bien bouché; filtrez alors à plusieurs reprises jusqu'à ce que la liqueur soit limpide comme l'eau, et introduisez dans des bouteilles qu'on coiffe d'un bon bouchon. Au bout de six mois la liqueur est bonne à boire.

Eaux et crèmes de noyaux, par les essences.

	ORDI-NAIRE.	DEMI-FINE (crème).	FINE (crème).	De Phals-bourg. (crème).
Essence de noyaux..	6 gr.	8 gr.	10 gr.	10 gr.
— d'amandes amè-res.	»	»	»	2.0
— de Portugal distillée.	»	»	»	2.0
— de citron distillée	»	»	»	1.60
— de cannelle de Chine.	»	»	»	0.80
— de girofle. . . .	»	»	»	0.40
— de muscade. . .	»	»	»	0.20
— de néroli. . . .	»	»	»	0.20
Alcool à 85° C. . . .	5 lit.	5 lit.6	6 lit 4	7 lit.30
Sucre.	2 kil.5	5 kil.	8 kil.7	11 k. 20
Eau..	13 lit.	11 lit.	7 lit.8	5 lit.20

Parfait-Amour, par esprits simples.

	ORDI-NAIRE.	DEMI-FIN.	FIN.	SURFIN, dit de Lorraine.
Esprit de citrons. . .	40 cent.	60 cent.	60 cent.	80 cent.
— de coriandre.	40 —	80 —	80 —	1 lit.
— d'anis. . . .	»	»	40 —	60 cent.
— d'oranges . .	»	»	80 —	80 —
Alcool à 85° C.. . .	4 lit.20	4 lit 20	4 lit.	5 lit.
Sucre.	2 k. 50	5 kil.	8 k.75	11 kil.5
Eau.	13 lit.20	11 lit.	6 lit.	5 lit.

On prépare comme l'anisette de Bordeaux, on colore en rouge par le cudbear, et, pour le parfait-amour surfin, avec la cochenille.

Parfait-Amour, par esprits complexes (ordinaire).

Alcool à 60° C. . . . . 12 litres.
Zestes de cédrats.. . . . . 125 gram.
 — de citrons. 62
Girofle.. 8
Eau.. . . . . 6 litres.
Sucre. . . . . 5 kilog.

On fait macérer pendant 2 jours dans l'alcool, ensuite on distille au bain-marie, et on y ajoute le sucre que l'on fait fondre dans l'eau; on filtre, et l'on colore en rouge avec l'orseille.

Parfait-Amour, par les essences.

	ORDINAIRE.	DEMI-FIN.	FIN.
Essence de citron distillée	9 gr.	10 gr.	12 gr.
— de cédrat distillée.	3	4	5
— de coriandre . . .	0.2	0.2	0.4
Alcool à 85° C.	5 lit.	5 lit.6	6 lit.4
Sucre..	2 kil.5	5 kil.	8 kil.7
Eau..	13 lit.	11 lit.	7 lit.8

On colore légèrement en rouge avec le cudbear.

Persicot, par esprits simples (surfin).

Esprit d'amandes amères.	3 litres.
— d'aneth.	4 décilit.
— de cannelle de Chine. . . .	4
— de coriandre.	4
— de fenouil.	2
Eau de fleurs d'oranger.	2
Alcool à 85° C.	7 litres.
Sucre raffiné.	11 kil.2
Eau.	5 litres.

On opère par les moyens ordinaires. Produit 20 litres.

Persicot, par esprits complexes (ordinaire).

Amandes amères.	375 gram.
Cannelle de Ceylan.	2
Alcool à 85° C.	6 litres.
Sucre.	3 kilog.
Eau.	13 litres.

Faites macérer pendant 8 jours, distillez, ajoutez le sirop de sucre fait à chaud avec une partie de l'eau. Après qu'il est refroidi, colorez en rouge par l'orseille. Produit 20 litres.

Autre formule (fin).

Amandes amères broyées.	500 gram.
Cannelle de Chine.	20
Girofle.	5
Muscade.	5
Zestes de.	4 citr. verts.
Alcool à 85° C.	6 litres.
Sucre.	6 kilog.
Eau.	7 litres.

Opérez comme ci-dessus, et colorez avec le caramel. Produit 20 litres.

Scubac, par esprits simples.

	FIN.	SURFIN.
Esprit de cannelle de Chine. .	8 décil.	10 décil.
— de muscade.	5 —	6 —
— de girofle.	8 —	8 —
— de safran.	3 —	4 —
Alcool à 85° C.	4 litres.	4 lit. 50
Sucre raffiné.	8 kilog.	11 kil. 20
Eau	7 lit. 5	5 litres.

On introduit les esprits dans l'alcool, puis le sucre et l'eau ; on aromatise avec 2 à 3 décilitres d'eau de fleurs d'oranger, et on colore en jaune rougeâtre avec le safran et le caramel. Produit 20 litres.

Scubac, par esprits complexes.

Safran.	60 gram.
Baies de genièvre.	30
Dattes sans noyaux.	120
Raisins secs.	120
Jujubes écrasées.	10
Anis vert.	8
Coriandre.	8
Cannelle de Ceylan concassée. . .	10
Macis.	8
Girofle.	8
Alcool à 60° C.	5
Sucre.	2 kilog. 5

On fait macérer toutes ces substances pendant 15 jours dans l'alcool, on passe à travers un linge, on y ajoute le sucre, 12 litres d'eau, et on filtre.

Trappistine.

(Imitation de la liqueur fabriquée à l'abbaye de la Grâce-Dieu.)

Grande absinthe.	100 gram.
Cardamome.	100

Angélique.	100 gram.
Menthe.	200
Myrthe.	50
Mélisse.	75
Calamus..	50
Cannelle..	10
Girofle..	10
Macis.	5
Bon alcool de vin à 85° C.	10 litres.
Sucre raffiné..	8 kilog.
Eau..	5 litres.

On fait infuser les épices pendant 48 heures dans l'alcool et l'on ajoute 10 litres d'eau au moment de la distillation ; on rectifie le produit avec 5 nouveaux litres d'eau et on le mélange avec le sirop *froid*. On complète alors 25 litres avec l'eau nécessaire, on tranche, on colore en vert ou en jaune selon le besoin, on laisse reposer, on filtre, et l'on met en bouteilles. Produit 25 litres.

Vespetro, par les esprits simples.

	ORDI-NAIRE.	DEMI-FIN.	FIN.	SURFIN.
Esprit d'ambrette. . .	10 cent.	10 cent.	20 cent.	20 cent.
— d'aneth.. . . .	20 —	30 —	40 —	60 —
— d'anis.	40 —	60 —	80 —	1 lit.80
— de carvi. . .	40 —	60 —	80 —	0.20
— de coriandre.	40 —	60 —	80 —	1.20
— de daucus. .	20 —	30 —	40 —	60 cent.
— de fenouil. .	40 —	50 —	60 —	60 —
Alcool à 85° C. . .	2 lit.9	2 lit.6	2 lit.4	2 lit.
Sucre	2 kil.5	5 kil.	7 kil.5	11 k.20
Eau.	11 lit.2	11 lit.	8 lit.	5.20

On opère comme pour l'anisette, et on colore très-légèrement avec le caramel ou l'infusion de safran. Produit 20 litres.

Vespetro, par esprits complexes (ordinaire).

Semences d'angélique. . . . . 16 gram.
— de carvi. 16
— de coriandre. 16
— de fenouil.. 16
Zestes de. . . . . 2 oranges.
Alcool à 60° C. . . . . 5 litres.

On fait macérer dans l'alcool, pendant 8 jours, les quatre premières substances, on distille au bain-marie, ensuite on fait un sirop avec 2 kilogrammes de sucre et 1 litre et demi d'eau distillée ; on mêle le tout ensemble, et on colore en rouge ou en jaune.

Vespetro, par les essences.

	ORDI-NAIRE.	DEMI-FIN.	FIN.	SURFIN.
Essence d'anis.. . .	4 gr.	6 gr.	8 gr.	9 gr.
— de carvi. . . .	3.0	4.0	5.0	6.0
— de fenouil doux.	1.2	1.2	1.2	1.6
— de coriandre. .	0.4	0.4	0.6	0.8
— de citron distil-lée.	1.60	2.0	3.0	4.0
Alcool à 85° C. . . .	5 lit.	5 lit.6	6 lit.4	7 lit.2
Sucre..	2 kil.5	5 kil.	8 kil.7	11 kil.2
Eau.	13 lit.	11 lit.	7 lit.8	5 lit.2

On colore avec une infusion de safran. Produit 20 litres.

Le vespetro surfin est connu dans le commerce sous le nom de vespetro de Montpellier.

Vermouth.

Les vermouths sont des vins blancs dans lesquels on fait infuser des plantes, racines ou poudres amères et aromatiques qu'on édulcore avec du sirop de raisin et dont on relève le tout par un peu d'alcool.

Les substances qu'on fait entrer le plus communément dans les vermouths sont d'abord la grande absinthe suisse dont le nom allemand *wermuth* a servi à faire celui de cette boisson, puis la gentiane, l'écorce d'oranges amères, le quinquina rouge, la cannelle de Chine, la rhubarbe, le galanga, les coques d'amandes amères, la cassie, etc., auxquelles on ajoute encore la racine d'angélique, le chardon bénit, le roseau aromatique, les oranges douces, la muscade, l'acore vrai, la racine d'iris, la petite centaurée, la véronique et beaucoup d'autres encore.

Chacun peut donc, avec ces éléments, composer des vermouths dont la saveur peut varier à l'infini, et la force alcoolique fixée au degré qu'on préfère.

Nous donnons plus loin, parmi les liqueurs allemandes, la recette du vermouth de Breslau, qui jouit chez nos voisins d'une réputation méritée.

Les vermouths ont besoin d'être tirés au clair et collés à la colle de poisson. Malgré ce tirage, il arrive encore assez souvent qu'ils déposent. Il est donc prudent d'attendre quelque temps dans les tonneaux, puis de les soutirer et coller de nouveau avant de les introduire dans les flacons.

SECTION II.

LIQUEURS HOLLANDAISES.

Les liqueurs fabriquées en Hollande se distinguent par leurs propriétés toniques, stomachiques et stimulantes. Elles sont généralement plus douces que les liqueurs allemandes ; aussi sont-elles plus répandues et plus goûtées en France, où l'on a souvent cherché à les imiter. Mais quelle que soit l'habileté de nos liquoristes, ils ne sont pas encore parvenus à donner à leurs imitations, ce velouté qui distingue les produits hollandais.

Le nombre des liqueurs hollandaises est assez restreint, quoique ce pays se livre en grand à la fabrication des spiritueux, et notamment de l'alcool de grains. Si certains produits indigènes jouissent d'une vogue méritée, que la concurrence française n'a pu détrôner jusqu'à ce jour, en revanche, les imitations de nos produits faites en Hollande sont de beaucoup inférieures aux liqueurs nationales françaises. Aussi ne décrirons-nous que les produits spéciaux à la Hollande.

Bitter de Hollande.

Écorces d'oranges douces dites curaçao de Hollande.	200 gram.
Calamus aromaticus..	50
Aloès succotrin..	50
Alcool à 85° C..	12 litres.
Eau..	8

On fait infuser à chaud au bain-marie pendant 36 heures les écorces, le calamus et l'aloès dans l'alcool. Cette liqueur a une couleur jaune que lui donne l'aloès, mais on la rembrunit en faisant infuser en même temps que les autres substances du bois défilé de Fernambouc dans la proportion de 400 grammes pour la formule ci-dessus. Quand l'infusion est terminée et refroidie, on pulvérise 3 grammes d'alun de Rome qu'on y fait dissoudre, et on filtre pour donner de la limpidité.

L'usage peu modéré de cette liqueur pourrait, comme on voit, être dangereux, car on connaît les propriétés purgatives de l'aloès et celles styptiques de l'alun, mais il est bon d'ajouter qu'elle ne se boit qu'étendue d'eau. Dans tous les cas, il est plus prudent de lui préférer la suivante qui est plus douce et d'une saveur plus fine.

Autre formule.

Écorces sèches d'oranges douces,
dites curaçao de Hollande.. . .   200 gram.
Zestes d'oranges fraîches (nombre).   4
Zestes de citrons frais (nombre)..   4
Alcool à 50° C. . . . .   20 litres.

Faire infuser à froid pendant deux mois les écorces dans l'alcool, tire au clair, filtrer. Cette liqueur ne se sucre pas.

Curaçao de Hollande.

Écorces sèches d'oranges douces
dites curaçao de Hollande. . . .   1 kilog.
Zestes d'oranges fraîches.. . . . .   16 (nombre).
Alcool à 85°.. . . . .   12 litres.

On commence par faire tremper les écorces sèches dans l'eau froide quand elles sont ramollies, et on enlève adroitement le zeste qu'on fait macérer avec celui des oranges fraîches pendant 24 à 36 heures dans l'alcool. On distille alors et on retire 9 litres d'esprit parfumé. A ce bon produit, on ajoute 1 à 2 centilitres d'une infusion de curaçao faite avec des écorces de curaçao de Hollande pilées et infusées pendant 10 à 12 jours dans de l'alcool à 85°, dans la proportion de 1 d'écorce en poids pour 2 d'alcool en volume, qu'on a tiré au clair et filtré. Puis on ajoute :

Sucre raffiné blanc. 7 kil.50
Eau.. . . . .   5 lit.50

et on colore avec 7 à 8 décilitres d'une infusion alcoolique d'hématine qu'on prépare en faisant infuser, pendant quelques jours, à froid, 100 grammes d'hématine dans 2 litres d'alcool à 85°, ou à chaud, au bain-marie pendant quelques heures.

Une addition de quelques gouttes d'acide tartrique ou d'acide acétique fait virer au jaune la couleur de l'hématine, et quand on verse dans un verre de l'eau sur un peu de curaçao, cette eau, sous l'influence de l'hématine et de l'acide, prend une teinte rose qu'on recherche dans cette liqueur.

A défaut d'hématine, on peut aussi colorer les curaçaos par des couleurs dont M. P. Duplais a indiqué la composition dans son *Traité des Liqueurs*, tome Ier, page 24, et dont voici la formule.

Couleur pour curaçao demi-fin.

Bois de Brésil..	2 kilog.
Bois de Fernambouc..	2
Crème de tartre..	60 gram.
Alcool bon goût à 85° C..	10 litres.

On met des couches alternatives des bois qu'on saupoudre avec la crème de tartre dans une cruche en grès, on verse l'alcool et on laisse macérer 8 jours. On décante, on recharge en alcool jusqu'à ce qu'on ait épuisé les bois. Ces secondes infusions servent alors d'alcool dans de nouvelles infusions.

Couleur pour curaçao surfin.

Bois de Fernambouc premier choix.	4 kilog.
Crème de tartre..	60 gram.
Esprit de curaçao surfin.	10 litres.

On opère comme ci-dessus, seulement, nous ferons remarquer qu'il est inutile d'employer à cette couleur de l'esprit de curaçao, et que l'alcool suffit.

Enfin, M. Duplais assure qu'on obtient une très-belle couleur pour le curaçao, en employant la formule suivante :

Bois de Fernambouc	2 kilog.
Eau.	16 litres.

Carbonate de potasse. . . . . 6 gram.
Alun de Rome en poudre. 90
Crème de tartre.. 60

On fait bouillir l'eau et le carbonate de potasse dans une bassine en cuivre, on ajoute le bois et on poursuit l'ébullition jusqu'à réduction de la moitié du volume de l'eau. On retire du feu, on ajoute la crème de tartre et l'alun et on passe au tamis de crin.

Genièvre.

C'est surtout en Hollande que l'on prépare avec succès le genièvre, et jusqu'à présent on n'est pas encore parvenu, dans les autres pays, à atteindre le degré de perfection que savent lui donner les Hollandais. On nous saura probablement gré de donner ici quelques notions sommaires sur la préparation de cette boisson.

Baies de genièvre.. . . . . 5 kilog.
Houblon.. . . . . 500 gram.
Alcool à 85° C. . . . . 32 litres.

On écrase les baies dans un mortier, on pile le houblon et on fait macérer pendant 24 heures dans l'alcool; on distille au bain-marie avec 30 litres d'eau, on retire 30 litres d'esprit auxquels on ajoute :

Alcool à 85° C.. . . . . 28 litres.
Eau commune.. 42

Le produit est 100 litres marquant 49° C.

Genièvre, par essence.

Essence de genièvre. . . . . 100 gram.
Alcool à 85° C. . . . . 56 litres.
Eau commune 44

On fait dissoudre l'essence dans l'alcool et on ajoute l'eau. Produit 100 litres à 49° C.

Les formules que nous venons d'iudiquer ne servent guère au liquoriste que dans le cas où il ne peut pas se procurer du genièvre, ou celui où il n'en a pas sous la main. Autrement, cette boisson est l'objet d'une fabrication en grand qui est plutôt du ressort du distillateur.

M. Muspratt, dans sa *Chimie appliquée aux arts,* a fait connaître un procédé pour préparer le genièvre de Hollande, qui a été communiqué à M. Thompson par un distillateur ayant longtemps exercé dans ce pays. Voici ce procédé :

« On prend 50 kilogramme de malt d'orge et 100 kilogrammes de farine de seigle qu'on délaie dans 2,000 litres d'eau à 72° C. Aussitôt que le sucre est bien formé, on y ajoute assez d'eau pour que l'extrait ait un poids spécifique de 1,047. On refroidit le moût jusqu'à 27°, et on le fait couler dans une cuve à fermentation. La quantité est alors de 2,250 litres, auxquels on ajoute 2 lit.25 de bonne levure de bière qui y développe promptement la fermentation et fait monter la température du moût jusqu'à 32°. Cette fermentation est terminée au bout de 48 heures ; elle est toutefois fort incomplète, puisque dans ce moût fermenté, il reste encore, par hectolitre, de 2 à 2 kilogrammes 50 de substance saccharifère non transformée. Ce moût, avec son dépôt, est porté dans l'alambic, et le tout est distillé. Le produit est soumis à une rectification pendant laquelle on y ajoute quelques baies de genièvre et une très-petite quantité de houblon qui donne à cette liqueur une saveur de térébenthine que recherchent les amateurs.

» La seule différence que présente le genièvre avec l'eau-de-vie de grain ordinaire est la faible atténuation que le moût éprouve et la petite quantité de levure employée. Dans les procédés ordinaires de fabrication d'eau-de-vie de grain, l'atténuation est portée aussi loin qu'il est possible, et avec la même quantité de grain, on extrait le double d'eau-de-vie. Il est même très-possible que cette fermentation complète et la grande quantité de levure qu'on y emploie, soient la cause de la saveur désagréable qu'on reproche aux eaux-de-vie de grain ordinaires. Ce sont surtout les pays où le fisc intervient dans cette fabrication où l'on retire la plus grande quantité possible d'eau-de-vie d'un poids donné de grain, mais où il est impossible aussi de fabriquer du genièvre, du moins aussi agréable au goût des consommateurs que celui qu'on prépare en Hollande. »

Crème de genièvre de Hollande.

On trouvera plus loin, à la page 327, la fabrication allemande du genièvre de Hollande qui marque assez généralement 48° à 50° à l'alcoomètre centésimal. C'est avec cet alcool qui a déjà vieilli qu'on fabrique la crème de genièvre de Hollande. Pour cela, on prend :

Genièvre.	12 litres.
Sucre raffiné.	5 kilog.
Eau.	4 lit.50

On fait dissoudre à chaud le sucre dans l'eau, et quand le sirop est froid, on l'ajoute au genièvre. Produit 20 litres.

SECTION III.

LIQUEURS ALLEMANDES.

On prépare et on boit beaucoup de liqueurs en Allemagne, et plusieurs centres de fabrication, tel que Dantzig, Breslau, Magdebourg, Vienne, etc. jouissent d'une réputation méritée pour ce genre d fabrication. Plusieurs de ces liqueurs sont des imita tions des produits français; mais aussi il y en a beaucoup d'autres qui sont propres à l'Allemagne, et qui ne seraient peut-être pas de notre goût, ce qui ne nous empêchera pas d'en faire connaître quelques-unes des plus répandues.

En général, les liqueurs allemandes sont moins sucrées que celles qui sont fabriquées en France, et quelques-unes même le sont fort peu. On en jugera par les données suivantes que nous empruntons au *Praktisches recepttaschenbuch*, de M. Ed. Schubert, habile praticien de Braunschweig, ouvrage qui nous a servi en grande partie à compléter notre travail sur les liqueurs allemandes.

Les liqueurs préparées par voies de distillation sont de trois sortes : les liqueurs (*liqueuren*), les boissons alcooliques doubles (*doppel Branntweine*), et celles simples (*einfach Branntweine*). Les premières, qui marquent assez généralement 36°, ne reçoivent guère, par 20 litres, que 3 kil. 60 de sucre; les secondes, 1 kil. 20, au plus 1 kil. 80, et les troisièmes, 900 grammes seulement.

Les liqueurs préparées à froid par les essences, marquant 36° à 40°, se partagent également en trois sortes ; liqueurs, boissons doubles et simples, et les proportions du sucre y sont les mêmes que ci-dessus, de 36 à 45°.

Enfin, les crèmes qu'on fabrique aussi avec les essences, sont en général sucrées par 20 litres, avec 9 kilogr. de sucre. Ainsi, les crèmes allemandes correspondraient au plus à nos liqueurs fines, et on ne connaîtrait pas, dans la fabrication de ce pays, ce que nous appelons liqueurs surfines.

On préfère, en Allemagne, ajouter le sirop de sucre, encore chaud, au produit de la distillation et au mélange de l'alcool et des essences, parce que, assure-t-on, les liqueurs se clarifient bien plus promptement et ont une consistance plus huileuse. On ne fait exception que pour les boissons simples.

On ne distille pas toujours les ingrédients avec toute la quantité d'alcool qui entrera par la suite dans la liqueur; afin d'abréger les opération, on n'en prend souvent qu'une portion seulement, et plus tard on complète cette quantité.

Ainsi, je suppose qu'on veuille fabriquer 20 litres d'eau-de-vie de Dantzig à 36° avec 8 litres d'alcool à 80°. On dira 20 litres à 36° forment un total de 720°, tandis que 8 litres à 80° ne donnent que 640°, il faut donc à ces 640° ajouter 80° pour le porter à 720°, c'est-à-dire ajouter après la distillation 1 litre d'alcool à 80°, et étendre ensuite d'eau pour avoir 20 litres à 36°.

Dans tous les cas, il faut prendre à l'alcoomètre le degré du produit distillé, le multiplier par le nombre des litres qu'il présente, comparer le produit de ces nombres avec celui du nombre de litres qu'on veut avoir, multiplié par le degré alcoométrique, et au besoin, ajouter en alcool ce qui pourrait manquer en degrés avant d'étendre avec l'eau.

Nous allons présenter maintenant un certain nombre de formules de liqueurs allemandes ramenées au volume de 20 litres et avec l'indication de leur degré alcoométrique. Mais auparavant, nous ferons remarquer qu'on se sert en Allemagne pour connaître la richesse des liqueurs alcooliques, de l'alcoomètre centésimal de Tralles, qui, de même que l'alcoomètre de Gay-Lussac, marque 0° dans l'eau pure et 100° dans l'alcool anhydre ou absolu; seulement l'alcoomètre de Gay-Lussac a été gradué à la température de 15° C., tandis que celui de Tralles l'est à celle de 12°5 Réaumur ou 15°625 centigrades. Malgré cette légère différence, nous avons admis sans difficulté la notation de Tralles comme identique avec celle de Gay-Lussac, parce qu'il ne peut en résulter aucune erreur bien notable.

Absinthe par digestion.

(20 litres à 75° C.)

Anis..	750 gram.
Badiane.	300
Coriandre.	225
Racine d'angélique.	150
Fenouil.	750
Sommités d'absinthe.	458

Broyez les substances et faites-les digérer pendant quelques jours dans 20 litres d'alcool à 60°, distillez et retirez 12 litres de bon produit et ajoutez-y de l'alcool à 85° ou 90° pour avoir 20 litres à 75°, et enfin colorez avec une teinture verte.

Autre formule.

(20 litres à 75° C.)

Absinthe pontique.	150 gram.
— ordinaire.	400
Origan de Crète.	60
Racine d'angélique..	300
— de calamus.	240
Marjolaine.. . . . . . ·	150
Badiane..	300
Anis..	300
Coriandre.	300

Opérez comme ci-dessus.

Absinthe, par les essences.

(20 litres à 75° C.)

Essence d'anis.	10 gram
— de badiane.	15
— de fenouil.	10

Essence d'absinthe. . . . . 20 gram.
  —   de coriandre. 10
  —   d'angélique.. 5
  —   d'origan. 5

Dissolvez dans 2 litres d'alcool à 90°, ajoutez 15 litres d'alcool à 85° et 2 lit. 50 d'eau et colorez en vert.

Crème d'absinthe.

(20 litres à 45° C.)

Essence d'absinthe suisse. . . . . . 30 gram.
Alcool à 90° C. . . . . 10 litres.
Sucre. . . . . 9 kilog.

Amenez à 45° avec l'eau et colorez en vert.

Eau d'absinthe citronnée.

(20 litres à 36° C.)

Essence de grande absinthe.. . . . . 4 gram.
  —   de citron. 6
  —   de menthe poivrée.. 3
  —   d'anis.. 1
Alcool à 90° C. . . . . 8 litres.
Sucre.. . . . . 3 kil.60

On colore en vert.

Crème d'amandes (mandel creme).

(20 litres à 36° C.)

Essence d'amandes amères. . . . . . 6 gram.
Alcool à 90° C. . . . . 8 litres.
Sucre. . . . . 9 kilog.

Crème d'ananas.

(20 litres à 36° C.)

Ether d'ananas. . . . . 45 gram.
Essence d'ananas. 30
  —   de roses. . . . . 10 gouttes.
Alcool à 90° C.. . . . . 8 litres.
Sucre.. . . . . 9 kilog.

Eau pour amener à 36°.

Anisette par distillation.

(20 litres à 36° C.)

Badiane. . . . . 300 gram.
Amandes amères broyées. 150
Coriandre. 150
Iris de Florence en poudre. . . . 100
Alcool à 80° C. 10 lit.60
Eau 6   60

Faites macérer pendant quelques jours, retirez par une distillation douce 9 litr. 30 de bon produit, ajoutez un sirop fait avec 3 lit. 60 de sucre raffiné, ramenez avec l'eau à 36°. Liqueur incolore.

Anisette, par les essences.

(20 litres à 36° C.)

Essence d'anis. . . . . 150 gouttes.
   — d'amandes amères. 36
Alcool à 90° C. . . . . 8 litres.
Sucre. 3 kil.60

Crème d'anisette.

(20 litres à 36° C.)

Essence d'anis. . . . . 10 gram.
Alcool à 90° C. . . . . 8 litres.
Sucre. . . . . 9 kilog.

Bitter, par distillation (magen bitter-liqueur).

(20 litres à 36° C.)

Anis. . . . . 80 gram.
Ecorce d'orange. 80
Calamus aromaticus. 80
Baies de genièvre. 80
Sauge. 80
Grande absinthe. 80
Angélique 40
Menthe poivrée. 40
Fleurs de lavande. 40

Girofle.	20 gram.
Alcool à 80° C..	10 kil.65
Sucre	3 60
Eau	6 65

Distillez 9 lit. 30 de bon produit, ajoutez le sirop et colorez avec le caramel.

Bitter, par les essences.
(30 litres à 36° C.)

Essence de roseau aromatique. .	2 gram.	» gram.
— de genièvre.	2	»
— de sauge.	2	»
— d'anis.	2	1
— d'orange.	1	2
— de menthe poivrée . . .	1	»
— de lavande.	1	»
— d'angélique.	1	»
— de girofle.	1	»
— de citron	»	2
— de galanga.	»	1
— d'absinthe..	»	2
— de valériane	»	1
— de macis.	»	1
— de cardamome	»	12 gouttes.
— de cubèbe.	»	12
Alcool à 90° C.	9 litres.	9 litres.
Sucre.	3 kil.60.	3 kil·60.

Amenez avec l'eau à 36° et colorez avec le caramel et le jus de cerises dans le premier cas, et le caramel seul dans le second.

Bitter d'Angleterre (English-bitter).
(20 litres à 40° C.)

		Crème.
Essences d'amandes amères anglaises.	10 gram.	12 gram.
Alcool à 90° C.	9 litres.	9 litres.
Sucre	2 kil. 40	7 kil. 2

Amenez avec l'eau à 40°, et colorez avec du jus de cerises noires et du caramel.

Bitter de Hambourg, par distillation (Hamburger bitter liqueur).

(30 litres à 40° C.)

Cannelle de Chine . . . .   150 gram.
Cannelle de Ceylan.   100
Girofle   40
Cardamome   20
Macis.   20
Calamus aromaticus.   60
Grande absinthe.   60
Alcool à 80° C. 11 lit.30
Eau. 6 lit.60

On fait digérer pendant quelques jours, on distille, on retire 10 lit. 60 et on ajoute :

Sucre raffiné 3kil.60
Bois de cassie. . . . .   100 gram.

On n'ajoute le bois de cassie qu'après l'avoir fait digérer plusieurs jours dans un litre d'alcool. On sucre et on colore avec le caramel.

Bitter de Hambourg, par les essences.

(20 litres à 40° C.)

		Crème.
Essence de menthe poivrée. . .	2 gram.	12 gram.
— de roseau aromatique . .	2	»
Essence d'orange.	1 gram.	» gram.
— de grande absinthe. . . .	2	»
— de cannelle	1	»
— de girofle	1	»
— de citron	1	»
Alcool à 90°	9 lit.50	9 lit.50.
Sucre	3 lit.60	9 kil.

Amenez avec l'eau à 40° C., et colorez avec le caramel et le jus de cerises noires après avoir amené à 40° avec l'eau.

Bitter fin (fein-bitter-liqueur).

(30 litres à 40° C.)

Zestes d'oranges douces, fraîches.	225 gram.
— d'oranges amères	225
Cannelle de Ceylan	40
Bois de cassie.	30
Alcool à 90° C.	9 litres.

Faites macérer 8 jours, exprimez et filtrez, puis faites un sirop avec 2 lit. 50 de sucre raffiné et colorez comme ci-dessus.

Bitter d'angélique (angelica-bitter-liqueur).

(20 litres à 30° C.)

Zestes de citron	300 gram.
Racine d'angélique.	200
Laurier à sauce.	40
Cannelle de Ceylan	40
Iris de Florence.	20
Macis.	20
Alcool à 80° C.	10 lit. 60
Eau	5 lit. 60

Faites digérer, distillez, retirez 9 lit. 30, ajoutez un sirop fait avec 9 lit. 60 de sucre raffiné, ramenez avec l'eau à 36°, et ajoutez 1 lit. 33 d'eau de roses.

Crème de cannelle.

(20 litres à 36° C.)

Essence de cannelle de Chine . . .	12 gram.
Alcool à 90° C.	8 litres.
Sucre	9 kilog.

On colore en brun cannelle après avoir étendu d'eau.

Citronnelle.

(20 litres à 40° C.)

Zestes de citrons frais	360 gram.
— d'oranges fraîches	120

Girofle . . . .   6 gram.
Macis.   6

On fait digérer dans 12 litres d'alcool à 70° pendant 8 jours, on exprime, on ajoute 4 lit. 60 de sucre raffiné, on amène à 40° et on colore en jaune.

Eau de Feuchtmaier.

(20 litres à 36° C.)

Essence de genièvre. . . . .   5 gram.
  — de camomille.   1
  — de roseau aromatique. . . .   1
  — de cardamome   1
  — d'anis . . . .   12 gouttes.
  — d'origan de Crète.   12
  — de cumin   12
Sucre . . . .   2 kil. 40
Suc de cerises noires. . . . . . .   1 lit. 30
Alcool à 90° C.. . . . .   8 litres.

Ramenez avec l'eau à 36°

Eau de Mannheim.

(20 litres à 36° C.)

Essence de citron. . . . .   5 gram.
  — de fenouil.   2
  — d'anis.   2
  — de girofle.   1
Sucre. . . . .   3 lit. 60
Alcool à 90° C. . . . .   8 litres.

On laisse incolore.

Eau de pain (Brodwasser-liqueur).

(20 litres à 36° C.)

Croûte de pain de seigle cuit
  noir, dit *schwarzbrod* . . . 1 kil. 700
Ecorces sèches de citron. . . . »   450
Girofle. . . . . »   20 gram.
Cannelle. . . . . »   20

Distillateur-Liquoriste.   28

Macis . . . .   »   10 gram.
Coriandre . . . .   »   10
Anis. . . . .   »   5
Alcool à 90° C.. . . . .   9 litr. 33
Eau   6   66
Sucre . . . .   3 kil. 60

On fait macérer les diverses substances dans l'alcool pendant quelques jours, on distille pour retirer 9 lit.66 de bon produit, on ajoute le sirop de sucre et l'eau pour ramener à 36°. On colore avec le caramel.

Eau-de-vie de Dantzig.

(20 litres à 36° C.)

Semence de cumin. . . . .   180 gram.
Semence de céleri.   180
Anis vert.   360
Muscade   60
Ecorce d'orange   120
Alcool à 90° C. . . . .   10 litres.
Sucre. 4 kil.50
Eau. . . . .   8 litres.

On fait digérer pendant 8 jours, on distille avec lenteur pour retirer 8 litres; au produit distillé on ajoute le sirop de sucre, puis l'eau pour amener à 36°.

Autre formule.

(20 litres à 36° C.)

Cannelle de Ceylan . . . .   50 gram.
Girofle.   3
Semences de céleri   25
    — de carvi.   25
    — d'anis vert.   25
    — de cumin.   6
Alcool à 85° C. . . . .   10 litres.

Faire infuser pendant 24 heures, distiller sans rectifier, pour obtenir 10 litres d'esprit parfumé, puis ajouter :

Sucre raffiné . . . . 5 kilog.
Eau. . . . . 6 litres.

Mettre une feuille d'or brisée dans chaque flacon.

Framboise (himbeer-liqueur.

(20 litres à 36° C.)

	Par infusion.			Par essence.
Suc de framboise. . . .	8 lit.	9 lit.30	5 lit.30	»
Essence de framboise. .	»	»	»	100 gr.
— de citron.	»	»	»	2
— d'amandes amè-				
res.	»	»	»	12 gout.
Alcool à 85° C.	»	8 lit.66	»	»
— à 90° C.	4 lit.60	»	3 lit.33	4 lit.
Sucre.	4kil.50	4kil.50	4kil.50	4kil.50

Colorez en rouge la première formule avec une
teinture rouge, la seconde avec la cochenille; les
deux autres avec le jus de cerises noires ou celui des
baies de myrtille.

Genièvre, par distillation (wachholder-liqueur).

(20 litres à 40° C.)

Baies de genièvre. 1 kil.20
Coriandre . . . . 40 gram.
Iris de Florence 80
Alcool à 80° C. . . . . 11 lit. 33
Eau 6 lit.60

Faites infuser pendant plusieurs jours, retirez à
une douce distillation 10 lit.60, sucrez avec 3 kil.60
de sucre raffiné, ramenez à 40° et colorez en verdâtre.

Genièvre, par les essences.

(20 litres à 40° C.)

				Crème.
Essence de genièvre. . .	15 gr.	15 gr.	15 gr.	24 gr.
— de coriandre. . . .	»	1	»	»

				Crème.
Essen. de cannelle de Chine	» gr.	» gr.	1 gr.	50 gr.
— de bois de santal .	»	»	1	50
Alcool à 90° C.	9 litr.	9 litr.	9 litr.	9 litr.
Sucre	3 k.6	3 k.6	3 k.6	7 k.20

Amenez à 40° avec l'eau.

Crème de gingembre (Ingwer-creme).

(20 litres à 45° C.)

Gingembre concassé	450 gram.
Alcool à 90° C.	10 litres.
Sucre.	9 kilog.

Faites digérer pendant 8 jours le gingembre dans l'alcool, exprimez, filtrez, ajoutez le sirop de sucre et l'eau pour amener à 45°.

Girofle, par distillation (Nelken-liqueur).

(20 litres à 36° C.)

Clous de girofle	450 gr.	450 gr.	375 gr.
Cassia lignea	75	»	»
Cannelle de Chine	75	120	»
Racine d'iris de Florence .	»	100	80
Cannelle de Ceylan. . . .	»	»	100
Cardamome	»	»	60
Macis	»	»	10
Alcool à 80° C.	10 lit.60	10 lit.60	10 lit.60
Eau	6 . 60	. 6 . 60	6 . 60

On fait digérer pendant quelques jours, on distille pour retirer 9 lit.30, on ajoute un sirop fait avec 3 kil.60 de sucre raffiné et l'eau nécessaire pour faire 20 litres. On colore avec le caramel.

Girofle, par les essences.

(20 litres à 36° C.)

		Crème.
Essence de girofle. . . .	10 gram.	15 gram.
— de cannelle. . . .	2	»
— de macis.	1	»

		Crème.
Alcool à 90° C.	8 lit.	8 lit.
Sucre.	3 kil.60	7 kil.2

Amenez avec l'eau à 36° et colorez en brun avec
le caramel.

Krambambuli, par distillation.

(20 litres à 45° C.)

Camomille romaine.. .	200 gram.	80 gram.
Anis vert.	60	80
Sauge.	30	40
Marjolaine..	20	40
Cannelle..	60	60
Calamus aromaticus. .	40	»
Gentiane..	20	»
Galanga.	30	40
Fleurs de lavande. . .	»	40
Cardamome.	»	40
Écorce d'orange. . . .	60	»
Alcool à 80° C.	12 lit.66	12 lit.66
Sucre.	4 kil 50	4 kil.50
Eau..	6 lit.65	6 lit.65

On fait digérer pendant quelques jours les substances dans l'alcool, on distille pour retirer 11 lit. 50,
on ajoute le sirop de sucre et on ramène avec l'eau
à 45°, on colore avec du jus de cerises noires pour
la première formule et un peu de caramel pour la
seconde.

Krambambuli de Dantzig, par les essences.

(20 litres à 45° C.)

Essence de macis.	2 gram.
— de cardamome.	2
— de girofle..	10
— de piment.	3 gouttes.
— de roses.	6
Alcool à 90° C..	10
Sucre..	3 kil.60

On ajoute le sirop fait à chaud et refroidi et la quantité d'eau pour ramener à 45°. On colore avec du jus de cerises noires ou une teinture rouge.

Krambambuli de Magdebourg, par les essences.

(20 litres à 45° C.)

Essence de mélisse..	1 gram.
— de macis.	1
— de grande absinthe.	1
— de cubèbe.	1
— de cardamome.	1
— de sauge.	1
— de marjolaine..	3
— de citron..	3
— de lavande..	2
Alcool à 90° C..	10
Sucre..	4 kil.5

On colore avec une teinture rouge.

Kummel, par distillation (kummel-liqueur).

(20 litres à 40° C.)

Semence de cumin..	900 gram.
Alcool à 80° C.	11 lit.30
Sucre.	4 kil.50
Eau.. . . . . , ...	6 lit.50

Faites digérer, distillez, retirez 10 lit.60 de bon produit, ajoutez le sirop de sucre et l'eau nécessaire pour ramener à 40°.

Kummel de Breslau.

(20 litres à 40° C.)

Semence de cumin.	900 gram.
Fenouil.	60
Cannelle de Chine.	20
Alcool à 80° C.	11 lit.30

Sucre. 4 kil.50
Eau. 6 lit.50

Opérez comme ci-dessus.

Kummel de Dantzig.

(20 litres à 40° C.)

Semence de cumin. . . . .   900 gram.
Coriandre.   60
Écorces d'orange..   30
Alcool à 80° C. 11 lit.30
Sucre. 4 kil.30
Eau. 6 lit.50

Opérez comme ci-dessus.

Kummel de Magdebourg.

(20 litres à 40° C.)

Semence de cumin. . . . .   900 gram.
Anis..   60
Fenouil.   30
Alcool à 80° C. 11 lit.30
Sucre.. . . . .   4 kil.50
Eau. 6 lit.50

Opérez comme ci-dessus.

Autre formule.

Semence de cumin. . . . .   900 gram.
Racine d'iris..   40
Écorces de citron..   30
Alcool à 80° C. 11 lit.30
Sucre. 4 kil.50
Eau.. . . . .   6 lit.50

Opérez comme ci-dessus.

Kummel, par les essences.

	Ordinaire.	De Dantzig	De Breslau	De Magdebourg.	Composée.
Essence de cumin.	15 gr.	15 gr.	15 gr.	15 gr.	15 gr.
— de coriandre.	»	gouttes. 12	»	»	»
— d'orange. . ..	»	12	»	»	»
— de fenouil . .	»	»	gouttes. 18	»	»
— de cannelle..	»	»	12	»	»
— de violette. .	»	»	»	»	2 gr.
— de citron. . .	»	»	»	»	gout'es. 12
Alcool à 90°.. . .	9 lit.	10 lit.	10 lit.	9 lit.	9 lit.
Sucre.	4 k.50	4 k.50	4 k.5	4 k.5	4 k.5

Faites dissoudre les essences dans l'alcool, ajoutez le sirop de sucre et l'eau nécessaire pour ramener à 40° C.

Crème de kummel.

(20 litres à 40° C.)

Essence de cumin..	15 gram.
Alcool à 90° C..	9 litres.
Sucre..	9 kilog.

Crème de macaron, par distillation (macaronen-crème).

(20 litres à 36° C.)

Amandes amères..	300 gram.
Cardamome.	40
Girofle..	40
Cannelle..	40
Alcool à 80° C.	10 lit.66
Eau..	6 litres.

On fait macérer, on distille doucement pour retirer 9 lit. 30 de bon produit, puis on ajoute :

Sucre.. . . . . 4 kil.50
Eau de roses. 1 lit.30
Eau de fleurs d'oranger. . . . . . 1 litre.

On laisse la liqueur blanche ou on la colore en brun clair.

Crème de macaron, par les essences.

(20 litres à 36° C.)

Essence d'amandes amères. . . . . 5 gram.
— de cardamome. 1
— de cannelle. 1
— de girofle. 1
— de citron. 1
Huile de roses. . . . . 6 gouttes.
Alcool à 90° C. . . . . 8 litres.
Sucre.. . . . . 3 kil.60

Amenez à 36° et colorez en brun clair.

Autre formule.

(20 litres à 36° C.)

Essences d'amandes amères. . . . 4 gram. 1/2
— de cardamome. . . . . . . 50 gouttes.
— de cannelle de Chine. . . . 50
— de girofle.. 36
— de roses. 12
Alcool à 90° C.. . . . . 8 litres.
Sucre.. . . . . 9 kilog.

Amenez à 36° et colorez en brun clair.

Crème de mélisse.

(20 litres à 80° C.)

Essence de mélisse . . . . 6 gram.
— de citron. . . . . 30 gouttes.
— de cannelle de Ceylan. . . 18
— de coriandre 3
Alcool à 90° C.. . . . . 8 litres.
Sucre . . . . 9 kilog.

Amenez avec l'eau à 36° et colorez en vert.

Menthe crépue, par distillation (krausemunz-liqueur).

(20 litres à 36° C.)

Menthe crépue.	1 kil.200
Sauge.	30 gram.
Cannelle de Ceylan.	30
Grande absinthe	30
Gingembre.	30
Mélisse	60
Macis	20
Alcool à 80° C.	10 lit.60
Eau.	6 lit.60

Opérez exactement comme ci-dessus et colorez en vert.

Crème de menthe crépue, par les essences.

Essence de menthe crépue.	12 gram.
Alcool à 90° C.	8 litres.
Sucre	9 kilog.

Amenez à 36° avec l'eau et colorez en vert.

Menthe poivrée, par distillation (Pfeffermunz-liqueur).

(20 litres à 36° C.)

Menthe poivrée.	1 kil.200	900 gram.
Mélisse.	80 gram.	»
Cannelle de Ceylan . . .	40	»
Sauge	20	»
Iris de Florence.	20	»
Gingembre	30	»
Anis	»	60
Badiane.	»	20
Alcool à 80° C.	10 lit.60	10 lit.60
Eau	6 lit.60	6 lit.60

On fait digérer les substances, on distille pour obtenir 9 litr. 30, on ajoute le sirop fait avec 4 kil. 50

de sucre raffiné, l'eau nécessaire pour amener à 36°
et on colore en vert.

Menthe poivrée, par les essences.

(20 litres à 36° C.)

Essence de menthe poivrée.	10 gram.	12 gram.
Alcool à 90° C.	8 litres.	8 litres.
Sucre.	4 kil.50	9 kilog.

Colorez en vert.

Autre formule.

Essence de menthe poivrée anglaise.	8 gram.
— de menthe poivrée d'Amérique.	4
Alcool à 90° C.	8 litres.
Sucre	4 lit.50

Liqueur blanche.

Crème de muscade (muscat-creme).

(20 litres à 36° C.)

Essence de muscade.	12 gram.
Alcool à 90° C.	8 litres.
Sucre.	9 kilog.

Amenez à 36° avec l'eau et colorez en rouge clair.

Orange par distillation
(orangen ou pomeranzen-liqueur).

(20 litres à 36° C.)

Ecorces d'oranges	900 gram.
— de citron.	150
Cannelle de Chine.	80
Piment	60
Alcool à 80° C.	10 lit.60
Eau.	6 lit 60

Faites digérer, distillez, retirez 9 lit. 30, ajoutez un
sirop fait avec 4 kil.50 de sucre raffiné et l'eau nécessaire pour ramener à 36° C. Colorez en jaune
foncé par le caramel.

Crème d'orange.

(20 litres à 36° C.)

Essence d'écorce d'oranges . . . .   15 gram.
Alcool à 90° C. . . . .   8 litres.
Sucre . . . .   9 kilog.

Colorez en brun après avoir amené à 36° avec l'eau.

Crème d'orange, par les esprits et les essences.

(20 litres à 36° C.)

	ordinaire		
Esprit d'écorce d'oranges.	12 gr.	»	»
Essence d'oranges amères.	»	15	8 gr.
— d'oranges douces.	»	»	4 gr.
Alcool à 90° C.	8 lit.	8 lit.	8 lit.
Sucre	4 kil.5	4 kil.5	4 kil.5

Amenez à 36° avec l'eau et colorez avec le caramel.

Crème de romarin.

(20 litres à 36° C.)

Essence de romarin de France. . .   15 gram.
— de lavande . . . .   6 gouttes.
— de cannelle de Ceylan . . .   6
Alcool à 90° C. . . . .   8 litres.
Sucre. 7 kil.2

On amène avec l'eau à 36° et on colore en vert.

Roseau aromatique, par distillation (kalmus-liqueur).

(20 litres à 36° C.)

	ordinaire.	De Breslau.
Racine de calamus aromaticus.	900 gr.	600 gr.
Racine d'angélique	300	»
Anis	»	60
Badiane.	»	40
Alcool à 80° C.	10 lit.60	10 lit.60
Eau.	6 lit.60	6 lit.60

Faites digérer pendant quelques jours, distillez pour retirer 8 litres pour la liqueur ordinaire, et 9 lit.30 pour celle de Breslau, ajoutez un sirop fait dans le premier cas avec 4 kil. 2, et dans le second, avec 3 kil. 60 de sucre raffiné, ramenez à 36° et colorez au caramel.

Roseau aromatique, par les essences.

(20 litres à 36° C.)

			crème.
Essence de calamus aromaticus.	12 gr.5	8 gr.	12 gr.
Essence d'angélique. . .	»	4	»
Alcool à 90° C.	8 lit.	8 lit.	8 lit.
Sucre.	2 kil.40	3 kil.60	7 kil.2

Ramenez à 36° avec de l'eau et colorez avec le caramel, excepté la crème qui reste blanche.

Autre formule.

	De Breslau.	De Magdebourg.
Essence de roseau aromatique	10 gr.	10 gr.
— d'anis.	2	»
— de badiane.	1	»
— d'angélique	»	1
— de citron	»	2
Alcool à 90° C.	8 lit.	8 lit.
Sucre.	3 kil.60	3 lit.60

Colorez le kalmus-liqueur de Breslau avec le caramel et laissez celui de Magdebourg incolore.

Marasquin.

(20 litres à 45° C.)

Noyaux de cerises moulus	3 kil.60
Macis	5 gram.
Cannelle de Chine	80
Girofle.	30
Alcool à 80° C.	12 kil.60
Eau.	6

On fait macérer quelques jours, on distille et retire 11 lit. 30, et au bon produit on ajoute :

Essence de vanille. . . . . 10 gram.
Eau de roses. 1 lit.30
Sucre 4 kil.50

On ne colore pas et on laisse blanc.

Persicot, *par distillation.*

(20 litres à 36° C.)

Amandes amères . . . . 900 gram.
Zestes de citron. 120
Cannelle de Chine... 40
Muscade.. 10
Girofle 10
Alcool à 80° C. 10 lit.60
Eau. 6   60

Faites macérer pendant quelques jours, distillez 9 lit.50 de bon produit, et ajoutez un sirop fait avec 4 kil.50 de sucre raffiné. Le persicot reste blanc.

Persicot, *par les essences.*

(20 litres à 36° C.)

Essence d'amandes amères. . . . 80 gram.
Alcool à 90° C. . . . . 8 litres.
Sucre raffiné. 4 kil.50

Persicot, *par les esprits.*

(20 litres à 36° C.)

Esprit concentré d'amandes amères. 1 litre.
Alcool à 90°.. . . . . 8 litres.
Sucre.. . . . . 4 kil.50

Eau nécessaire pour ramener à 36°.

Vanille.

(20 litres à 36° C.)

		Crème.
Vanille coupée en morceaux.	30 gr.	48 gr.
Alcool à 90° C..	8 litres.	8 litres.
Eau..	1	1

Faire macérer pendant 8 jours, exprimer, filtrer, ajouter 4 kil.50 de sucre raffiné à la première formule et 9 kil. à la seconde, puis l'eau nécessaire pour amener à 36°, et colorer légèrement en rouge.

Crème de vanille.

(20 litres à 36° C.)

Essence de vanille..	90 gram.
— de roses.	10 gouttes.
Alcool à 90° C.	8 litres.
Sucre.	9 kilog.

Amenez avec l'eau à 36° et colorez en rouge pâle.

Vermouth de Breslau, par distillation (wermuth Breslauer).

(20 litres à 40° C.)

Grande absinthe, feuilles.	750 gram.
— fleurs.	150
Chardon bénit.	150
Girofle.	40
Alcool à 80° C.	11 litres.
Eau..	6 lit.60

Faites macérer, retirez à une douce distillation 9 lit.50 de bon produit, ajoutez un sirop fait avec 3 kil.60 de sucre raffiné. Ramenez à 40° et colorez en vert.

Vermouth de Breslau, par les essences.

(20 litres à 40° C.)

Essence d'absinthe.	10 gr.	8 gram.
— de roseau aromatique.	»	2
— de cannelle.	»	6 gouttes.
— de girofle..	»	6
Alcool à 90° C..	9 litres.	9 litres.
Sucre..	3 kil.6	3 kil. 60

Colorez en vert après avoir amené à 40° avec l'eau.

Crème de vermouth.

(20 litres à 40° C.)

Essence d'absinthe. . . . . 9 gram.
— de cannelle de Chine. . . . 50 gouttes.
— de girofle.. 50
Alcool à 90° C.. . . . . 9 litres.
Sucre. . . . . 9 kilog.

Amenez à 40° avec l'eau et colorez en vert.

SECTION IV.

LIQUEURS ITALIENNES.

Nous ne donnerons ici qu'un petit nombre de liqueurs italiennes, celles qui jouissent depuis longtemps d'une réputation méritée.

Ces liqueurs sont généralement très-chargées en sucre, et par conséquent ne sont pas du goût de tous les consommateurs, qui leur préfèrent les liqueurs françaises. Au reste, ces liqueurs se fabriquent depuis longtemps en France aussi bien que sur les anciens lieux de production, et rien n'empêche d'en varier de bien des manières les formules tout en leur conservant en grande partie la saveur qui en a fait la réputation.

Alkermès de Florence.

Cannelle de Ceylan. . . . . 75 gram.
Ambrette.. 30
Roseau aromatique. 30
Girofle.. 12
Macis.. 12
Alcool à 85° C. . . . . 8 litres

On fait macérer pendant 36 à 40 heures, on distille au bain-marie, et aux 8 litres de bon produit, on ajoute :

Infusion d'iris.. . . . .   10 gram.
Eau de roses. 1 lit.25
Extrait de jasmin.. . . . .   6 gram.
Sucre raffiné. . . . .   11 kilog.
Eau. 3 lit.20

On colore en rouge avec la cochenille.

Autre formule.

Feuilles de laurier.. . . . .   200 gram.
Girofle.   200
Cannelle de Ceylan..   26
Noix muscades..   40
Alcool à 85° C. . . . .   12 litres.
Eau   6

Faites macérer, distillez, retirez 12 litres d'esprit parfumé, et ajoutez :

Sucre. . . . .   10 kilog.
Eau. . . . .   4 litres.

Colorez en rouge ponceau.

Aqua bianca.

(20 litres à 36° C.)

Essence de citron.. . . . .   2 gram.
 — d'ambre..   2
 — de menthe..   2
 — de mélisse..   2
 — de vanille..   1

On fait digérer doucement pendant quelques jours les essences dans 8 lit.60 d'alcool à 85° C., on ajoute un sirop fait avec 4 kil.50 de sucre raffiné, puis 2 litres d'eau de roses, l'eau nécessaire pour amener à 36°, et on mélange quelques feuilles d'argent.

Aqua bianca di Torino.

Essence de bergamote.. . . . . . .   1 gram.
 — de citron..   1
 — de cédrat..   1

Essence d'ambre.. . . . .   1 gram.
— de menthe poivrée.   1
Alcool à 85° C . . . .   10 litres.
Eau.   5

Faites digérer pendant 24 heures, puis ajoutez:

Eau de roses.. . . . .   1 lit.25
Eau de fleurs d'oranger.   1   25
Sucre.. . . . .   8 kilog.
Eau.. . . . .   2 litres.

Ajoutez quelques feuilles d'argent brisées.

Autre formule.

Girofle.. . . . .   12 gram.
Cannelle de Ceylan..   100
Muscade..   12
Alcool à 85° C. . . . .   8 litres.

Faites digérer pendant 36 heures, distillez 8 litres, puis ajoutez :

Sucre raffiné. 11 kil.2
Eau. 4 lit.20

Cedrato di Palermo.

Zestes de citrons frais. . . . . .   200 (nombre).
Alcool à 85° C. . . . .   10 litres.

Distillez et retirez 8 litres d'esprit, et ajoutez :

Eau de cannelle de Ceylan.. . . .   10 centil.
— de girofle..   5
— de macis.   5
— d'ambrette.   10
Sucre raffiné. 11 kil.2
Eau. 4 lit.2

Maraschino di Zara.

Eau de marasquin.. . . . .   4 litres.
Eau de fleurs d'oranger. . . . . .   2 décil.
Eau de roses.   2
Alcool à 85° C.. . . . .   8 litres.
Sucre raffiné. 11 kil.2

On mélange les eaux parfumées et le sucre dans l'alambic, on chauffe fortement en agitant, on ajoute l'alcool, on remue, on ferme l'alambic et on laisse refroidir.

Mirobolanti.

Myrobolans.	100 gram.
Storax calamite.	25
Laurier sauce.	100
Santal citrin..	50
Alcool à 85° C.	8 lit.5

Faites macérer 24 à 36 heures, distillez et rectifiez pour obtenir 8 litres d'esprit, puis ajoutez :

Eau de roses.	4 décil.
— de cannelle de Chine.	5 centil.
Sucre raffiné.	11 kil.2
Eau.	4 litres.

Rosolio di Torino.

Zestes de citrons frais.	150 gram.
Cannelle deCeylan.	40
Cubèbe.	15
Girofle.	15
Badiane.	15
Acorus.	15
Cardamome.	15
Racine d'angélique.	15
Alcool à 85° C.	8 litres.
Sucre raffiné..	11 kilog.
Eau..	8 litres.

Faites digérer dans l'alcool, retirez à la distillation 8 litres d'esprit parfumé, ajoutez le sirop, étendez d'eau et donnez une couleur rose pâle.

Autre formule.

Cannelle de Ceylan.	100 gram.
Cardamome.	50
Muscade..	50

```
Cubèbe. . . . . . . . . . . . . .      50 gram.
Iris de Florence. . . . . . . . .      50
Alcool. . . . . . . . . . . . . . .     8 litres.
Eau . . . . . . . . . . . . . . .       4
```

Distillez, retirez 8 litres et ajoutez :

```
Eau de roses double. . . . . . . .     6 litres.
Sucre. . . . . . . . . . . . . . .     8 kilog.
```

Colorez en rouge vif.

Autre formule.

```
Amandes amères. . . . . . . . . .     300 gram.
Noyaux d'abricots. . . . . . . .      400
Anis vert. . . . . . . . . . . .      100
Coriandre. . . . . . . . . . . .       25
Fenouil. . . . . . . . . . . . .       25
Alcool à 85° C. . . . . . . . . .      6 lit.4
```

On fait macérer pendant 24 à 36 heures, on distille et rectifie pour obtenir 6 litres de bon produit, puis on ajoute :

```
Esprit de roses. . . . . . . . . . .     2 litres.
Eau de cannelle de Chine. . . . .       10 centil.
   —   de girofle. . . . . . . . . .      5
   —   de muscades. . . . . . . . .       5
   —   de fleurs d'oranger. . . . .       2 décil.
Sucre raffiné. . . . . . . . . . .      11 kil.2
Eau. . . . . . . . . . . . . . . .       4 litres.
```

On colore en rose clair.

Rosolio di menta di Pisa.

```
Menthe poivrée en fleurs. . . . . . .     1 kil.20
Essence de menthe poivrée anglaise.       4 gram.
Alcool à 85° C. . . . . . . . . . . .     7 lit.60
```

Faire digérer pendant 36 heures la menthe dans l'alcool, distiller et rectifier, aux 7 litres de bon produit, ajouter l'essence et un sirop fait avec 10 kilog. sucre et 6 litres d'eau.

Vanigli di Napoli.

Vanille du Mexique.. . . . .   45 gram.
Alcool à 85° C.. . . . .   8 litres.
Sucre raffiné. 11 kil.2
Eau.. . . . .   4 lit.5

On coupe et on pile la vanille avec 2 kilog. de sucre, on met l'alcool sur un bain-marie, on y verse le sirop de sucre fait à chaud, puis le sucre pilé avec la vanille, on lute le vase, on chauffe doucement sans distiller, on laisse refroidir avec lenteur, et on colore en rose très-clair.

SECTION V.

LIQUEURS ANGLAISES ET AMÉRICAINES.

Nous ne connaissons pas beaucoup de liqueurs fabriquées en Angleterre ou aux Etats-Unis qui soient dignes de notre palais ou de figurer sur nos tables, et aucune d'elles ne saurait rivaliser avec nos meilleurs produits. Néanmoins, pour donner une idée de l'état de l'art du distillateur dans le pays que nous venons de citer, nsus ferons connaître un certain nombre de formules de liqueurs anglaises et américaines, aujourd'hui en vogue, que nous sommes parvenu à nous procurer, et dont nous indiquons en même temps le mode de manipulation. Toutes ces formules sont, en général, très compliquées, ce qui ne fait pas leur éloge, car non-seulement une formule compliquée fait ressortir une liqueur à un prix élevé, mais elle a de plus le désavantage de fournir une boisson qui n'a plus de caractère, où les parfums se confondent entre eux, se nuisent, s'altèrent ou s'exaltent sans raison.

Les proportions indiquées dans les formules sont

toutes pour une quantité de 20 litres de liqueur, et toutes se rapportent à des liqueurs fines.

Antakich-élixir.

Eau de menthe.	8 décigr.
Racine d'angélique divisée.	8
Coriandre en poudre.	16
Muscade en poudre.	16
Girofle en poudre..	16
Cannelle en poudre..	16
Zestes frais de citrons.	3gr.2
Mélisse fraîche en fleurs.	20 gram.
Alcool à 85° C..	10 litres.
Sucre raffiné.	15kil.75
Eau.	7lit.50

Faire infuser les huit premières substances ci-dessus dans l'alcool pendant huit jours, tirer au clair, réunir le sucre fondu à chaud dans la quantité d'eau, agiter, coller et filtrer.

Armour in proof.

Extrait de miel d'Angleterre.	12 gram.
— essence bouquet.	6
Infusion d'iris de Florence.	6
— d'ambrette.	4
— de musc.	2 décigr.
— d'ambre.	4
— de vanille.	1 gram.
Extrait de Chypre.	1
Essence de bergamote.	1
Alcool à 85° C..	7lit.2
Sucre raffiné.	11 kil.2
Eau.	5lit.2

On met les essences dans l'alcool, on agite, on y ajoute les extraits et les infusions, on agite encore, on fait dissoudre le sucre fondu à chaud dans la quantité d'eau connue, on mêle le tout, on laisse reposer, on colle et on filtre.

Bitter d'Angleterre, par infusion.

Cannelle de Chine. . . . .   6 gram.
Girofle.   3
Noix muscades.   3
Calamus aromaticus..   25
Gingembre..   12
Gentiane.   100
Racine d'aunée..   24
Zestes d'oranges fraîches. . . . . .   5 (nombre).
Zestes de citrons..   5
Alcool à 85° C. . . . .   20 litres.

On fait macérer tous ces aromates dans l'alcool pendant un mois, et agitant de temps à autre pour faciliter la digestion; on passe au tamis et on filtre. La liqueur n'a pas besoin d'être colorée.

Autre formule, par distillation.

Cannelle de Chine. . . . .   40 gram.
Cumin..   100
Thym..   20
Sauge..   20
Galanga..   20
Acorus vrai.   20
Girofle.   16
Noix muscades..   10
Zestes de citrons.. . . . .   10 (nombre).
Alcool à 85° C. . . . .   20 litres.
Eau..   6

Distillez l'alcool dans lequel vous avez introduit tous les aromates, retirez 18 litres de bon produit, puis ajoutez :

Eau de fleurs d'oranger triple. . . .   1 lit.50

Chicago-honey-dew.

Extrait de jasmin. 5 gr.6
    — à la tubéreuse.   2   8
    — à la rose..   2   6

Extrait aux fleurs d'oranger..	1 gr.8
— à la cassie.	1 2
Infusion d'iris.	4 gram.
— de vanille..	1 gr.6
— de Tolu..	0 4
Essence de bergamote.	0 225
— de Portugal	9 centig.
— de roses.	3.2
— de géranium.	3.9
— de citronnelle..	0.4
Alcool à 85° C..	7 lit.2
Sucre raffiné.	11 kil.2
Eau.	5 lit.2

Colorer en jaune clair avec le caramel.

On met les essences dans l'alcool, on agite, on y ajoute l'extrait et la teinture, puis on agite encore, on fait dissoudre le sucre fondu à chaud dans l'eau et on l'ajoute à l'alcool, enfin on met infuser le tout à une douce chaleur pendant 48 heures, on colle et on filtre.

Défensive-arms.

Extrait jacinthe..	16 gram.
— de fleurs d'oranger.	8
Essence de roses.	5 centigr.
Teinture de benjoin..	2
— d'ambre.	2
Alcool à 85° C..	7 lit.2
Sucre raffiné.	11 kil.2
Eau.	5 lit.2

Mettre les essences dans l'alcool, agiter, y ajouter les extraits et les teintures, agiter encore, réunir le sucre fondu à chaud dans la quantité d'eau connue, coller et filtrer.

Florid-Meadow.

Extrait essence bouquet.	16 gram.
— de pois de senteur.	9

Extrait d'ambroisie. . . . .   7 gram.
— de miel d'Angleterre.. . . .   5
Alcool à 85° C. bon goût. 7 lit.2
Sucre raffiné. 11 kil.2
Eau. . . . , ...   5 lit.2

Opérer comme à la précédente formule.

Four-fruit ratafia.

Extrait de jasmin. . . . .   10 gram.
Infusion d'iris   6
Extrait à la tubéreuse.   4
— de fleurs d'oranger.   4
Teinture de vanille.   8
— de storax..   3
— de baume de Tolu..   3
Alcool à 85° C.. . . . .   7 lit.2
Sucre raffiné. 11 kil.2
Eau. 5 lit.2

Opérer comme à la précédente indication.

Garden-Valerian.

Extrait essence bouquet. . . . . .   16 gram.
Eau de roses.   8
Eau de fleurs d'oranger.   4
Essence de néroli de Paris.   1
— de girofle.. . . . .   0 gr.2
Teinture de vanille..   1   2
— d'ambre.   1   0
— de musc.   0   2
Alcool à 85° C. bon goût. 7 lit.2
Sucre raffiné. 11 kil.2
Eau. 5 lit.2

Opérer comme ci-dessus.

Hawthorn.

Extrait de violette.. . . . .   8 gram.
— de fleurs d'oranger.   8
— de cassie..   4

Distillateur-Liquoriste.   30

Extrait de jasmin. . . . . 4 gram.
   — de rose.. 4
Infusion de Tonka.. 2
   — de vanille.. 2
   — de Tolu.. 2
   — d'ambre musqué. 1
Alcool à 85° C.. . . . . 7 lit.2
Sucre raffiné. 11 kil.2
Eau. 5 lit.2

Colorer très-clair en jaune avec le caramel.
Opérer comme précédemment.

Honey-flowers.

Extrait de jasmin.. . . . . 6 gram.
   — de tubéreuse 6
Infusion de vanille. 2
   — d'iris de Florence. 2
   — de benjoin. 9 centig.6
   — de musc. 2.4
   — d'ambre. 2.4
Essence de roses. 2.0
   — de girofle.. . . . . 1.2
   — de bergamote.. . . . . 2.4
Alcool à 85° C. bon goût. 7 lit.2
Sucre raffiné. 11 kil.2
Eau 5 lit.2

Opérer comme précédemment.

Honey-sweet.

Extrait de fleurs d'oranger.. . . . . 4 gram.
   — de tubéreuse. 4
   — de mousseline.. 4
   — à la rose. 4
   — à la cassie. 4
   — au jasmin.. 4
   — essence bouquet.. 2
   — de miel d'Angleterre. 1
Alcool à 85° C., bon goût. 7 lit.20

Sucre raffiné. 11 kil.6
Eau. 5 lit.2

Colorer en jaune clair avec le caramel.

Mettre les extraits dans l'alcool, agiter, y ajouter le sucre fondu à chaud dans la quantité d'eau connue, coller et filtrer.

Kiss me quik.

Infusion d'héliotrope. . . . . . .   10 gram.
Extrait d'ambroisie.   8
 — à la rose.   6
 — de fleurs d'oranger.   3
Infusion de vanille.   3
 — de musc. . . . .   1 goutte.
Essence d'amandes amères.   2
Alcool à 85° C. 7 lit.2
Sucre raffiné. 11 kil.2
Eau. 5 lit.2

Colorer en rose clair avec la cochenille.
Opérer comme précédemment.

Louisiana reed's liquor.

Extrait de fleurs d'oranger.. . . .   20 gram.
 — de cassie.   4
 — de rose..   4
Infusion de girofle..   4
 — de storax..   2
Alcool à 85° C. bon goût. 7 lit.2
Sucre raffiné. 11 kil.2
Eau. 5 lit.2

Opérer de même que pour la précédente formule.

Love perfect.

Infusion de vanille. . . . .   2 gram.
 — d'iris..   4
Extrait de fleurs d'oranger.. . . .   8
 — de jasmin..   8
 — de tubéreuse.   4

Extrait de cassie.	2 gram.
Infusion de storax.	2
Essence de citron.	2 décig.
— de bergamote.	2
— d'amandes amères.	1 goutte.
Alcool à 85° C.	7 lit.2
Sucre raffiné.	11 kil.2
Eau.	5 lit.2

Colorer en rose à l'orseille.
Opérer comme ci-devant.

Lovers-delight.

Esprit de roses.	9 gram.
Extrait de jasmin..	9
— de tubéreuse.	9
Teinture de vanille.	3
— de baume du Pérou.	1 gr.6
— d'ambre.	0 4
Alcool à 85° C.	7 lit.2
Sucre raffiné.	11 kil.2
Eau.	5 lit.2

Colorer en rouge au cudbear.
Opérer comme précédemment.

Lucia's elixir.

Infusion de storax.	2 gram.
— de Tolu.	2
Essence de bergamote.	0 gr.8
— de néroli de Paris..	0 8
— de géranium.	0 4
Extrait de fleurs d'oranger.. . . .	16 gram.
— à la tubéreuse.	8
Alcool à 85° C..	7 lit.2
Sucre raffiné.	11 kil.2
Eau.	5 lit.2

Opérer comme à la dernière indication.

Maids' oil.

Extrait de fleurs d'oranger.. . . .	9 gram.
— de tubéreuse.	9
— de jasmin..	9
Teinture de baume du Pérou.. . . .	4
— de storax.	4
Alcool à 85° C..	7 lit.2
Sucre raffiné.	11 kil.2
Eau.	5 lit.2

Opérer comme à la dernière indication.

Maids' water.

Extrait de fleurs de mai.	7 gram.
— de violette composé.	7
— de réséda..	7
— de jasmin..	7
— de fleurs d'oranger.	7
— de musc composé.	8 décig.
Alcool à 85° C..	7 lit.2
Sucre raffiné.	11 kil.2
Eau.	5 lit.2

Opérer comme précédemment.

Mexico-Balm.

Teinture de vanille..	1 litre
Eau de roses	100 gram.
Teinture de baume de Tolu.. . . .	10
— d'ambre.	4
Alcool à 85° C.	6 lit.2
Sucre raffiné..	11 kil.2
Eau..	5 litres.

Mettre les teintures dans l'alcool, agiter, ajouter l'eau de roses, agiter, réunir le sucre fondu dans la quantité d'eau connue, coller et filtrer.

Peach-flowers.

Extrait de fleurs d'oranger. . . .	25 gram.
Essence d'amandes amères.. . . .	2 décigr.

Essence de citron..............	2 décigr.
Teinture baume du Pérou......	45 centigr.
Alcool à 85° C...............	7 lit.20
Sucre raffiné...............	11 kil.20
Eau...................	5 lit.20

Mettre les essences dans l'alcool, agiter, y ajouter l'extrait et la teinture, agiter encore, dissoudre le sucre fondu à chaud dans la quantité d'eau connue, ajouter à l'alcool, mettre infuser le tout à une douce chaleur pendant 48 heures, coller et filtrer.

Peter's balm.

Extrait de fleurs d'oranger......	16 gram.
— de tubéreuse..........	3
Esprit de roses............	3
Infusion de vanille..........	4
Eau de fleurs d'oranger.......	2
Infusion de storax...........	1
Essence de bergamote.........	1
— d'amandes amères.......	1
— de néroli de Paris.......	1
Teinture d'ambre musqué......	1
Alcool à 85° C..............	7 lit.2
Sucre raffiné.............	11 kil.2
Eau...................	5 lit.2

Colorer très-clair avec le caramel.
Opérer comme précédemment.

Reed-Grass.

Infusion de girofle..........	4 gram.	
Extrait de tubéreuse.........	2	
— de fleurs d'oranger......	2	
— à la rose............	8	
— au jasmin...........	8	
Teinture de musc...........	0 gr.8	
— de vanille...........	1	6
— de Tolu............	1	6
Essence de Portugal.........	0	2

Essence de girofle.	0 gr.4
— de néroli.	0 2
Alcool à 85° C. bon goût.	7 lit.2
Sucre raffiné. . . .˙.	11 kil.2
Eau.	5 lit.2

Opérer comme à la précédente.

Rifle corps' elixir.

Extrait de fleurs d'oranger. . . .	5 gram.	
— de tubéreuse.	5	
— de jasmin.	5	
— d'essence bouquet.	5	
Essence de roses.	0 gr.4	
— de girofle.	0	2
— de carvi.	0	4
— de Rhodes.	1	0
Infusion de musc.	1	0
Essence de bergamote.	0	2
Infusion d'ambre.	1	0
— de Tolu.	1	0
— de Tonka.	0	4
Alcool à 85° C. bon goût.	7 lit.2	
Sucre raffiné.	11 kil.2	
Eau.	5 lit.2	

Opérer comme précédemment.

Roseau canadien (Formule canadienne).

Extrait de tubéreuse.	20 gram.
— de rose.	10
Teinture de Tolu.	3 centig.
— d'ambre.	1
Alcool à 85° C. de Montpellier. . .	7 lit.2
Sucre raffiné en pain.	11 kil.2
Eau.	5 lit.2

Remplir d'alcool la moitié d'un flacon ou d'une bouteille de la contenance d'un litre environ, verser ensuite les extraits et les teintures, agiter fortement pendant quelques minutes, remplir le vase d'alcool, puis agiter encore; mettre cette dissolution dans un conge, et verser dessus le reste d'alcool destiné à la fabrication; remuer pendant quelques autres minutes, ajouter le sucre fondu à chaud dans la quantité d'eau indiquée, colorer, coller et filtrer.

Colorer en rose clair avec la cochenille.

Rowbotham's elixir.

Extrait essence bouquet.	18 gram.
— de rose..	8
— de jasmin..	4
— de tubéreuse.	4
Alcool à 85° C.	7 lit.2
Sucre raffiné.	11 kil.2
Eau.	5 lit.2

Colorer en jaune clair au caramel.

Mettre les essences dans l'alcool, agiter, réunir le sucre fondu à chaud dans l'eau, mêler le tout, laisser infuser à une chaleur douce, coller et filtrer.

Seven-seed-water.

Extrait fleurs de jonquille.	16 gram.
— d'oranger..	8
— de réséda..	8
Teinture d'ambre.	2 décig.
Alcool à 85° C.	7 lit.2
Sucre raffiné..	11 kil.2
Eau..	5 lit.2

Mettre la teinture dans l'alcool, agiter, y ajouter les extraits, agiter de nouveau, mettre dans l'eau le sucre fondu à chaud, mêler le tout, laisser infuser à une chaleur douce, coller et filtrer.

Spikenard.

Extrait de miel d'Angleterre..	4 gr.8
— essence bouquet.	2 gr.4
— de fleurs d'oranger.	2 gr.4
Infusion de mousseline..	3 gr.6

Infusion d'ambroisie.	1 gr.20
— de Chypre.	2 gr.4
— de vanille.	1 gr.8
— de lavande musquée.	0 gr.6
Eau de roses..	0 gr.4
Essence de roses..	2 centig.
— de poivre..	2
— de cannelle de Chine.	20 milligr.
Alcool à 85° C..	7 lit.20
Sucre raffiné.	11 kil.2
Eau.	5 kil.2

Mettre les essences dans l'alcool, agiter, ajouter les extraits et les infusions, agiter encore, ajouter le sucre fondu à chaud dans la quantité d'eau connue, coller et filtrer.

Stomachic liquor.

Teinture de vanille.	8 gram.
— de baume du Pérou	3
Esprit de roses..	8
— de jasmin.	8
— de tubéreuse..	3
— de fleurs d'oranger.	3
Teinture d'ambre musqué.	4 décig.
Alcool à 85° C..	7 lit.2
Sucre raffiné	11 kil.2
Eau.	5 lit.2

Colorer en rouge à l'orseille.
Opérer comme précédemment.

Tazetta.

Extrait essence bouquet.	4 gram.
— de mousseline.	4
— de miel d'Angleterre.	4
— de fleurs d'oranger.	4
— de jasmin..	4
Infusion d'héliotrope.	2
— d'iris.	2
— de girofle..	2

Essence de Portugal. 1 gr.2
Infusion de styrax. . . . .   2 gram.
    — de storax..   2
    — de Tolu..   2
Alcool à 85° C. bon goût. 7 lit.2
Sucre raffiné. 11 kil.2
Eau. 5 lit.2

Agir comme précédemment.

Thousand-flowers.

Extrait essence bouquet. 16 gr.60
Eau de roses.   8
    — de fleurs d'oranger.   4
Teinture vanille..   1
Essence de girofle.   7
    — de néroli de Paris..   3
Teinture d'ambre..   3
Alcool à 85° C.. . . . .   7 litres.
Sucre. . . . .   12 kilog.
Eau. . . . .   5 litres.

Mettre les essences dans l'alcool, agiter, ajouter les extraits, agiter encore, ajouter le sucre fondu à chaud dans la quantité d'eau, ainsi que les eaux parfumées : mettre infuser le tout, réuni 48 heures, à une douce chaleur, coller et filtrer.

Upper-ten.

Extrait de jasmin. . . . .   10 gram.
    — à la rose.   4
    — à la jonquille.   4
    — à la violette.   4
    — à la tubéreuse.   4
    — au réséda..   4
Extrait de fleurs d'oranger..   4
    — à la cassie.   4
Essence de bergamote.   3
    — de girofle.. . . . .   7 centig. 1/2
    — de thym. . . . .   3 centigr.

Teinture de girofle........... 3 centigr.
— d'ambre musqué......... 3 gram.
— de benjoin vanillé........ 3
Alcool à 85° C............... 10 litres.
Sucre raffiné................ 15 kil.75
Eau. 7 lit.50

Mettre les essences dans l'alcool, agiter, y ajouter l'extrait et la teinture, agiter encore, dissoudre le sucre fondu à chaud dans la quantité d'eau connue, ajouter à l'alcool, mettre infuser le tout à une douce chaleur pendant 48 heures, coller et filtrer.

United-states' violet.

Extrait de violettes........... 8 gram.
— de cassie.............. 8
— de jasmin............ 3
— à la rose.............. 3
Infusion d'iris de Florence....... 1 gr.6
Essence de néroli de Paris....... 0 gr.4
— de géranium de Nice....... 0 gr.2
Infusion de musc............ 2 centigr.
Alcool à 85° C. bon goût........ 7 lit.2
Sucre raffiné.............. 11 kil.2
Eau. 5 lit.2

Opérer comme précédemment.

Usquebauch d'Ecosse, par infusion.

Cannelle de Chine............ 12 gram.
Safran.................... 12
Baies de genièvre............ 50
Badiane................... 25
Racines d'angélique........... 25
Coriandre................. 50
Ambrette.................. 12
Zestes de citrons frais.......... 5 (nombre).
Alcool à 85° C............... 8 litres.
Eau de fleurs d'oranger........ 4 décilit.
Sucre raffiné............... 5 kilog.
Eau. 8 lit.2

On fait infuser pendant un mois et plus tous les aromates dans l'alcool, en agitant de temps à autre pour renouveler les surfaces. On passe au tamis, on ajoute l'eau de fleurs d'oranger, puis le sirop de sucre fait à chaud et refroidi, et on colore légèrement en jaune rougeâtre avec la cochenille.

Autre formule, par distillation.

Cannelle de Chine.	100 gram.
Fleurs de lavande.	30
Girofle..	20
Badiane.	20
Noix muscades..	20
Cardamome.	10
Alcool à 85° C.	12 litres.
Eau..	6

Introduisez dans l'alcool, distillez et retirez 12 litres de bon produit, puis ajoutez :

Sucre.	10 kilog.
Eau.	5 litres.

Faites un sirop qu'on ajoute, lorsqu'il est froid, au produit de la distillation, et colorez en jaune rougeâtre par la cochenille.

L'usquebauch d'Ecosse est une boisson qui jouit d'une assez grande réputation dans le nord de l'Angleterre; mais il n'est pas bien certain que les formules que nous donnons ci-dessus représentent réellement sa composition. La saveur du véritable usquebauch est très-forte et fort peu sucrée.

Virginia's liquor.

Extrait de réséda	20 gram.
— de roses..	5
Essence de roses.	10
Teinture d'ambre.	10
— de Tolu.	0 gr.2
Alcool à 85° C.	7 lit.2

Sucre raffiné.. . . . . 11 kil.2
Eau.. . . . . 5 lit.2

Opérer de même que pour *Upper-ten*.

Whiskey.

Le whiskey des Ecossais est une liqueur obtenue par la distillation des grains, ainsi que tous les alcools du Nord. On y ajoute du sucre et des mélasses, mais plus généralement le premier, ainsi que des aromates ou des épices, qui servent à modifier l'arome de la liqueur. On colore ensuite selon le caprice du fabricant ou le goût des consommateurs. Nous ignorons les doses précises de ce mélange et le mode de fabrication.

Le whiskey jouit d'une grande réputation dans son pays, mais il est peu répandu et peu demandé en France.

SECTION VI.

LIQUEURS ET PRÉPARATIONS HYGIÉNIQUES.

Cette section renferme certaines liqueurs que nous y avons réunies à cause du caractère commun qu'elles présentent. Les unes sont de véritables liqueurs, même de table, les autres, connues sous le nom de vulnéraires, s'emploient à l'intérieur ou à l'extérieur pour détruire l'effet des coups et des contusions ou pour cicatriser les plaies et les blessures. Elles sont toutes employées comme produits hygiéniques, et c'est ce caractère qui nous a engagé à les grouper ici, sans distinction de nationalité.

1° LIQUEURS STOMACHIQUES.

Liqueur hygiénique de RASPAIL.

Nous donnons ci-après la formule de la liqueur hygiénique ou de dessert de M. Raspail, d'après son

Distillateur-Liquoriste. 31

Manuel de la Santé de 1857. Cette liqueur s'obtient par infusion, mais on peut aussi la distiller si l'on veut obtenir un produit plus délicat.

Alcool à 56° C.	1 litre.
Racines d'angélique.	30 gram.
Calamus aromaticus.	2
Myrrhe.	2
Cannelle.	2
Aloès.	1
Clous de girofle.	1
Vanille.	1
Camphre.	50 centig.
Noix muscades.	25
Safran.	5

On laisse digérer ces nombreux aromates au soleil dans l'alcool, pendant plusieurs jours, en ayant soin de tenir la bouteille bien bouchée. On passe ensuite à travers une toile serrée. On ajoute, si l'on veut, 500 gr. de sucre fondu et caramélisé dans un demi-litre d'eau pour édulcorer et colorer légèrement, et l'on filtre encore à travers la toile si la liqueur n'est pas bien limpide.

Si l'on veut avoir une liqueur encore plus limpide et d'une saveur plus délicate, on distille les matières, moins l'aloès, qu'on ajoute ensuite au produit distillé.

Autre formule (surfine par infusion).

Angélique, racines.	6 gram.
Calamus aromaticus.	2
Myrrhe.	2
Cannelle.	2
Aloès.	1
Girofle.	1
Vanille.	1
Camphre.	50 centig.
Muscade.	25

Safran.. . . . .   5 centigr.
Alcool à 85° C. . . . .   1 litre.

On fait digérer plusieurs jours au soleil dans des vases bien bouchés, on filtre à travers une toile, on bouche les bouteilles qu'on conserve dans un lieu obscur; on peut y ajouter 500 grammes de sucre fondu et caramélisé dans un demi-litre d'eau. On peut aussi distiller; mais alors on n'ajoute l'aloès qu'après la distillation, comme pour la recette précédente, avec laquelle elle a beaucoup de rapport.

Liqueur hygiénique, par esprits complexes (fine).

Angélique, sommités fraîches. . .   325 gram.
   — racines.   200
Calamus aromaticus.   80
Myrrhe. . . , ...   50
Cannelle de Chine.   50
Aloès succotrin..   25
Girofle..   20
Muscade..   6
Alcool à 85° C. . . . .   6 litres.
Sucre raffiné.. . . . .   7 kil.50

On fait macérer pendant 24 heures dans l'alcool, on distille, rectifie, ajoute un sirop composé à chaud avec le sucre et 8 litres d'eau, puis un litre d'infusion de vanille pour compléter 20 litres; on tranche, on colore avec 2 grammes de safran qu'on fait infuser, et un peu de caramel, on colle et on filtre.

Elixir stomachique.
(Recette allemande). (Magen-elixir).

(20 litres à 70° C.)

Racine de tormentille.. . . . . . .   600 gram.
   — de pimprenelle..   600
Agaric blanc..   180

Faites digérer pendant 8 jours dans :

Alcool à 90° C.	14 litres.
Eau.	2

Exprimez et filtrez ; d'un autre côté, faites dissoudre dans 2 litres d'alcool à 90° :

Essence de menthe poivrée.	18 gram.
— d'absinthe.	6

Mélangez les deux liqueurs, édulcorez avec 2 kil. de sucre et ramenez avec l'eau à 70°.

Autre formule.

(20 litres à 50° C.)

Macis.	900 gram.
Safran..	60
Ecorce d'oranges..	360

Faites digérer pendant 8 jours dans 12 litres d'alcool à 90°, exprimez, filtrez et, à la liqueur, ajoutez :

Sirop de violettes.	900 gram.
Suc de framboises.	900
Sucre.	1 kil.80

puis, enfin, amenez avec l'eau à 50°.

Gouttes stomachiques amères.
(Recette allemande). (Magen-tropfen).

(20 litres à 70° C.)

Racine de tormentille, pilée..	600 gram.
— de pimprenelle, pilée..	600
— de gingembre, pilée..	600
Agaric blanc..	180
Alcool à 90° C.	16 litres.

Faites digérer pendant 8 jours, décantez, ajoutez au résidu :

Eau..	5 décil.

Laissez encore digérer 2 jours, exprimez, ajoutez au premier produit, agitez, abandonnez un jour au repos, filtrez, puis dissolvez d'un autre côté dans 3 décilitres d'alcool à 90° :

Essence d'oranges amères.	1 gram.
— de menthe poivrée.	2
— d'absinthe.	1
— de calamus aromaticus. . .	1
— de macis.	1

Mélangez à la liqueur filtrée. La liqueur est rouge de brique, mais on peut la ramener au brun avec le caramel, on y ajoute parfois quelques grammes de galanga, de gentiane et de racine de Colombo, ou bien de la cassie, du chardon bénit, etc.

Elixir de longue vie.

(20 litres à 70° C.)

Agaric.	480 gr.	480 gr.	60 gr.
Thériaque..	240	120	24
Angélique..	300	»	»
Zédoaire.	240	240	30
Gentiane.	180	»	60
Safran.	6	6	6
Aloès.	»	120	300
Rhubarbe..	»	180	300
Racine d'aunée. . .	»	»	240

On fait digérer pendant 8 jours dans 16 litres d'alcool à 90° et 4 litres d'eau, on exprime, on filtre et on colore en brun.

Autre formule.

Aloès succotrin..	150 gram.
Agaric blanc..	20
Gentiane..	20
Rhubarbe de Chine..	20
Safran du Gâtinais..	20
Thériaque de Venise.	40
Alcool à 85° C.	6 litres.
Eau commune.	4

Faites infuser les substances dans la moitié de l'alcool; au bout de douze à quinze jours, décantez et versez le reste de l'alcool sur le résidu ; laissez infuser quinze autres jours, réunissez les deux liqueurs, ajoutez l'eau et filtrez.

C'est un *purgatif* qu'on prend chaque jour à la dose de dix à douze gouttes dans du bouillon, du thé, du vin ou toute autre boisson.

Essence de longue vie.

(20 litres à 70° C.)

Agaric..	240 gram.
Cardamome.	120
Roseau aromatique..	120
Grande absinthe..	240
Menthe poivrée..	240

On fait digérer 8 jours ces substances dans 16 litres d'alcool à 90° et 4 litres d'eau, on exprime et on filtre.

Autre formule.

(20 litres à 70° C.)

Essence d'absinthe..	60 gram.
— de cardamome..	30
— de calamus aromaticus. . .	30
— de noix muscade..	30
— d'écorce d'orange..	30

On dissout dans 16 litres d'alcool à 90°, on ajoute 4 litres d'eau et on colore en brun avec le caramel.

Essence de longue vie de Suède
(Recette suédoise). (Schwedische-Lebenessenz).

(20 litres à 70° C.)

Agaric..	240 gram.
Cardamome.	120
Gentiane..	120
Racine de zédoaire.	60

Rhubarbe.	60 gram.
Racine d'aunée..	60
Safran..	30
Alun.	60
Thériaque..	60

On fait digérer pendant 15 jours dans 16 litres d'alcool à 90°, on exprime, on filtre, on ramène avec l'eau à 70° et on colore en brun.

Eau carminative, par distillation.
(Recette allemande).

(20 litres à 36° C.)

Zestes de citrons frais.	80 gram.
Zestes d'oranges fraîches.	80
Cumin..	20
Fenouil.	150
Anis..	120
Coriandre.	200
Cannelle de Ceylan..	100
Alcool à 90° C.	6 lit.65
Eau..	6 65

Faites digérer les substances pendant quelques jours, distillez doucement **9** litres de bon produit, ajoutez sirop fait avec 3 kil. 60 de sucre raffiné, et ramenez à 36°. Cette eau se consomme incolore.

Eau cordiale (cordial-wasser).
(Recette allemande).

(20 litres à 36° C.)

Zestes de citrons frais.	600 gram.
Cannelle de Ceylan..	100
Mélisse..	60
Coriandre.	60
Anis..	40
Macis.	30
Alcool à 90° C.	9 lit 30
Eau.	6 .60

Opérez comme ci-dessus. On colore en bleu céleste.

Liqueur antiasthmatique, par distillation.
(Recette allemande). (Luftwasser).

(20 litres à 36° C.)

Racine d'aunée..	80 gram.
Racine de violettes..	80
Gentiane..	60
Angélique..	60
Réglisse..	60
Menthe crépue..	60
Sauge..	40
Gingembre..	40
Hysope.	40
Cardamome.	40
Sassafras..	40
Alcool à 80° C.	10 lit.60
Eau..	6.60

On fait macérer quelques jours, on distille 9 litres 30, on ajoute un sirop fait avec 4 kil.50 de sucre raffiné, et on ramène à 36° avec l'eau. Liqueur incolore.

Liqueur antiasthmatique, par les essences.
(Recettes allemandes).

(30 litres à 36° C.)

Essence de menthe poivrée anglaise.	10 gram.
Alcool à 90° C.	8 litres.
Sucre..	4 kil.50

Colorer en vert et amener à 36°.

Autre formule.

Essence de menthe poivrée.. . . .	2 gram.
— de romarin..	2
— de fenouil..	2
— de macis.	1
— de sauge.	1
— de sassafras..	1
— de lavande.	1

Essence de violette.. . . . .   4 gram.
Alcool à 90° C. . . . .   10 litres.
Sucre raffiné.. . . . .   4.5

Eau des Jacobins de Rouen.

Cannelle de Chine. . . . .   60 gram.
Bois de santal citrin.   60
Bois de santal rouge.   30
Anis vert..   40
Baies de genièvre.   40
Semences d'angélique..   25
Galanga..   15
Bois d'aloès.   15
Girofle.   15
Macis..   15
Cochenille.   25
Alcool à 85° C. . . . .   10 litres.

On réduit les substances en poudre ou on les pile,
et on les fait infuser pendant un mois, au bout duquel on les filtre, et on conserve dans des bouteilles
à vin. L'eau des Jacobins s'emploie avec succès contre les digestions laborieuses.

Eau de mélisse des Carmes.

Alcool à 85° C. . . . .   18 litres.
Cannelle de Ceylan. . . . .   250 gram.
Coriandre.   250
Sommités de romarin..   185
Semence de cardamome..   185
    — d'anis vert.   185
Baies de genièvre.   500
Zestes de citron.   500
Sommités de mélisse.   370
    — de sauge.   250
    — d'hysope.   250
    — d'angélique..   250
    — de marjolaine..   250
    — de thym.   250
    — de grande absinthe..   250

On fait macérer le tout dans l'alcool pendant huit jours, ensuite on distille au bain-marie pour retirer 16 litres.

La recette ci-dessus est celle de l'eau de mélisse des Carmes-déchaussés.

Autre formule.

Mélisse fraîche en fleurs..	3 kil.500
Sommités d'hysope fleurie.	125 gram.
— de marjolaine..	125
— de romarin.	125
— de sauge.	125
— de thym..	125
Racine d'angélique.	125
Coriandre.	125
Cannelle de Ceylan.	60
Macis..	15
Muscade.	45
Zestes de dix citrons.	
Alcool à 85° C.	11 litres.

On fait infuser 3 jours, on distille au bain-marie en y ajoutant 10 litres d'eau, on rectifie pour retirer 10 litres.

Pour l'eau de mélisse employée à l'extérieur, on colore en jaune avec un peu de safran.

On emploie à l'intérieur et avec succès l'eau de mélisse contre les maux d'estomac, les coliques, ainsi que pour les plaies, blessures, coups, etc.

2° VULNÉRAIRES.

Vulnéraire suisse.

Le vulnéraire suisse est un alcoolat qu'on prépare surtout avec les plantes aromatiques qui croissent sur les Alpes et qu'on emploie contre les blessures dues à des chutes, les contusions, les douleurs rhumatismales, etc.

On le compose en faisant infuser, pendant 48 heures, dans 60 litres d'alcool à 85°, 1 kilogr. de feuilles sèches des plantes suivantes :

Absinthe, angélique, basilic, calement (espèce de mélisse), fenouil, hysope, lavande, marjolaine, melilot, mélisse, menthe, origan, romarin, rue, sarriette, sauge, serpolet et thym.

On ajoute alors 30 litres d'eau, on distille à feu nu, et on rectifie pour retirer 60 litres d'esprit qu'on étend de 40 litres d'eau.

On peut aussi obtenir une eau vulnéraire en employant les essences des principales plantes indiquées ci-dessus.

Eau d'arquebusade suisse.

Cette eau est renommée comme vulnéraire efficace pour guérir les plaies, les contusions, les blessures et les coupures, ainsi que comme un cordial puissant.

Elle se compose d'une assez grande variété de plantes, que l'on recueille pendant les mois les plus chauds de l'année, par exemple de juin à septembre, par un temps sec.

Prenez :

Absinthe.	2 kil. 500
Grande consoude (feuilles, fleurs et racines).	500 gram.
Armoise.	500
Buglose.	500
Sauge.	500
Bétoine.	500
Œil de bœuf.	500
Saucèle.	500
Grande scrofulaire.	500
Pâquerette.	500
Plantain.	500
Verveine.	500
Fenouil.	250
Véronique.	250

Millepertuis.	250 gram.
Aristoloche longue.	250
Petite centaurée.	250
Mille-feuilles.	250
Menthe.	250
Nicotiane.	250
Piloselle.	250
Hysope.	250
Romarin.	250
Marjolaine.	250
Thym.	250
Camomille.	250
Basilic.	250
Angélique (côtes et racines).	250
Baume.	125
Queue de chat.	125

On hache et l'on pile ces plantes. Puis, on les fait infuser pendant trois jours dans 24 litres d'alcool et 6 litres d'eau de rivière. On distille ensuite pour obtenir 24 litres, quantité correspondante à celle de l'alcool employé pour l'infusion.

Vulnéraire simple et double.

On prend une poignée de chacune des plantes indiquées dans la recette précédente. On les coupe sans précaution, et on les laisse infuser pendant huit jours au moins dans 6 litres d'esprit-de-vin à 70° C. On bouche avec soin.

Lorsque l'infusion sera parfaite, ce qu'on reconnaît lorsqu'on ne peut respirer l'émanation qui s'en dégage pendant une minute entière, on filtre à travers un linge blanc. La liqueur par infusion est terminée et l'on peut la mettre de suite en bouteille. C'est le vulnéraire *simple*.

Mais si l'on veut obtenir le vulnéraire *double*, on répète la même opération, puis on distille la liqueur par infusion, et l'on obtient ainsi un produit rectifié, qui donne une eau incolore et assez pure.

Teinture d'Arnica.

Fleurs d'arnica. . . . . 200 gram.
Alcool. 1000

Faites macérer pendant dix jours à une chaleur douce, passez avec expression et filtrez.

Cet alcoolat est stimulant, tonique, échauffant et sudorifique.

Eau d'arquebusade de THEDEN.

Vinaigre. 1 kil.500
Alcool à 36 degrés C.. . . . .   1.500
Acide sulfurique.. . . . . 300 gram.
Sucre en poudre.. 375

Mêlez le tout et conservez-le dans un flacon en cristal. Cette préparation est employée pour déterger les ulcères sanieux, arrêter les hémorrhagies des plaies, pour les plaies gangréneuses, etc.

Alcool camphré.

Camphre. . . . . 1000 gram.
Alcool à 85° C. . . . .   8 litres.

On fait dissoudre le camphre dans l'alcool et on filtre.

Eau-de-vie camphrée.

Camphre. . . . . 300 gram.
Alcool à 85° C. . . . .   6 litres.
Eau ordinaire. . . . . . , ...   4

On fait dissoudre le camphre dans l'alcool, on filtre, puis on ajoute l'eau avec précaution.

L'alcool et l'eau-de-vie camphrée sont employés contre les coups, les contusions, les douleurs, les entorses, etc.

CHAPITRE XII.

ALCOOLATS COMPOSÉS, EAUX DE TOILETTE, SPIRITUEUX AROMATIQUES.

Le liquoriste prépare quelquefois, par distillation, infusion ou dissolution des essences, des liquides spiritueux qui sont de véritables alcoolats composés, et dont beaucoup constituent plutôt des eaux de toilette que des boissons. Mais quelques-uns aussi sont d'un usage fréquent comme agents thérapeutiques. Nous présenterons ici une série de formules des alcoolats les plus usuels dans ce genre ; mais sans nous étendre sur leur fabrication, parce que plusieurs d'entre eux sont plutôt du ressort de l'art du parfumeur que de celui du liquoriste.

Eau de Cologne de JEAN-MARIE FARINA.

Sommités sèches de mélisse.	31 gram.
— de marjolaine..	31
— de thym..	31
— de romarin.	31
— d'hysope.	31
— de grande absinthe.	31
Fleurs de lavande.	62
Racine d'angélique.	31
Semences de cardamome.	62
Baies de genièvre sèches.	31
Semences d'anis.	31
— de cumin.	31
— de fenouil..	31
— de carvi..	31
Cannelle de Ceylan.	31
Noix muscades concassées.	62
Girofle.	31
Écorces de citrons récentes.	31
Huile essentielle de bergamote..	31
Alcool à 85° C.	10 litres.

On distille au bain-marie après avoir laissé digérer quelques jours, et on retire jusqu'à siccité.

D'autres marchands préparent l'eau de Cologne de cette manière :

Alcool à 85° C.	10 litres.
Alcoolat de mélisse.	1
— de romarin.	1
Huile essentielle de cédrat.	62 gram.
— de bergamote.	62
— de citron.	62
— de romarin.	31
Huile de fleurs d'oranger ou néroli.	1

On distille au bain-marie jusqu'à ce que tout le produit soit épuisé; on ajoute aussi quelquefois, si on veut l'avoir meilleure, aux substances ci-énoncées :

Huile essentielle de girofle.	4 gram.
Alcoolat de roses.	62
— de jasmin.	62

Mais souvent les marchands ne se donnent pas la peine de distiller. Quand elle est faite par ce procédé, ils mettent le tout dans un vase, agitent le mélange et mettent cette eau de Cologne en petites bouteilles.

Eau de Cologne, de MARIE, *de Dijon.*

Alcool à 85° C.	30 litres.
Eau.	15
Essence bergamote.	367 gram.
Essence de cédrat.	62
— de néroli.	62
— de Portugal.	62
— de girofle.	62
— de romarin.	8
Teinture de benjoin.	125
Chardon bénit.	31

Feuilles de mélisse.. . . . .   31 gram.
   — de menthe..   31
   — de citronnelle..   62
   — d'angélique.   62
Cannelier..   8
Macis.   8
Anis étoilé.   31

Après huit jours de digestion, l'on distille pour en retirer 35 litres d'eau de Cologne.

Eau de Cologne, de PLÉNEY.

Alcool à 33 degrés. . . . .   24 kilog.
Essence de néroli. . . . .   15 gram.
   — de citron.   46
   — de bergamote..   15
   — de cédrat.   15
Eau de la reine de Hongrie..   46
Eau de lavande.   11
Eau de vulnéraire..   11
Eau de romarin..   8

On fait dissoudre toutes les essences dans l'alcool, en ayant soin d'agiter bien le mélange, on ajoute ensuite les eaux aromatiques, et l'on expose le tout dans un vase de terre fermé pendant deux jours à une chaleur modérée; au bout de ce temps, on filtre et on met en rouleaux.

Eau spiritueuse et aromatique, dite Eau de Cologne de VOURLOND.

Huile essentielle de citron.. . . . . .   275 gram.
   — de bergamote.   275
   — de cédrat.   275
   — de Portugal.   185
   — de néroli..   34
   — de romarin.   57
   — de lavande.   23
   — de girofle.   8
Eau distillée de mélisse.   12

Distillez comme à l'ordinaire.

Eau de Cologne du Codex.

Essence de bergamote............	62 gram.
— de citron..............	62
— de limette.............	62
— d'orange..............	62
— de petit grain...........	62
— de cédrat.............	31
— de romarin.............	31
— de lavande.............	15
— de fleurs d'oranger........	15
— de cannelle............	4
Esprit de romarin.............	250
Eau de mélisse composée........	1kil.500
Alcool à 85° C..............	6 kilog.

Distillez au bain-marie, presque à siccité, et ajoutez :

Eau de bouquet.

Eau des Templiers, ou eau de Cologne balsame,
de FABRÉ.

Alcool à 85° C..............	5 litres.
Éther acétique.............	250 gram.
Baume de Judée.............	500
Racine de gayac.............	500
Fèves grecques.............	250
Badiane.................	31

Concassez ce qui doit l'être, mêlez bien et distillez après 48 heures de digestion ; ajoutez au produit de cette distillation :

Essence de fleurs d'oranger.......	168 gram.
— de cédrat.............	42
— de romarin............	12
— de lavande............	15
— de thym..............	15
— de citron.............	39
— de bergamote...........	39

Eau de mélisse.. . . . . 45 gram.
Eau de roses doubles. 19
Eau de jasmin. 19

Distillez et conservez le produit dans un flacon bien bouché.

Eau sans pareille.

Essence de citron.. . . . . 15 gram.
  — de bergamote. 9
  — de cédrat. 62
Esprit de romarin. 250
Alcool à 85° C. . . . . 3 kilog.

Eau de bouquet ou de toilette.

Eau de miel. . . . . 62 gram.
Teinture de girofle.. 31
  — d'acore aromatique.. 15
  — de lavande. 15
  — de souchet long.. 15
Eau sans pareille.. 125
Teinture de jasmin.. 34
  — d'iris de Florence.. 31
  — de néroli. . . . . 20 gouttes.

Eau d'héliotrope.

Vanille. . . . . 11 gram.
Eau de fleurs d'oranger triple.. 183
Alcool à 85° C. . . . . 1 litre.

Colorez avec la teinture de cochenille.

Eau de miel odorante.

Miel de Narbonne. . . . . 250 gram.
Coriandre.. 250
Zestes frais de citron. 31
Girofle.. 23
Muscade.. 8
Benjoin. 8
Storax calamite.. 8
Vanille. 92

Eau de rose.. . . . .   153 gram.
Eau de fleurs d'oranger..   153
Alcool à 85° C. . . . .   1^{kil}.500

Après trois jours de digestion, filtrez.

Alcool de romarin, dit Eau de la reine de Hongrie.

Alcoolat à 85° C. . . . .   6 kilog.
Sommités de romarin.   3
   — de menthe pouliot (mentha
        pulegium).. . . . .   1^{kil}.500
   — de lavande en épis. . . . . . .   750 gram.
   — de marjolaine..   750

On coupe toutes ces plantes, on fait macérer dans l'alcool pendant 3 ou 4 jours, ensuite on distille au bain-marie; quelquefois on cohobe sur de nouvelles plantes; alors on a un alcoolat extraordinairement concentré, mais qui ne devient bien aromatique que quand on lui rend de l'eau.

Eau des Alpes, de LIEUTAUD.

Alcool à 85° C. . . . .   2 litres.
Essence de fleurs d'oranger.. . . . . .   38 gram.
   — de cédrat.   38
   — de bergamote..   38
   — de citron.   15
   — de Portugal..   15
   — d'absinthe..   8
   — de girofle.   4

On met le tout avec l'alcool, et deux ou trois jours après, on filtre.

Eau d'Hébé, de WILLER,
pour enlever les taches de rousseur.

Vinaigre rectifié. . . . .   6595 parties.
Citron coupé en petits morceaux. .   1350
Alcool à 85° C..   880
Essence de lavande..   230

Huile de rose. . . . .   5 parties.
Huile de cédrat.   60
Eau pure.   880

On met le tout dans un vase que l'on expose au so-leil pendant 3 jours.

Le soir, en se couchant, on trempe une petite éponge dans cette eau avec laquelle on lave les taches, on laisse sécher ; le matin on lave avec l'eau fraîche, et l'on continue ainsi.

Eau régénératrice, de LAUGIER.

1. Écorce de bergamote concassée. .   500 gram.
   Eau de rivière.   400
   Alcool à 33 degrés. . . . .   3 litres.

Après un jour d'infusion, on distille.

2. Écorce de bigarade concassée. . . .   1^{kil}.5
   Eau de fontaine.   0   4
   Alcool de la première opération.. .   3 litres.

Après 24 heures d'infusion, distillez.

3. Écorce d'oranges de Portugal. . . .   3 kilog.
   Eau de fontaine. . . . .   4 hect.
   Alcool de la deuxième opération. .   3 litres.

Après 24 heures d'infusion, distillez.

4. Feuilles de menthe. . . . .   4 kilog.
   — d'estragon.   4
   Cannelle fine concassée..   4
   Fleurs de roses.   2
   Eau de fontaine.   4
   Alcool de la troisième opération. .   3 litres.

Après 24 heures d'infusion, on distille, et le pro-duit est l'eau dite *régénératrice*.

Eau de Paris, de LAUGIER.

Alcool à 85° C. . . . .   8 litres.
Essence de citron.   62
   — de bergamote.   62
   — de Portugal.   62

Essence de néroli.. . . . .   15 litres.
   — de romarin.   8

Eau spiritueuse royale, de MAYER *et* NAQUET.

Alcool à 85° C. . . . .   4 litres.
Essence de néroli.. . . . .   46 gram.
   — de bergamote.   275
   — de citron..   275
   — de thym..   78
   — de romarin.   78
Baume de Tolu en poudre..   306
Benjoin en poudre.   184
Vanille.   8
Essence de rose.   4

On distille au bain-marie pour en retirer environ
3 litres de liqueur, que l'on mêle avec 90 litres du
même alcool. On jette sur le résidu qui est resté dans
l'alambic, 15 litres d'eau de fleurs d'oranger, et l'on
distille pour en retirer 10, que l'on unit à la liqueur
alcoolique.

Autre formule.

Essence de bergamote. . . . .   367 gram.
   — de citron..   306
   — de néroli superfin..   62
   — de romarin.   62
   — de thym..   31
   — de lavande.   92
Benjoin.   367
Baume du Pérou..   367
   — de Tolu..   125
Gingembre.   15
Essence de menthe..   15
   — de girofle..   4
Alcool à 85° C. . . . .   12 litres.

Après huit jours d'infusion, on distille au bain-
marie et l'on mêle le produit avec 90 litres du même

alcool, dans lequel on a ajouté 4 litres d'eau de fleurs d'oranger double.

Cette sorte d'eau de Cologne et très-suave et très-chargée d'essence.

Eau des Rosières, de BRIARD.

Préparation des esprits qui entrent dans la composition de cette eau :

1° *Esprit de rose.*

Roses mondées de leur calice. . . . . $12^{kil}.500$
Alcool à 85° C. . . . . 30 litres.
Eau. 8

Tirez par la distillation les 30 litres d'alcool, et redistillez-les au bain-marie avec 15 kilogrammes de roses.

2° *Esprit de jasmin.*

Huile de jasmin, première qualité.. . . 2 kilog.
Alcool à 85° C. . . . . 4 litres.

Mettez-les dans une bouteille, remuez trois fois par jour, et, au bout de 8 jours, tirez au clair.

3° *Esprit de fleurs d'oranger.*

Fleurs d'oranger.. . . . . 6 kilog.
Alcool à 85° C. . . . . 24 litres.
Eau.. 8

Distillez au bain-marie, et retirez-en 24 litres.

4° *Esprit de concombres.*

Concombre.. . . . . 12 kilog.
Alcool à 33 degrés.. . . . . 24 litres.
Eau.. 6

Distillez au bain-marie pour obtenir 24 litres de liqueur que l'on redistille avec la même quantité de concombre.

5° *Esprit de céleri.*

Graine de céleri nouvelle.. . . . . 6 kilog.
Alcool à 85° C. . . . . 24 litres.
Eau de rivière.. 6

Distillez au bain-marie pour obtenir 20 litres de liqueur.

6° *Esprit d'angélique.*

Racine d'angélique sèche de l'année.. 7^{kil}.500
Esprit-de-vin à 85° C. . . . . 20 litres.
Eau de rivière.. 5

Distillez au bain-marie et tirez 20 litres.

7° *Teinture de benjoin.*

Benjoin.. . . . . 3 kilog.
Alcool à 85° C. . . . . 12 litres.

Au bout de quinze jours d'infusion, filtrez.

Composition de l'eau.

Esprit de rose. . . . . 4 litres.
— de jasmin. 1
— de fleurs d'oranger.. 1
— de concombre.. . . . . 2.025
— de céleri.. . . . . 2.025
Esprit d'angélique. 2.075
Teinture de benjoin. 0.075

Ajoutez quelques gouttes de baume de la Mecque.

Eau de Sthal, de MANSEAU.

Alcool à 85° C. . . . . 9 litres.
Racine de pyrèthre. . . . . 153 gram.
— de souchet.. 92
Racine de tormentille.. 92
Baume du Pérou.. 92
Cannelle fine. 19
Galanga.. 31
Ratanhia.. 31

On pulvérise ces substances et on les laisse infuser dans l'alcool pendant six jours ; on filtre alors la liqueur et l'on y ajoute :   •

> Huile de menthe. . . . . 6 gram.
> Cochenille en poudre. 15

Après quatre jours d'infusion, on filtre.

Eau des Odalisques, de BACHEVILLE.

> Alcool à 85° C. . . . . 36 décilit.
> Eau de rose.. 9
> Crème de tartre soluble. . . . . 125 gram.
> Styrax. 46
> Racine de pyrèthre. 46
>   — de souchet.. 46
> Galanga.. 4
> Baume liquide du Pérou. 20
>   — sec du Pérou. 20
> Vanille. 4
> Cannelle fine. 4
> Racine d'angélique de Bohême. . . . 4
> Semence d'aneth.. 4
> Essence de menthe.. 4
> Cochenille. 2

On pulvérise les racines et on met toutes les substances à infuser, pendant huit jours, dans un grand matras de verre.

En lotion, elle est très-appropriée à la toilette. Mêlée avec six parties d'eau, elle nettoie parfaitement la peau sans la relâcher.

Pour entretenir la bouche en bon état, on ajoute de vingt-cinq à trente gouttes de cette eau dans un demi-verre d'eau froide ou tiède ; on double la dose quand les gencives sont gonflées, fongeuses, livides, saignantes et douloureuses. Dans ces différents cas, il faut se gargariser plusieurs fois par jour.

Eau dentifrice de BOTOT.

Anis vert.	300 gram.
Cannelle de Chine.	100
Girofle.	100
Essence de menthe..	30
Cochenille..	30
Crème de tartre.	30
Alun de Rome.	5
Alcool à 85° C.	10 litres.

On fait infuser les aromates dans l'alcool, ainsi que l'essence de menthe; on triture la cochenille, la crème de tartre et l'alun avec un peu d'eau, on ajoute cette dissolution à l'alcool, on laisse infuser dix jours et on filtre.

Essence d'ambre.

Ambre gris en poudre..	8 gram.
Sucre en poudre.	8
Musc en poudre.	2
Civette grise en poudre.	3 décig.
Alcool à 85° C..	250 gram.

Après 15 jours de macération, filtrez. Cette eau est très-suave; mais son odeur ne convient pas à tout le monde.

Essence royale.

Ambre gris..	4 gram.
Musc..	2
Civette..	9 décig.
Huile de cannelle.	5
Huile de bois de Rhodes.	3
Huile de fleurs d'oranger..	23 gram.
— de roses..	23

Après avoir trituré l'ambre, la civette et le musc ensemble, on introduit cette poudre dans un flacon contenant l'alcool et les huiles volatiles; après quinze jours de macération, on filtre.

Vinaigre aromatique.

Essence de cannelle.. . . . . 2 gram.
    — de girofle.. 2
    — de muscade.. 1
    — de néroli.. 4
    — de roses.. . . . . 1 litre.
Teinture de Tolu. 1
    — de benjoin. 1
    — de storax.. 2
Infusion d'iris.. 1
Alcool à 85° C.. 3
Vinaigre fort.. . . . . $1^{lit}.50$
Acide acétique.. . . . . 50 centilit.

On verse les essences, les teintures et l'infusion d'iris dans l'alcool, et on agite de temps à autre pendant 24 heures ; on ajoute le vinaigre, on filtre, puis l'acide acétique.

Vinaigre aromatique de J.-V. BULLY.

Essence de bergamote.. . . . . 30 gram.
    — de zestes de citron.. 30
    — de Portugal.. 12
    — de romarin.. 25
    — de lavande.. 4
    — de néroli. 4
Esprit de mélisse citronnée. . . . . . . 50 centilit.
Alcool.. . . . . 11 litres.

Faites digérer pendant 24 heures en agitant de temps à autre, et ajoutez :

Teinture de benjoin.. . . . . 60 gram.
    — de Tolu.. 60
    — de storax-calamite.. 60
Esprit de girofle.. . . . . 10 centilit.

Agitez de nouveau, ajoutez encore :

Vinaigre distillé. . . . . 2 litres.

Et, enfin, au bout de 12 heures :

Acide acétique (vinaigre radical).. . . . 90 gram.

Le vinaigre de Bully est, comme on sait, très-employé aujourd'hui pour la toilette.

Vinaigre antiseptique ou des quatre-voleurs.

Grande absinthe. . ·	150 gram.
Petite absinthe..	150
Romarin.	150
Sauge..	150
Menthe.	150
Lavande..	150
Calamus aromaticus.	20
Girofle.	20
Cannelle de Chine.	20
Muscade..	20
Ail..	20
Camphre.	75
Acide acétique (vinaigre radical)...	150
Vinaigre fort..	10 litres.

On fait macérer pendant vingt jours toutes les substances dans le vinaigre, on filtre, on ajoute le camphre, l'acide acétique, et on filtre de nouveau. Produit 10 litres.

Cette préparation jouit de quelques propriétés antiseptiques comme beaucoup de préparations parfumées et aromatiques.

Autre formule.

Sommités de grande absinthe..	30 gram.
— de petite absinthe.	30
— de romarin.	30
— de sauge..	30
— de menthe..	30
— de rue..	30
Fleurs de lavande..	125
Calamus aromaticus..	15
Cannelle..	15
Girofle.	15
Noix muscades..	15

Gousses d'ail récentes et coupées par
   tranches. . . . .   15 gram.
Camphre.   30
Vinaigre rouge. . . . .   8 kilog.

On fait digérer le tout à une douce chaleur ou au soleil, dans un vase fermé pendant trois semaines; on coule avec expression, et l'on filtre. On y ajoute alors le camphre, que l'on a fait dissoudre auparavant dans 125 grammes d'alcool.

Ce vinaigre a joui d'une très-grande réputation dans les maladies considérées comme pestilentielles. On assure que la recette en est due à quatre voleurs qui l'employèrent avec succès lors de la peste de Marseille, et qui furent, à cause de cela, graciés. Quoi qu'il en soit, on l'a employé pour se préserver de la contagion, en s'en lavant les mains et le visage, et en faisant des fumigations avec cet acide.

A l'intérieur, il est considéré comme cordial, tonique, sudorifique et vermifuge.

Vinaigre des quatre-voleurs composé, de VERGNES aîné.

Cannelle. . . . .   30 gram.
Girofle.   30
Macis.   30
Noix muscades.   30
Camphre.   30
Ail.   60
Huile volatile d'absinthe. . . . .   26 décig.
   — de romarin.   26
   — de rue.   26
   — de sauge.   26
   — de menthe.   26
   — de lavande.   26
Vinaigre radical. . . . .   1 kilog.
   — des quatre voleurs, d'après le
      Codex.   1

Concassez toutes ces substances et laissez-les macérer pendant 8 jours, passez avec expression, filtrez et conservez dans un flacon bien bouché.

Vinaigre radical aromatique, du même.

Ail..	60 gram.
Camphre.	30
Huile volatile d'absinthe.	26 décig.
— de romarin.	26
— de menthe..	26
— de rue.	26
— de lavande..	26
— de sauge..	26
— de girofle.	26
Vinaigre radical.	375 gram.

On le prépare de la même manière que le précédent.

Vinaigre à la rose.

Roses pâles.	1 kilog.
Vinaigre distillé.	4
Alcool à la rose..	1

Distillez les roses avec le vinaigre dans une cornue de verre au bain de sable ; et, lorsqu'il aura passé les trois quarts de la liqueur, arrêtez la distillation, afin de ne pas brûler les fleurs ; ajoutez au vinaigre obtenu l'alcool à la rose, et conservez ce produit dans un flacon bouché à l'émeri. On peut donner à ce cosmétique la couleur de la rose en colorant l'alcool au moyen d'un peu de cochenille.

Vinaigre à la fleur d'oranger.

Fleurs d'oranger récentes et non mondées.	750 gram.
Vinaigre distillé.	4 kilog.
Alcool à la fleur d'oranger.	500 gram.

Suivez le procédé indiqué pour le précédent. Ces

deux vinaigres sont très-estimés pour la toilette. On peut également les obtenir en ajoutant à deux parties de bon vinaigre de bois une partie d'alcool aromatisé par l'essence de rose ou par le néroli.

On prépare de la même manière les vinaigres à l'œillet, au citron, à la bergamote, au cédrat, etc.

Vinaigre à l'orange.

```
Zestes d'oranges..............     20
Alcool à l'orange ou bien extrait d'o-
    range...................    1 kilog.
Vinaigre distillé.............     4
```

Opérez comme pour le vinaigre à la rose.

Le vinaigre à l'orange est une solution du néroli, ou bien huile essentielle de l'orange dans l'alcool et l'acide acétique ou vinaigre. Il est donc certain qu'on peut abréger cette opération en mêlant ensemble :

```
Néroli. .....................  90 gram.
Alcool à l'orange à 36° C. .........  1 kilog.
Bon vinaigre de bois. ..........    4
```

On peut se passer de distiller ce vinaigre.

Vinaigre au girofle.

```
Girofle. ....................  185 gram.
Alcool à 36° C................    1 kilog.
Bon vinaigre de bois.. ........     4
```

Concassez le girofle, et mettez-le à infuser pendant huit jours dans l'alcool ; ajoutez ensuite le vinaigre, et distillez dans une cornue de verre au bain de sable.

Vinaigre à la cannelle.

```
Cannelle de la Chine...........  250 gram.
Alcool à 36° C................    1 kilog.
Vinaigre de bois. ............     4
```

Distillez comme pour le vinaigre au girofle. Il est

inutile de dire que l'on peut préparer aussi ces vinaigres en faisant dissoudre des huiles essentielles de ces substances dans l'alcool, et en y ajoutant ensuite le vinaigre.

Crème de vinaigre.

Essence de bergamote..	45 gram.
— de citron.	30
— de néroli.	15
— de roses..	26 décig.
Huile de muscade.	8 gram.
Storax en larmes.	8
Vanille..	2 gousses.
Benjoin..	8 gram.
Huile de girofle.	4
Alcool à 36° C..	1 litre.
Acide acétique concentré ou bien vinaigre radical.	2kil.500

Unissez toutes ces substances à l'alcool, et après deux jours, distillez au bain-marie; ajoutez à la liqueur qui aura passé, le vinaigre radical.

On peut donner à ce vinaigre une odeur rose, si on le désire; mais il vaut mieux qu'il n'en ait point.

La crème de vinaigre, telle que je viens d'en donner la recette, a une odeur des plus suaves; elle peut être considérée comme un très-bon cosmétique. Lorsqu'on veut s'en servir, on en met une cuillerée dans un verre que l'on achève de remplir d'eau. Nous regardons ce cosmétique comme étant préférable à l'eau de Cologne.

———

CHAPITRE XIII.

RATAFIAS OU LIQUEURS PAR INFUSION.

Les liqueurs dont nous avons fait connaître jusqu'à présent les formules, sont préparées à l'aide de la macération des substances aromatiques, de la distillation et de la rectification, ou bien à l'aide des esprits parfumés, des eaux aromatiques ou des essences; mais il est certaines substances douées aussi d'un arôme agréable qu'il ne serait pas possible d'extraire en les distillant soit avec l'eau, soit avec l'alcool. Dans ces circonstances, on est bien obligé d'avoir recours à une simple infusion quand on veut en composer des liqueurs, et c'est aux liqueurs dans lesquelles on fait entrer ces infusions qu'on a donné le nom de ratafias.

Les ratafias se préparent donc avec les infusions de certaines substances aromatiques, la plupart du temps des fruits, de l'alcool et du sucre ; mais on y fait entrer parfois des esprits de girofle, de muscade, de noyaux d'abricots, ainsi que quelques autres substances propres à modifier la saveur des premières.

On fabrique, de même que pour les liqueurs précédentes, des ratafias ordinaires, tiers-fins, doubles, demi-fins, fins et surfins ; mais les liqueurs doubles n'étant que celles ordinaires, où l'on a doublé la quantité du parfum, de l'alcool et du sucre, la quantité d'eau restant la même, et les liqueurs tiers-fines n'étant qu'un terme moyen entre ces liqueurs ordinaires et celles doubles, nous nous bornerons à donner seulement la formule de celles ordinaires, demi-fines et surfines.

On fabriquait autrefois, et on fabrique encore beaucoup dans de petits établissements, les ratafias en mettant en digestion les infusions, les esprits dans de l'eau-de-vie ordinaire; mais la grande fabrication se sert de l'alcool à 85° C., et, après avoir sucré, y ajoute l'eau nécessaire pour ramener à un volume ou un titre déterminé. Toutefois, nous donnerons des exemples de ces deux modes de fabrication.

Afin de régulariser nos formules, nous présenterons ici le tableau sommaire des quantités d'alcool, de sucre et d'eau qui entrent dans 20 litres, pris, pour quantité type, dans les diverses qualités de ratafias. Ce tableau servira en conséquence à composer toutes les autres liqueurs du même genre qu'on voudrait fabriquer et qui ne sont pas comprises dans nos formules :

Ratafias ordinaires.	Alcool.	5 litres.
	Sucre.	2 kil.5
	Eau.	13 litres.
— demi-fins..	Alcool.	5 lit.6
	Sucre.	5 kilog.
	Eau.	10 litres.
— fins	Alcool.	6 lit.4
	Sucre.	8 kil.75
	Eau.	7 lit.8
— surfins . . .	Alcool.	7 lit.2
	Sucre.	11 kil.2
	Eau.	5 lit.2

Les ratafias peuvent se colorer en bleu avec le carmin d'indigo; en jaune, par une infusion de safran ou une dissolution de caramel; en rouge, en rose, etc., par une infusion de cochenille; en vert, par un mélange de bleu et de jaune.

Nous recommandons essentiellement de ne pas laisser fermenter les sucs des fruits qu'on exprime dans quelques cas avant de les mélanger à l'alcool, et, au contraire, d'employer de suite ces sucs, de crainte d'altération qui nuirait beaucoup à la délicatesse des liqueurs.

Ratafia de cassis.

Le cassis est un fruit qu'on fait infuser, soit en pilant les grains, soit sans les piler ou les rompre; mais qui, dans ce second cas, est loin d'être épuisé par une première infusion. On peut lui en faire subir une seconde et même une troisième qui donnent des liqueurs moins parfumées, mais qu'on fait entrer en quantité plus grande dans les liqueurs, ou dont on relève le goût par quelques litres d'esprit de feuilles de cassis qui ont une saveur très-prononcée du fruit.

Cassis de grains écrasés.

Feuilles de cassis.	300 gram.
Cassis bien mûrs..	6 kilog.
Girofle.	4 gram.
Cannelle.	6
Alcool à 56° C.	12 litres.
Sucre..	2kil.5
Eau..	2 litres.

On écrase les baies de cassis, on met macérer pendant quinze jours avec les feuilles, la cannelle et le girofle; au bout de ce temps, on soumet à la presse, on ajoute le sirop fait avec le sucre et l'eau, on mêle le tout ensemble, et on filtre.

Ce cassis a toujours un goût moins fin que celui par infusion des baies entières et une légère saveur d'encre qui n'est pas toujours agréable, mais il est plus économique.

Cassis de grains entiers ordinaire.

	PAR INFUSION.		
	Première.	Seconde.	Troisième
Infusion de cassis.	5 lit.	7 lit.	9 lit.
Alcool à 85° C.	2 5	1.80	1.4
Sucre..	2kil.5	2kil.5	2kil.5
Eau..	11 lit.	9lit.8	8 lit.

Cassis de grains entiers demi-fin.

	PAR INFUSION.		
	Première.	Seconde.	Troisième
Infusion de cassis.	6 lit.	7^{lit}.40	10 lit.
— de framboises.. . .	1 kil.	1 kil.	1 kil.
Alcool à 85° C.	2^{lit}.4	1^{lit}.75	1^{lit}.50
Sucre.	5 kil.	5 kil.	5 kil.
Eau.	7^{lit}.2	6^{lit}.50	4^{lit}.10

Cassis de grains entiers fin.

	PAR INFUSION.		
	Première.	Seconde.	Troisième
Infusion de cassis.	7 lit.	8^{lit}.50	9 lit.
— de framboises.. . . .	1 60	1.60	1.60
Alcool à 85° C.	2.00	0.50	»
Sucre	7^{kil}.50	7^{kil}.50	7^{kil}.50
Eau	4^{lit}.20	4^{lit}.20	4^{lit}.20

Cassis de grains entiers surfin (crème de cassis).

	PAR INFUSION.		
	Première.	Seconde.	Troisième
Infusion de cassis.	8 lit.	9 lit.	10 lit.
— de framboises.. . .	1.60	1.60	1.60
Alcool à 85° C.	1.00	»	»
Sucre..	10 kil.	10 kil.	10 kil.
Eau..	3^{lit}.20	3^{lit}.20	3^{lit}.20

Toutes ces liqueurs sont faites dans la supposition que les infusions secondes et troisièmes de cassis sont moins parfumées que la première; mais on peut très-bien, en laissant, à la première infusion, l'alcool moins longtemps en contact avec les baies et augmentant progressivement la durée de ce contact pour les infusions secondes et troisièmes, l'aidant même au besoin par une légère élévation de la température, obtenir des infusions presque aussi parfumées en seconde et troisième qu'en première. On peut d'ailleurs mélanger ces infusions pour en avoir une moyenne, ou bien encore mettre sur une même quantité de cassis tout l'alcool des trois infusions et faire digérer plus longtemps, et opérer avec cette infusion moyenne.

Enfin, si on trouve que les dernières infusions manquent de parfum, on en relève la saveur par de la cannelle, du girofle, ou mieux de l'esprit de feuilles de cassis, dont l'addition doit venir en déduction de l'alcool à 85°.

On voit, par les formules précédentes, que suivant la règle adoptée pour la qualité des liqueurs, la proportion du principe alcoolique et du sucre augmente avec cette qualité; mais en même temps qu'on fait croître la proportion de l'alcool pour faire chaque infusion, on produit enfin des liqueurs où cette proportion est beaucoup trop forte et dans lesquelles il n'entre presque plus d'eau. Nous proposons donc, pour les liqueurs fines et surfines, de faire les infusions avec une même quantité.

Ratafia de cerises écrasées simple.

Cerises aigres à courte queue, mon-
dées et écrasées avec les noyaux.. 12 kilog.
Alcool à 85° C.. . . . . 5 litres.
Sucre. . . . . 5 kilog.
Eau.. . . . . 7 litres.

Faites macérer un mois dans l'alcool, passez par expression, ajoutez le sirop fait avec le sucre et l'eau, et filtrez.

On peut préparer de la même manière des ratafias de groseilles rouges ou blanches, de pêches, etc., en diminuant la proportion de l'eau, suivant que les fruits sont plus ou moins aqueux.

Ratafia de cerises entières et composé.

	DEMI-FIN.	FIN.
Infusion de cerises.	6 lit.	7 lit.
— de merises.	1.00	1.60
Esprit de noyaux d'abricots. .	1.00	1.20
Alcool à 85° C.	0.80	0.80
Sucre..	5 kil.	7^{kil}.50
Eau . . . . , ...	8 lit.	4 lit.

On ne fait guère qu'une seule infusion avec les cerises.

Ratafia de merises de Grenoble.

Le ratafia de merises surfin, qui porte aussi le nom de ratafia de merises de Grenoble, se fabrique d'une manière un peu différente : tantôt on ajoute aux formules précédentes de l'esprit de framboises, tantôt on y fait entrer de la cannelle, du girofle, des feuilles de pêcher et des amandes de noyaux de cerises dans les proportions ci-après :

Suc exprimé de merises.. . . . . . 15 litres.
Alcool à 85° C. 5
Sucre.. . . . . 2 kil.50
Cannelle. . . . . 12 gram.
Clous de girofle. . . . . 50 (nombre).
Feuilles de pêcher.. . . . . 750 gram.
Amandes de noyaux de cerises. . . 750

D'un côté, on fait dissoudre le sucre dans le jus de merises, et de l'autre, infuser les autres ingrédients dans l'alcool; on filtre cette infusion, on mélange ces deux liqueurs, et on filtre de nouveau pour retirer 20 litres.

Ratafia de Grenoble (surfin), dit de Tesseyre.

Suc de cerises noires.	15 litres.
Alcool à 85° C.	5
Cannelle de Ceylan.	12 gram.
Girofle.	4
Macis..	4
Feuilles de cerisier.	500
Merises noires bien pilées.	3 kilog.
Sucre..	5

On fait macérer toutes les substances pendant vingt jours, on exprime, on ajoute le sucre, et lorsque celui-ci est dissous, on filtre pour retirer 20 litres.

Autre formule (surfin).

Cassis.	3 kilog.
Framboises.	4
Cerises..	4
Merises..	2
Alcool à 85° C..	7 lit.20
Sucre raffiné.	10 kilog.

On broie tous les fruits sans écraser, ou en écrasant les noyaux suivant le goût; on fait infuser pendant un mois dans l'alcool, on exprime, on ajoute le sucre fondu dans une quantité d'eau nécessaire pour faire 20 litres.

Autre formule (surfin).

Suc de merises bouilli, passé au tamis et froid..	2 litres.
Infusion de cassis première.	3
— de cerises.	4
Esprit de framboises.	2
Sucre raffiné.	10

Pendant que le suc de merises est encore chaud, on y fait fondre le sucre, on laisse refroidir, on ajoute les infusions et l'esprit et de l'eau pour compléter 20 litres.

Autre formule (surfin).

Infusion de cassis première.	2 lit.25
— de framboises.	3 litres.
— de cerises.	3 litres.
— de merises.	1 lit.75
Sucre.	11 kilog.
Eau..	5 litres.

On fait fondre le sucre dans l'eau, on mélange aux infusions et on filtre.

Ratafia de Dijon (surfin).

Infusion de cassis première..	5 litres.
— de cerises.	1
— de merises..	1
— de framboises.	1
Vin de Bourgogne.	2
Sucre raffiné.	10 kilog.
Eau.	3 litres.

Ratafia de Neuilly (surfin).

Cerises aigres.	9 kil.50
Cerises noires (guignes)..	4 kilog.
Pétales d'œillets rouges..	500 gram.
Alcool à 85° C.	7 litres.
Sucre..	10 kil.50

Faire macérer les cerises et les pétales dans l'alcool pendant un mois, filtrer, dissoudre à chaud le sucre dans la quantité d'eau nécessaire pour faire 20 litres, ajouter au produit de la macération et filtrer de nouveau.

On fait aussi entrer le cassis dans la fabrication du ratafia dit de Neuilly, mais dans des proportions qui varient suivant les goûts, et on peut fabriquer des ratafias moins fins de ce genre en diminuant la proportion de l'alcool et du sucre par rapport aux fruits.

Le ratafia de Louvres se prépare de la même manière que ceux de Neuilly ou de Grenoble, de Tesseyre.

Ratafia de framboises simple.

Framboises..................	6 kilog.
Alcool à 85º C..............	6 litres.
Sucre.....................	2 kil.3
Eau......................	8 litres.

On fait macérer les framboises dans l'alcool pendant deux mois, on exprime, on filtre et on ajoute le sirop de sucre.

Ratafia de framboises composé.

	ORDI-NAIRE.	DEMI-FIN.	FIN.	SURFIN.
Infusion de framboises........	3 lit.	4 lit.	5 lit.	6 lit.
— de cassis....	1.00	1.20	2.00	2.00
Alcool à 85º C....	2.40	2.00	2.00	2.00
Sucre...........	2kil.50	5 kil.	7kil.5	10 kil.
Eau.............	12 lit.	9lit.50	6 lit.	3lit.25

Ratafia des quatre-fruits.

	DEMI-FIN.	FIN.
Infusion de cassis première. .	2 lit.	3 lit.
— de cerises..........	2.00	2.00
— de framboises......	1 60	2.00
— de merises.........	1 60	3.00
Alcool à 85º C...........	1.60	0.80
Sucre..............	5 kil.	7kil.50
Eau...............	8 lit.	4 lit.

Ces formules se rapprochent beaucoup de celles des cassis composés et les manipulations sont les mêmes.

Ratafia de vanille.

	HUILES.			CRÈME fine.
	Ordi-naire.	Demi-fine.	Fine.	
Infusion de vanille.	0^{lit}.20	0^{lit}.80	1 lit.	2 lit.
Teinture de stora-calamite.	0.04	»	»	»
Alcool à 85° C. . . .	4.80	4.80	4.80	5^{lit}.20
Sucre.	5 kil.	5 kil.	8^{kil}.75	11^{kil}.20
Eau.	13^{lit}.20	11 lit.	8 lit.	5 lit.

Les huiles se colorent en rouge, celles ordinaires avec l'orseille, celles demi-fines et fines avec le cudbear, et celles surfines avec la cochenille. Le produit des formules précédentes est de 20 litres.

Ratafia de brou de noix.

Noix récemment nouées. . . . . . . 60 (nombre).
Alcool à 85° C.. . . . . 18 litres.
Girofle. . . . . 2 gram.
Macis.. 2
Cannelle de Ceylan. 2
Sucre raffiné. . . . . 5 kilog.
Eau. . . . . 4 litres.

On fait macérer pendant deux mois, on exprime, on filtre et on ajoute le sucre dissous à chaud dans l'eau et refroidi. Produit 20 litres.

Autres formules avec esprit.

	ORDI-NAIRE.	DEMI-FIN.	FIN.	SURFIN (crème).
Infusion de brou de noix anciennes. .	4 lit.	5 lit.	6 lit.	8 lit.
Esprit de noix muscades	0.05	0.06	0.07	0.10
Alcool à 85° C. . . .	2.6	2.6	3.00	2.00
Sucre	5 kil.	5 kil.	7kil.50	10 kil.
Eau	12 lit.	9 lit.	6 lit.	3lit.25

Le brou de noix se colore en jaune foncé avec le caramel, et lorsqu'on ne le trouve pas suffisamment parfumé, on remplace l'eau pure par de l'eau distillée de noix qu'on prépare avec des noix vertes encore en morve qu'on pile et distille sans macération préalable.

Ratafia de coings.

Suc exprimé de coings bien mûrs.. 15 litres.
Alcool à 85° C.. 5
Cannelle de Ceylan.. . . . . 15 gram.
Girofle.. 8
Macis. 2
Amandes amères. 5
Sucre. 2kil.50
Eau. . . . . 2 litres.

On fait digérer le suc et les aromates dans l'alcool pendant deux mois, on ajoute le sirop fait à chaud avec l'eau et le sucre, et on filtre pour obtenir 20 litres.

Autres formules avec esprit.

	Ordinaire.	Demi-fin.	Fin.
Suc exprimé de coings. .	1 lit.20	1 lit.60	2 lit.40
Esprit de girofle..	0.10	0 10	0.15
Alcool à 85° C.	5 00	5.60	6.00
Sucre	2kil.5	5 kil.	7kil.50
Eau..	12 lit.	9 lit.50	6 lit.40

Les ratafias de coings se colorent en jaune clair avec
le caramel.

Ratafia de poires.

	Ordinaire.	Demi-fin.	Fin.
Suc de poires mûres. . .	1 lit.20	1 lit.60	2 lit.40
Alcool à 85° C.	5.00	5.60	6.00
Sucre	2kil.50	5 kil.	7kil.50
Eau..	12 lit.	9 lit.50	6 lit.40

On peut employer à cette fabrication le suc de
toutes les poires, qui est doux, sucré et parfumé,
mais il faut faire un choix judicieux des fruits et les
prendre au moment de leur parfaite maturité et non
pas quand les fruits commencent à se ramollir trop ou
à devenir blets dans quelques points. On aromatise généralement avec des esprits de girofle, de cannelle de
Ceylan, etc.

Ratafia d'abricots

Vin blanc de bonne qualité.	16 litres.
Alcool à 60° C.	4
Sucre blanc.	4 kilog.
Cannelle de Ceylan..	15 gram.

Prenez 100 à 120 abricots que vous faites bouillir

dans une bassine, avec le vin blanc, pendant 10 minutes, et dès que l'ébullition commence, ajoutez le sucre concassé, l'alcool et la cannelle. Retirez la bassine, couvrez-la hermétiquement, laissez reposer 5 à 6 jours, filtrez au clair et mettez en bouteilles.

Ratafias de violette ou d'iris.

	HUILES		Surfin (crème).
	Demi-fine.	Fine.	
Infusion d'iris........	1 lit.20	2 lit.	2 lit.40
Alcool à 85° C........	4.4	4.4	4.80
Sucre raffiné.........	5 kil.	9 kil.7	11 kil.2
Eau................	11 lit.	8 lit.	5 lit.2

L'infusion d'iris se prépare, comme on l'a dit, en faisant macérer 1 kil.250 d'iris de Florence dans 10 litres d'alcool à 85° C., agitant de temps à autre et filtrant au bout de 15 à 20 jours de macération. Cette infusion emprunte, comme on sait, une odeur prononcée de violette à la racine d'iris, seulement la saveur un peu âcre et amère de l'iris passe aussi dans l'infusion, mais elle est mitigée par le sucre et l'eau.

Nous trouvons encore quelques formules de ratafias dans la précédente édition de ce Manuel que nous croyons devoir reproduire ici, malgré que les dosages ne rentrent pas dans le système adopté dans cette nouvelle édition.

Ratafia d'absinthe.

Feuilles d'absinthe mondées.... 2 kilog.
Baies de genièvre.......... 250 gram.
Cannelle fine.............. 62
Racine d'angélique.......... 16
Eau-de-vie à 54° C.......... 12 litres.

Après quinze jours de macération, distillez pour obtenir 10 litres de liqueur; redistillez sur le résidu pour avoir 8 kilogrammes qui marquent 85°. Ajoutez à cet alcoolat :

Eau pure..	4 lit.50
Eau de fleurs d'oranger double.. .	200 gram.
Sucre blanc en poudre.	3 kilog.

Quand le sucre est fondu, filtrez.

Ratafia d'angélique.

Semences d'angélique.	31 gram.
Tiges d'angélique récentes..	31
Amandes amères mondées, concassées.	62
Alcool à 60° C..	6 litres.
Sucre blanc dissous dans un litre d'eau.	1 kil.500

On fait macérer toutes ces substances pendant 15 jours, on y ajoute le sucre, on passe à la chausse ou au filtre.

Ratafia d'anis.

Semences de badiane concassées. .	31 gram.
Alcool à 60° C.	2 litres.
Sucre..	500 gram.

On fait macérer pendant six à sept jours, et l'on filtre.

Ratafia d'anis et de carvi.

Semences d'anis.	31 gram.
— d'aneth.	31
— de carvi..	31
— de coriandre.	31
— de daucus de Crète..	31
— de fenouil..	31
Eau-de-vie à 60° C..	2 litres.
Eau..	500 gram.
Sucre..	500

Faites macérer pendant dix jours les semences dans l'eau-de-vie et filtrez; d'autre part, faites dissoudre le sucre dans l'eau, mêlez les deux liqueurs et filtrez.

Ratafia de café.

Café Moka torréfié et concassé. . . .	1 kilog.
Alcool à 85° C.	4 litres.
Sucre.	2 kil.500
Eau.	3 litres.

On fait macérer le café pendant 8 jours dans l'alcool, on y ajoute le sucre fondu dans l'eau, ensuite on filtre. Si l'on veut avoir ce ratafia incolore, on peut le distiller, alors il prend le nom de liqueur de café; si on le fait de cette manière, on n'y met le sucre qu'après la distillation.

Ratafia de cacao.

Cacao caraque torréfié.	500 gram.
Cacao des îles, torréfié.	250
Alcool à 80° C.	2 litres.
Sucre..	4 kilog.
Teinture de vanille.	20 gouttes.

Le cacao étant torréfié, on le fait macérer dans l'alcool pendant 15 jours; on ajoute le sucre dissous dans un demi-litre d'eau; on filtre et on ajoute la teinture de vanille.

Ratafia, dit clairet.

Semences d'anis..	31 gram.
— de fenouil..	31
— d'aneth..	31
— de coriandre..	31
— de carvi.	62
— de daucus de Crète.	31
Alcool à 60° C..	4 litres.
Sucre.	1 kil.500

On fait macérer pendant 15 jours, dans l'alcool, les

substances ci-dessus; on passe à travers un linge; on y ajoute le sucre fondu dans un demi-litre d'eau, et l'on filtre.

Ratafia de noyaux.

Amandes d'abricots concassées.. . 125 gram.
Alcool à 60° C. . . . . 2 litres.

On fait macérer pendant un mois; on passe à la chausse pour séparer les amandes; ensuite on y met un sirop fait avec 1 kilogramme de sucre.

Ratafia d'œillets.

Œillets rouges mondés sans onglets. 1 kilog.
Cannelle de Ceylan concassée.. . . . 4 gram.
Girofle. 4
Alcool à 60° C. . . . . 4 litres.

On fait macérer pendant quinze jours; on ajoute un sirop fait avec un kilogramme de sucre, ensuite on filtre.

Ratafia, dit escubac ou scubac.

Safran. . . . . 125 gram.
Jujubes.. 250
Dattes.. 92
Raisins de Damas. 92
Anis, coriandre et cannelle, de cha-
cun.. 4
Sucre.. . . . . 2 kilog.
Eau-de-vie à 60° C.. . . . . 4 litres.
Eau pure.. 1

On sépare les pépins des raisins et les noyaux des dattes et jujubes; on les met infuser dans l'eau-de-vie avec le safran et les semences. Au bout de 15 jours, on passe avec expression, l'on y ajoute le sucre en solution dans l'eau, et l'on filtre.

Ratafia de fleurs d'oranger.

Pétales de fleurs d'oranger fraîches. 750 gram.
Alcool à 33° C. . . . . 12 litres.

Eau de fleurs d'oranger triple.. .   1 litre.
Sucre très-blanc en poudre. . . .   3 kil.250

Après avoir lavé les fleurs d'oranger dans le double de leur poids d'eau à 60° C., on les exprime légèrement, et on les fait infuser pendant 6 heures dans l'eau-de-vie. On passe avec expression; on ajoute l'eau de fleurs d'oranger et le sucre; quand il est dissous, on filtre. On peut substituer à la fleur d'oranger fraîche et à l'eau-de-vie l'extrait de fleurs d'oranger.

Ratafia des quatre-graines.

Alcool à 60° C. . . . .   12 litres.
Semences de céleri. . . . .   62 gram.
  — d'angélique.   125
  — de fenouil.   125
  — de coriandre..   62

Faire macérer pendant 15 jours, distiller au bain-marie, ajouter un sirop fait avec 4 kilogrammes de sucre raffiné et 2 lit.5 d'eau. Cette liqueur ne se colore pas.

Ratafia de céleri.

Alcool à 60° C. . . . .   10 litres.
Semences de céleri.. . . . .   500 gram.
  — de coriandre..   62
Girofle..   8
Sucre. . . . .   3 kilog.

Faire macérer pendant un mois, distiller au bain-marie, ajouter le sirop de sucre fait avec 4 litres d'eau. Cette liqueur reste également incolore.

CHAPITRE XIV.

PUNCHS ET BISHOPS.

PUNCHS.

Nous avons donné aux pages 105 et 106 la composition de divers sirops de punch utilisés par le liquoriste dans les divers punchs qu'il livre au commerce. Mais ce ne sont pas là les véritables compositions des boissons d'amateurs auxquelles on a donné tout particulièrement le nom de *punchs*, boissons imaginées en Angleterre, pays de brumes et de brouillard, où l'économie humaine a sans cesse besoin de rendre de la vigueur aux muscles et de l'énergie au système nerveux ainsi qu'au cerveau, et qui, perfectionnées depuis leur invention, se sont répandues dans la plupart des pays civilisés.

La préparation du punch peut se faire de bien des manières, suivant le caprice ou le goût des amateurs ou les exigences de la mode, mais il reste toujours des formules classiques dont il n'est pas permis de s'écarter beaucoup sous peine de ne produire qu'une boisson de qualité secondaire ou même mauvaise.

Ce n'est pas tout que de posséder les formules, il faut encore, comme dans tout autre art, apprendre à manipuler les matières qui entrent dans la confection du punch; et c'est même en cela que réside l'habileté de l'artiste, qui fera un punch exquis et délicat, tandis qu'avec les mêmes ingrédients, les mêmes doses, une main inexpérimentée ne parviendra à préparer qu'une boisson plate et sans agrément.

Nous savons qu'en général ce n'est pas le liquoriste qui prépare le punch, qu'on aime à voir ruisseler en gerbes de feu, à brûler avec sa flamme bleue, et qu'on savoure tout chaud. Mais un liquoriste habile doit savoir confectionner cette liqueur avec toutes ses qualités classiques, et c'est ce qui nous détermine à présenter ici une petite instruction sur cette préparation gastronomique.

Punch au rhum.

Commençons par le roi des punchs ou le punch au rhum, et supposons qu'il s'agisse de préparer environ 5 litres de ce punch. Prenez :

Rhum de la Jamaïque.	2 lit.50
Infusion de thé.	2 50
Sucre blanc.	1 kilog.
2 citrons.	

La plupart du temps on conseille de mélanger le thé bien chaud au rhum, d'ajouter le sucre et le citron, et de mettre le feu. Mais c'est là une coutume barbare et de cabaretier ; il convient d'opérer autrement.

La première opération pour préparer du punch est de faire le thé, non pas en versant tout à coup sur le thé une masse d'eau bouillante, mais en procédant plus méthodiquement.

En conséquence, on dépose dans une théière 60 gr. de thé hyswin de première qualité, et on verse dessus une tasse d'eau bouillante, on ferme la théière et quelques minutes après, on renouvelle cette opération. Les feuilles de thé, sous l'influence de cette petite quantité d'eau chaude, se déplissent, s'étendent, se gonflent et se trouvent toutes disposées à abandonner leur arome à l'eau. Quelques minutes après cette seconde opération, on achève de remplir la théière avec de l'eau très-chaude. Enfin, au bout de cinq minutes d'infusion, le thé est préparé, et peut être versé dans le bol où l'on prépare le punch.

Si l'on trouve que le thé est trop fort et qu'il aurait trop d'action sur les nerfs, on peut en modérer la dose et n'en mettre que 40 et même 30 grammes, mais la manière de faire l'infusion reste toujours la même.

En procédant autrement, c'est-à-dire en noyant tout à coup les feuilles avec toute la masse d'eau bouillante, ces feuilles, saisies inopinément par la chaleur, brûlent et se cuisent plutôt en n'abandonnant qu'une petite portion de leur arome à cette eau qui ne donne plus qu'un thé plat et sans parfum.

Il ne faut pas non plus prolonger l'infusion beaucoup au-delà de cinq minutes, parce qu'alors l'eau dissout les principes amers et tanniques renfermés dans la feuille, principes qui rougissent la boisson et lui donnent une saveur âpre et astringente.

Tout cela bien compris, reprenons la préparation du punch.

Avant de verser le thé dans le bol, on a coupé deux beaux citrons à peau fine, couleur jaune pâle et bien frais, en 4 à 5 tranches qu'on pose sur le fond de ce bol, puis on ajoute le sucre coupé en gros morceaux dont on peut diminuer ou augmenter la dose suivant qu'on aime le punch plus ou moins sucré ; cela fait, on verse dessus le thé qu'on vient de préparer et qui est bouillant, et immédiatement sur le thé le rhum qui complète la formule.

Il faut bien se garder de verser le rhum de haut avec force sur ce thé, mais interposer entre le jet de la bouteille qui le renferme et le thé, une cuillère, une petite soucoupe, quelques tranches de citron, afin que ce rhum ne descende pas dans le thé, mais reste à la surface et s'y étale en une nappe alcoolique.

La quantité de rhum est arbitraire, celle indiquée est pour préparer du punch très-fort, en la diminuant on a des punchs plus doux ; elle dépend aussi de la qualité et du degré de spirituosité du rhum qu'on emploie.

Sous l'influence du thé bouillant le punch acquiert une certaine élévation de température, et quand on le juge assez chaud, on approche une allumette qui l'enflamme aussitôt.

Bien des gens agitent le punch pendant qu'il brûle afin d'en multiplier les points de contact avec la flamme. C'est une très-mauvaise pratique qui fait disparaître une trop grande partie de sa spirituosité, expose les matières organiques (sucre et citron) au contact de l'oxygène qui, sous l'influence de la chaleur, les transforme en substances empyreumatiques d'une saveur désagréable, et enfin, donne lieu à une déperdition considérable.

Il faut laisser le punch brûler tranquillement sans l'agiter, et jusqu'au moment où il s'éteint de lui-même; seulement, quand il ne jette plus que quelques lueurs bleuâtres et irisées, on peut le remuer doucement pour y repartir le sucre qui s'est fondu dans le thé, et le suc ainsi que l'huile essentielle du citron, puis le distribuer aussitôt dans les verres.

Pendant la combustion, le rhum a perdu un peu de sa force, d'un autre côté, une petite portion de sucre a dû se caraméliser, et le tout, mélangé à l'arome délicat du thé, à l'acide du citron et à l'huile essentielle que renferme son écorce, donne un punch qu'approuveront tous les gourmets.

Bien des gens modifient la formule donnée précédemment : les uns suppriment le thé et le remplacent simplement par de l'eau bouillante; d'autres y font entrer du kirsch-wasser, en petite quantité, il est vrai, du marasquin, du tafia, de l'arack, du wiskey, de la chartreuse et même des vins. Mais tout cela dépend des goûts et ne change rien aux principes qui doivent présider aux manipulations.

Faisons remarquer en passant que ce punch peut être mis en cruchons, après qu'il a été préparé comme on l'a dit et qu'il est refroidi ; seulement, on conseille de ne le laisser brûler que quelques minutes et de le filtrer avant de le mettre dans les cruchons. En cet état, on le boit froid, ou, si on veut le boire chaud, on débouche le cruchon qu'on plonge pendant quelque temps dans une marmite remplie d'eau chaude.

Punch anglais au rhum.

Le punch anglais ne diffère guère du précédent qu'en ce qu'on ne le brûle pas ; c'est une boisson saine, utile dans les temps humides et froids, excellente pour favoriser les digestions pénibles et procurer un sommeil doux et agréable. Voici la recette de ce punch, telle que la donne Grimaud de la Reynière dans l'*Almanach des gourmands*, de l'année 1807, et qui se rapproche beaucoup de la boisson qu'on désigne aujourd'hui sous le nom de *grog* :

« Sur une partie de jus de citron dans laquelle vous laissez infuser quelques zestes pendant une heure, mettez trois parties de rhum de la Jamaïque et neuf parties de thé bien chaud. La proportion du sucre est indéterminée, on en met selon le goût des personnes, beaucoup pour les dames, un peu moins pour les messieurs, etc. »

Bien entendu que pour ce punch le thé se prépare de la même manière que celle indiquée ci-dessus qui est la seule rationnelle, et que la proportion du rhum relativement à celle de l'eau peut être augmentée considérablement sans que la boisson perde ses caractères et ses propriétés. On peut d'ailleurs la préparer à l'avance et la faire chauffer au moment de la servir.

On peut également brûler le punch en opérant l'addition du rhum avec les mêmes précautions que celles qui ont été indiquées ci-dessus, enflammant et brûlant dans les mêmes conditions; ainsi brûlé, ce punch se rapproche de ce qu'on appelle dans les cafés un *grog américain,* seulement il est bien plus suave à raison du thé et du rhum qui entrent dans sa composition.

Punch au tafia.

Les mélasses distillées donnent un esprit ardent connu sous le nom de tafia qui a moins de délicatesse que le rhum qui est le produit de la distillation du jus fermenté de la canne à sucre, mais aussi d'un prix moins élevé dont on peut très-bien faire usage pour remplacer le rhum. Le mode de préparation de ce punch est absolument le même que celui au rhum et les dosages sont les mêmes.

Punch au kirsch.

Nous supposons toujours qu'il s'agit de préparer 5 litres de punch, on prend donc :

Kirsch . . . . 2 litres.
Infusion de thé. 3
Sucre blanc. . . . . 2 kilog.

Nous avons vu à la page 281 quel est le pays qui produit le bon kirschwasser et la manière dont on l'y obtient de qualité supérieure. C'est ce kirsch qu'il faut de toute nécessité employer à la fabrication du punch et non pas les produits douteux et sans mérite qu'on débite journellement sous ce nom, si on veut préparer une boisson d'une saveur merveilleuse et d'une extrême délicatesse.

Le thé qu'on mélange au kirschwasser n'a pas besoin d'être aussi fort que pour le punch au rhum; un thé léger, c'est-à-dire fait avec 20 à 25 grammes pour les 3 litres d'eau, paraît suffire pour donner l'arome.

Quelques gourmets y ajoutent encore un peu de vanille, ou mieux du sucre trituré avec un peu de vanille, ou quelque autre aromate suave, tels que camphre, myrrhe, roseau aromatique, suivant les goûts et les habitudes.

Punch à l'eau-de-vie.

Les proportions pour faire 5 litres de punch à l'eau-de-vie sont les suivantes :

Eau-de-vie..	2 lit.50
Infusion de thé..	2 50
Sucre.	1 kil.50

On ajoute soit le jus de deux citrons ou de quelques oranges, soit de l'esprit de citron concentré ou de l'acide citrique pour donner une pointe acide. L'infusion de thé doit être très-forte pour relever la crudité des eaux-de-vie communes. Lorsque le mélange est opéré, on l'enflamme et on laisse brûler assez longtemps, afin de caraméliser plus de sucre et de donner au punch plus de saveur et de couleur.

Nous avons vu qu'on débite aujourd'hui des eaux-de-vie provenant des sources les plus diverses et qu'on rencontre dans le commerce des eaux-de-vie fabriquées avec des alcools de marc de grain, de pomme de terre, de riz, de mélasse, de maïs, etc., que la plupart de ces alcools sont extrêmement crus et que quelques-uns ont un mauvais goût qui, exalté par la chaleur, rendrait le punch peu agréable et même imbuvable, il faut donc, pour préparer ce punch, faire choix d'une eau-de-vie fabriquée avec un alcool bon goût, mais dont on corrige la crudité par une addition de substances aromatiques (zeste de citron ou d'orange, esprit concentré de citron, thé très-fort, etc.)

et surtout brûler longtemps pour donner plus de moelleux.

Ce serait d'ailleurs une véritable duperie de consacrer à la fabrication de ce punch les eaux-de-vie fines de la Charente, car, après la combustion, elles ne laissent qu'un punch qui n'est guère supérieur à celui fabriqué avec les eaux-de-vie communes. La raison en est simple : ces eaux-de-vie fines doivent leur saveur exquise, leur bouquet, à des éthers particuliers qui se volatilisent à la chaleur ou bien changent de nature et qui ne laissent en définitive qu'un alcool étendu d'eau sans arome et sans agrément.

Quelques eaux-de-vie qu'on obtient par la distillation de l'alcool avec diverses substances telles que le genièvre, l'eau-de-vie de Dantzig, l'absinthe, le bitter, etc., peuvent également servir à faire des punchs qu'on sucre et aromatise comme on l'entend.

Nous donnons ci-après trois recettes des punchs les plus ordinairement consommés, que le liquoriste fabrique à l'avance et tient en réserve pour les livrer selon les besoins de son commerce. Ces recettes, quoique excellentes, ne constituent pas le punch *d'amateur* dont nous venons de parler.

Punch à l'eau-de-vie (demi-fin).

Tafia à 56° C.	1 litre.
Eau-de-vie à 58° C	8
Esprit de citron concentré.	2 centilit.
Acide citrique.	10 gram.
Thé hyswin.	25
Sucre bonne quatrième.	3 kil.75
Eau.	8 lit.4

On fait infuser le thé dans la moitié de l'eau, on laisse refroidir, on ajoute le tafia, l'esprit, le sucre et l'acide dissous, on colore au caramel, on colle et on filtre. Produit **20** litres.

Liqueur de punch au tafia (demi-fine).

Tafia à 56° C.	8 litres.
Rhum.	1
Esprit de citron concentré.	2 centil.
Acide citrique.	10 gram.
Thé hyswin.	25
Sucre bonne quatrième.	3 kil.75
Eau.	8 lit.4

Même manipulation que ci-dessus. Produit 20 litres.

Punch au rhum et à l'eau-de-vie (fin).

Eau-de-vie de Cognac vieille.	9 lit.2
Rhum vieux à 50° C.	2
Esprit de citron concentré.	3 centil.
Acide citrique.	12 gram.
Thé perlé.	40
Sucre blanc.	6 kil.25
Eau.	4 lit.6

Même manipulation que ci-dessus. Produit 20 litres.

Punch aux liqueurs.

On peut très-bien préparer des punchs avec la plupart des liqueurs composées, principalement des curaçaos, des anisettes, des chartreuses, des marasquins, des eaux et crèmes de noyau, etc., qui fournissent des punchs d'une saveur infiniment variée et fort agréables, quand on sait fixer convenablement les doses. Ces punchs en général n'ont pas besoin d'être aromatisés, puisque la liqueur qui entre dans leur composition est déjà chargée d'aromates. On ne leur ajoute aussi par la même raison qu'une petite quantité de sucre.

Les ingrédients y entrent d'ailleurs dans le rapport le plus simple, c'est-à-dire que pour un volume de liqueur, on ajoute environ un volume d'une infusion très-légère de thé, suivant la force qu'on veut obtenir.

Le talent, dans la préparation de ces punchs, est de savoir marier habilement les saveurs et les aromes des liqueurs exaltées par l'élévation de la température avec la saveur et l'arome du thé.

Punch aux vins.

Les punchs au vin ne sont à proprement parler que ce qu'on appelle du vin chaud. Cependant, l'addition d'une infusion de thé leur communique une saveur agréable et une action stimulante du système nerveux qui les distinguent suffisamment des vins chauffés et aromatisés.

On peut faire du punch au vin avec des vins rouges ou des vins blancs.

Bien entendu qu'on ne sacrifie pas pour cette préparation des vins fins qui perdraient par la distillation et le chauffage la plupart de leurs brillantes qualités, ni des vins vieux qui, trop dépouillés, ne possèdent plus que quelques propriétés aisément fugitives, et encore moins des vins mousseux que la chaleur transformerait en un liquide plat et sans aucune qualité.

Pour les punchs au vin rouge, on fait choix de nos vins du midi, très-riches en alcool, qu'on mélange dans la proportion de 2 litres avec un demi-litre de thé très-chargé de sucre, de la cannelle de Chine, du coriandre, de l'anis, de la badiane, de la cardamome, etc., et, enfin, avec du jus d'orange et du zeste de citron.

On chauffe alors doucement ce mélange jusqu'à ce qu'il commence à blanchir et à fumer; on peut même essayer d'en approcher une allumette afin de l'enflammer, et si on réussit, on le remue pour entretenir cette combustion, et lorsque le punch s'éteint, on le distribue dans les verres.

Même préparation pour les punchs au vin blanc, en faisant choix pour cela, non pas des vins doux et sucrés, mais au contraire, des vins capiteux qui supportent mieux cette opération.

Les meilleurs punchs au vin blanc sont ceux au vin de Ténériffe, de Madère sec, de Marsala et de Zucco en Sicile, les vins du Rhin et du Rhône, etc., et quel que soit le vin dont on fera choix, il faut éviter d'y ajouter un acide aussi actif que celui du citron qui les altère par le chauffage.

Extraits de punch.
(Formule allemande.) (Punch-extrait).

(20 litres).

	Ordinaire.	Demi-fin.	Fin.	
Alcool à 90° C.. . . .	9 lit.	8 lit.	6 lit.60	4 lit.
Rhum de la Jamaïque ou arack..	»	1.30	3.30	8
Sucre.	7 k.5	9 kil.	10 k.5	10 k.5
Acide citrique.. . . .	80 gr.	80 gr.	80 gr.	80 gr.
Essence de citron. . .	4	4	4	4
Essence de roses.. . .	»	»	5 gout.	5 gout.
Eau	8 lit.	7 lit.	6 lit.	4 lit.60

On commence par mélanger par l'agitation les essences avec l'alcool, on prépare à chaud un sirop avec le sucre et toute lieau, on clarifie au blanc d'œuf, on cuit au boulé, on dissout l'acide citrique dans un peu de sirop et on ajoute celui-ci encore chaud à l'alcool. On colore si on veut avec du caramel.

Extrait de Grog (demi-fin).

Alcool à 90° C.	6 lit.65
Arack ou rhum de la Jamaïque. . .	3 30
Sucre..	7 kil.500
Eau..	6 lit.60

Autre formule (fin).

Alcool à 90° C.	5 lit.30	2 lit.00
Arack ou rhum de la Jamaïque.	5 40	8 60
Sucre..	9 kil.00	9 kil.00
Eau..	5 lit 30	5 lit.30

BISHOPS.

Les bishops sont des espèces de punchs au vin. On les fait avec du vin rouge et du vin blanc, mais plus particulièrement avec ce dernier, et on les sert chauds ou froids, selon le goût des consommateurs.

Bishop rouge préparé à chaud.

Vin rouge.	20 litres.
Cannelle de Ceylan en poudre. . .	2 gram.
Muscade en poudre.	1
Sucre blanc.	5 kilog.
20 à 25 oranges amères.	

On coupe les oranges en morceaux, on picote avec un couteau pour bien ouvrir la peau, on place ces oranges sur un feu doux, et lorsqu'elles commencent à griller légèrement, on les jette dans le vin avec la cannelle et la muscade, on laisse infuser 4 à 5 heures sur des cendres chaudes dans un vase fermant hermétiquement; on filtre, on ajoute le sucre, et enfin, on fait chauffer jusqu'au frémissement, et on sert bien chaud.

Bishop blanc préparé à chaud.

Vin blanc..	20 litres.
Girofle.	20 gram.
Cannelle ou muscade..	15
Sucre blanc..	5 kilog.
Ecorce d'oranges amères ou douces.	1.50

Faites une teinture avec le vin, les aromates et l'écorce d'oranges, et au tout bien chaud, ajoutez le sucre.

Bishop préparé à froid.

Vin blanc d'excellente qualité.. . . 20 litres.
Kirsch. 1
Zestes de 10 ou 12 citrons ou oran-
   ges amères.
Sucre. . . . . 5 kilog.

Faites infuser les zestes de citron ou d'orange dans le kirsch ou autre liqueur suave, filtrez, versez dans le vin blanc dans lequel on a fait fondre le sucre, et rafraîchissez en entourant le vase de glace.

CHAPITRE XV.

HYPOCRAS.

Les hypocras qu'on recherchait beaucoup autrefois sont bien moins goûtés aujourd'hui. On donne ce nom à des vins aromatiques ou des vins de fruits dont nous présenterons quelques formules.

Hypocras à l'angélique.

Faites infuser à froid, pendant deux jours, dans un litre de vin rouge ou blanc, 8 grammes d'angélique fraîche avec une pincée de muscade en poudre, ou 16 grammes de la même plante confite; ajoutez le sucre et l'esprit, et filtrez.

Hypocras au cédrat.

Versez sur les zestes d'un gros cédrat un litre de bon vin et 60 grammes d'alcool ; après 48 heures d'infusion, ajoutez 90 grammes de sucre en poudre, agitez de temps en temps et filtrez le lendemain.

Ou bien, frottez 60 grammes de sucre en gros morceaux sur l'écorce d'un cédrat, jusqu'à ce que le sucre soit bien imprégné de l'huile essentielle du fruit; faites-le fondre dans le vin, et filtrez.

Préparez de même l'hypocras à l'orange.

Hypocras aux épices.

Mettez dans une grande bouteille 4 grammes de cannelle de Chine, deux ou trois clous de girofle, 15 grammes de muscade, une pincée de macis, le tout en poudre, et ajoutez de 30 à 60 grammes d'alcool ; après deux jours de digestion, ajoutez un litre de vin blanc ou rouge, deux ou trois gouttes d'essence d'ambre, et 60 ou 90 grammes de sucre en poudre, agitez et filtrez le lendemain.

Autre formule.

On fait infuser pendant 10 à 12 jours, dans du vin de Chablis, 30 grammes cannelle de Ceylan en poudre, 15 grammes macis, 15 grammes muscade, 60 grammes d'amandes amères pilées, 100 grammes vanille pilée avec du sucre. On tire au clair, on ajoute 20 kilogr. de sucre fondu dans un peu d'eau et 10 litres d'alcool à 85° C., après quelques jours de repos, on colle, on filtre et on met en bouteilles.

Hypocras framboisé.

Remplissez un entonnoir à grille, de framboises fraîchement cueillies et point écrasées; faites filtrer à travers un litre de vin rouge ; ajoutez 60 grammes d'esprit, le sucre nécessaire, et filtrez.

La grande quantité de principe mucilagineux contenu dans la framboise, ferait promptement tourner le vin, si on la laissait en digestion avec le fruit. On peut préparer de la même manière un fort joli vin de fraises.

Hypocras au genièvre.

Faites macérer à froid pendant 24 heures, 30 grammes de baies de genièvre concassées, bien mûres et bien fraîches, avec un litre de vin et 30 à 60 grammes d'esprit, ajoutez tant soit peu de vanille ou d'ambre, 60 ou 90 grammes de sucre en poudre, et filtrez.

Hypocras aux noyaux.

Cassez douze noyaux d'abricot et six noyaux de pêche, sans endommager les amandes; faites infuser celle-ci avec leur bois, pendant deux jours, dans un litre de vin blanc; ajoutez 4 décigrammes de vanille triturée avec 60 grammes de sucre, un peu d'esprit, et filtrez.

Hypocras à la vanille.

Triturez 7 décigrammes de bonne vanille du Mexique avec 125 grammes de sucre, versez-y deux litres de vin et 125 grammes d'alcool à 85°, après deux jours de macération, filtrez.

Hypocras au vin d'absinthe.

Faites infuser pendant 12 heures, dans un litre de vin blanc, une poignée d'absinthe fraîche, 60 ou 90 grammes de sucre en morceaux, frotté sur l'écorce d'un citron ou d'un petit cédrat, 4 grammes d'anis concassé, cinq à six clous de girofle en poudre; ajoutez 60 grammes d'alcool, passez avec expression et filtrez.

Hypocras à la violette.

Faites digérer, pendant un jour ou deux, 6 grammes d'iris de Florence et 7 décigrammes de girofle en poudre, avec un litre de vin rouge ou blanc, ajoutez le sucre et l'esprit, une goutte d'ambre et de musc, et filtrez.

CHAPITRE XVI.

MIEL ET HYDROMELS.

Le miel entrant quelquefois dans les produits de l'art du liquoriste, nous allons donner quelques détails à ce sujet.

Le miel est une substance sucrée, de la consistance d'un sirop épais qui se prend, suivant les qualités, en une masse grenue cristalline, blanche, ambrée ou brunâtre. Ii est fourni par l'abeille, *apis mellifera* de Linné, qui pompe la substance sucrée des fleurs et la dépose ensuite dans les alvéoles de ses rayons. Nous ne chercherons point à établir si le miel se produit dans l'estomac des abeilles, ou si elles le puisent tout formé dans les fleurs, et si elles ne font que l'élaborer. La substance sucrée qu'on trouve dans les nectaires rend cette dernière opinion plus probable. Le miel se récolte en grande quantité dans les lieux où croissent beaucoup de plantes aromatiques; mais c'est une erreur de croire qu'il est d'autant plus blanc que les localités sont plus exposées au midi. Cela est d'autant plus vrai que, dans le département des Pyrénées-Orientales, les miels sont très-colorés, tandis que dans celui de l'Aude, aux environs de Narbonne surtout, ils sont ou jaunes dorés, ou très-blancs. Les miels varient suivant les localités où on les récolte. Ainsi, ceux des environs de Narbonne, où croissent en abondance les romarins, les sauges, le thym, le serpolet, les diverses lavandes, les cistes, le *phlomis herba venti*, etc., le miel est très-beau et a un bouquet très-agréable; il en est de même de celui qu'on récolte au mont Ida, en Crète ; dans la vallée de Chamouny, dans les parties méridionales du département de l'Hérault. Celui qui est connu sous le nom de *gâtinais* se rapproche beaucoup de celui de Narbonne. On attribue ses bonnes qualités aux plantes odoriférantes de ce pays, ainsi qu'à la grande quantité de fleurs de safran. Dans le Roussillon, la Bretagne, les Cévennes, où l'on cultive le sarrasin, où existent des bruyères stériles, etc., le miel y est très-inférieur. Le voisinage des champs de sarrazin influe singulièrement sur l'infériorité du miel. Il est d'autres plantes qui lui communiquent des propriétés dangereuses. Ainsi, indépendamment de l'empoisonnement d'un grand nombre de soldats grecs, lors de la retraite des dix mille, que Xénophon attribue au miel qu'ils avaient mangé sur les montagnes de Trébizonde et les bords méridionaux du Pont-Euxin ; indépendamment des observations de Tournefort, faites sur les mêmes lieux, qui attribue l'effet délétère de ces miels à l'*azalea pontica* qui couvre les montagnes de cette partie de l'Asie-Mineure, nous avons l'observation plus récente d'Auguste Saint-Hilaire. Ce botaniste assure qu'il faillit être empoisonné au Brésil, pour avoir mangé du miel produit par la guêpe nommée *lechenagua*, qui butinait probablement sur une plante de la famille des apocinées qui abonde aux environs. Dans le midi de la France, on fait annuellement deux récoltes de miel, l'une au mois de mai et l'autre au mois de septembre. Le premier est le plus beau et le plus riche en sucre cristallisable. Et, en général, les diverses espèces de miel, en se concrétant, surtout l'hiver, forment une masse cristalline, grenue, qui est du sucre cristallisable. Les miels les meilleurs sont blancs ou jaunes dorés, épais et transparents ; quand ils ont un aspect louche, c'est une preuve qu'on les a fraudés au moyen de l'eau et de la farine. Pour s'en convaincre, on n'a qu'à en faire dissoudre un peu dans l'eau chaude et y ajouter quelques gouttes de teinture d'iode. Si le miel est falsifié, la liqueur prend une belle couleur bleuâtre. Les miels de septembre, contenant moins de sucre cristallisable que ceux de mai, restent aussi plus longtemps en consistance térébenthineuse. J'ai reconnu que les proportions de sucre cristallisable variaient dans les miels, non-seulement suivant qu'ils étaient récoltés au printemps ou en automne, mais suivant les localités et la régularité des saisons.

Sirop de miel ou mellite.

Dans les localités où l'on a de très-beau miel blanc, on peut se dispenser d'en préparer un sirop ; pour les besoins de la pharmacie, on peut le purifier et le réduire en sirop de la manière suivante :

Prenez :

Miel blanc.	3 kilog.
Eau pure.	750 gram.
Charbon animal, lavé à l'eau froide et séché.	185
Eau battue avec trois blancs d'œufs.	870
Craie lavée et pulvérisée.	suff. quant.

Comme il est des miels acides dès qu'ils ont été mis sur le feu avec l'eau, et que la solution est complète, on sature l'acide au moyen de la craie qu'on y projette tant qu'il se produit de l'effervescence ; après un ou deux bouillons, on y délaie du noir animal ; après deux minutes d'ébullition, on ajoute les blancs d'œufs ; on remue, et, au premier bouillon, l'on retire la bassine du feu. On laisse refroidir le sirop pendant un quart-d'heure, et l'on passe à la chausse jusqu'à ce qu'il soit bien clair et très-transparent. On l'amène ensuite, par un feu rapide, à 31 degrés de Baumé, qui est le point de sa cuite, que l'on peut reconnaître aussi comme celle du sirop de raisin.

Quand les miels sont impurs et très-colorés, comme ceux de Bretagne, on suit le procédé suivant, qui est dû à M. Borde :

Prenez :

Miel..	5 kilog.
Charbon végétal en poudre.. . . .	308 gram.
Charbon animal en poudre.	154
Acide nitrique à 30 ou 32 degrés..	40
Eau..	308

On triture, dans un mortier de porcelaine, les deux charbons, l'eau et l'acide; on y ajoute ensuite le miel; on fait chauffer dans une bassine étamée, sans le faire bouillir, pendant 8 à 10 minutes; on y ajoute 1kil.562 de lait dans lequel on a délayé de un à deux blancs d'œufs.

Après 4 ou 5 minutes d'ébullition, on passe à travers une étamine, placée dans un lieu chaud, jusqu'à ce que le sirop sorte bien clair. Ce sirop, à la consistance de 32°, se conserve très-bien. Nous sommes loin de le regarder comme pur. Il retient un peu d'acide nitrique et des substances qui se trouvent dans le petit lait.

Les sirops de miel portent le nom de mellites; nous allons faire connaître les principaux.

Mellite de romarin (miel anthosat).

Fleurs récentes de romarin avec leurs calices..	250 gram.
Feuilles id.	125

Pilez et versez dans 750 grammes de miel dépuré bouillant; après 24 heures d'infusion dans un vase clos, passez avec expression.

Mellite de roses (miel rosat, rhodomel).

Roses rouges sèches..	500 gram.

Faites infuser pendant vingt-quatre heures dans **4** litres de décoction de calices de roses ; passez avec expression et ajoutez à la liqueur 3 kilogrammes de miel ; clarifiez au blanc d'œuf et faites cuire en consistance requise.

Mellite violat (miel violat).

Fleurs de violettes fraîches. . . . . . **1** kilog.
Eau bouillante. **1** kil.500

Après **12** heures d'infusion, passez avec expression et ajoutez à la liqueur 3 kilogrammes de miel dépuré ; cuisez au bain-marie.

On donne le nom d'oxymels aux combinaisons du miel avec le vinaigre ; nous allons en donner une recette :

Oxymel simple.

Miel de Narbonne. . . . . 500 gram.
Bon vinaigre de vin. 250

On met ces deux substances dans un poêlon d'argent, et on les fait évaporer à une douce chaleur jusqu'à consistance sirupeuse, en ayant soin d'enlever l'écume qui se forme pendant la première ébullition. On passe alors à la chausse.

Nous renvoyons le lecteur au *Manuel du Vinaigrier* pour toutes les formules d'oxymels pharmaceutiques, dont la préparation sort des attributions du liquoriste.

HYDROMELS.

Les hydromels sont de trois sortes : les *simples,* ou l'eau miellée ; les *vineux,* ou eau miellée fermentée, et les *composés ,* qui sont vineux et unis à des fruits ou des substances aromatiques.

Hydromel vineux.

Miel blanc.	5 kilog.
Eau à 30° C.	25 litres.
Ferment de bière ramolli.	155 gram.

On délaie dans un tonneau le ferment avec l'eau, et l'on y ajoute le miel ; on place le tonneau dans un lieu dont la température soit de 15 à 20 degrés R., afin que la fermentation s'établisse bien.

On reconnaît bientôt, à une quantité considérable d'écume qui s'en échappe, que la fermentation est établie ; il faut avoir soin de reverser à mesure dans le tonneau du nouvel hydromel, ou, si l'on en manque, un peu de bon vin blanc jeune, ou un mélange d'eau et de miel : enfin, remplir le tonneau pour la dernière fois et le boucher avec soin quand l'écume cesse de monter. La fermentation continue néanmoins sourdement pendant deux ou trois mois ; il faut retirer alors la liqueur de dessus sa lie, la coller, la soutirer une seconde fois et la garder le plus longtemps possible avant de la mettre en bouteilles, afin de lui faire perdre un goût de miel qu'elle conserve pendant longtemps. Il faudrait opérer le soutirage plus tôt, si l'on était obligé de transporter le tonneau ailleurs.

Presque tous les auteurs prescrivent de faire bouillir et de clarifier le miel ; mais il est reconnu que la fermentation qui, par le procédé ci-dessus, s'établit en quelques heures, demande plusieurs jours dans le second cas, parce que la coction paraît détruire le ferment, tant dans le miel que dans toutes les substances végétales. Je pense donc qu'il est plus avantageux de délayer le miel dans l'eau un peu plus que tiède, sans le faire cuire ; la liqueur en est d'ailleurs tout aussi bonne. On peut la rendre beaucoup plus agréable en ajoutant à la solution mielleuse un peu d'angélique fraîche, de genièvre, de coriandre, de suc de framboise ou d'orange, ou tel autre parfum.

Le bon hydromel, vieux et bien fait, ressemble beaucoup aux meilleurs vins d'Espagne. Son usage, très-répandu encore aujourd'hui chez les peuples du nord, est fort ancien, et l'on sait que les belliqueux Scandinaves, leurs ancêtres, étaient tellement passionnés pour cette liqueur, qu'ils ne connaissaient d'autre bonheur dans la vie future que celui de boire l'hydromel à la table d'Odin, présenté par les Valkyries dans les crânes de leurs ennemis. Les Russes et les Polonais le regardent encore comme une excellente boissson ; il en retirent une eau-de-vie qu'ils aromatisent.

Hydromel vineux composé.

Cet hydromel n'est que le précédent, mêlé à des sucs de fruits et aromatisé, afin de lui donner diverses saveurs. C'est avec ces hydromels que plusieurs fabricants de vins imitent ceux de *Constance*, de *Malaga*, de *Malvoisie*, etc.

L'hydromel vineux, qui a subi la fermentation acide, donne un vinaigre aromatique recherché ; tels étaient, assure-t-on, ceux qui ont fait la réputation de Maille.

CHAPITRE XVII.

PRÉPARATION DES FRUITS A L'EAU-DE-VIE.

Rigoureusement parlant, cette préparation serait du ressort du confiseur, mais comme plusieurs professions se rattachent entre elles par divers points, il en résulte que la fabrication des fruits à l'eau-de-vie est l'une des branches principales de l'art du liquoriste. Elle intéresse également ceux qui ne dédaignent pas de descendre dans les détails de l'économie domestique. Ces préparations sont essentiellement du ressort du liquoriste, puisqu'elles peuvent être regardées comme des variétés de ratafias ; mais le confiseur y trouve, à peu de frais, des ressources précieuses pour suppléer en hiver aux fruits que la saison ne produit plus, varier les desserts, et remplacer, même au besoin, cette foule de liqueurs de table que son genre de commerce ne lui permettrait peut-être pas de préparer.

Pour que ces fruits soient parfaits, il faut : 1° les cueillir au point de maturité convenable ; 2° leur faire subir avec soin les diverses opérations préparatoires par lesquelles ils doivent passer ; 3° observer dans leur confection les règles voulues pour les dénaturer le moins possible et pour assurer leur conservation. Nous allons examiner successivement ces trois points principaux.

On peut confire à l'eau-de-vie tous les fruits doués d'une certaine fermeté et plusieurs portions charnues des végétaux ; mais on prépare le plus souvent ainsi la plupart de ceux à noyaux, quelques poires, le coing, les jeunes citrons, les noix nouvelles, quelques qualités de raisins : on peut encore employer les tiges d'angélique, les côtes de melon, les écorces de cédrat, en un mot tous les végétaux dont on croit pouvoir retirer un parti utile et agréable. Ces préparations ont moins pour objet la conservation du fruit en nature, que sa transformation en un mets plus délicat.

Les fruits destinés à l'eau-de-vie doivent être sains et charnus. On les cueille un instant avant leur parfaite maturité, afin qu'ils conservent un certain degré de fermeté, surtout s'ils sont de nature molle et fondante. Ceux que l'on cueillerait parfaitement mûrs, ayant la chair trop pulpeuse, ne pourraient supporter

un certain degré de chaleur ni une macération un
peu prolongée, sans se déformer, se briser, se réduire
même en marmelade ; selon le procédé employé dans
leur confection, plusieurs de ces fruits pourriraient
même avant que d'avoir pu s'imprégner suffisamment
de sucre et d'alcool. Les fruits trop mûrs se pénètrent
d'ailleurs prodigieusement d'eau-de-vie aux dépens
de leurs propres sucs ; ils deviennent spongieux et
peu agréables à manger.

Toutes les variétés de fruits de chaque espèce ne
sont pas également propres à être mises à l'eau-de-
vie. On choisit, en général, les variétés qui ont le plus
de parfum et le plus de saveur, ainsi qu'on le verra
dans le cours de ce chapitre. Il en est des fruits que
l'on destine à cet usage comme de tous les autres :
ils sont rarement bons dans les années pluvieuses. On
doit également rejeter ceux qui sont rabougris, ta-
chés, meurtris, fanés, piqués des vers, en un mot,
frappés d'une défectuosité quelconque. Il est inutile
de dire, par conséquent, qu'ils doivent être cueillis
avec tout le ménagement possible et être peu maniés.

Avant d'être mis dans l'eau-de-vie, ils doivent généralement recevoir plusieurs préparations prélimi-
naires, dont le but est, soit de les dépouiller d'une
portion de saveur trop prononcée, soit de les disposer
à se pénétrer de la liqueur conservatrice, soit enfin de
favoriser leur conservation. Ces opérations, qui sont
toutes comprises sous le nom de blanchiment, se partagent en trois temps : dans le premier, on nettoie
les fruits et on les dispose à la seconde préparation ;
celle-ci consiste à les soumettre pendant quelques
instants à la chaleur de l'eau bouillante ; dans la
troisième, on les rafraîchit et on les égoutte avant de
les confire.

BLANCHIMENT.

Au moment où les fruits viennent d'être cueillis, et sans leur donner le temps de se faner ni de se ramollir, on les essuie avec un linge pour en enlever la poussière, ou bien on les frotte avec une brosse s'ils sont couverts de duvet, en prenant garde, dans l'un comme dans l'autre cas, de les endommager. On les pique à mesure jusqu'au cœur, dans plusieurs endroits, tant pour éviter que la peau ne crève, qu'afin qu'ils se pénètrent plus promptement du liquide, et on les jette aussitôt dans un grand baquet d'eau de puits très-froide.

Cette première opération finie, on les retire du baquet avec une grande écumoire pour les jeter tous ensemble dans un chaudron d'eau bouillante, assez grand pour qu'ils puissent tremper tous également et recevoir à peu près le même degré de chaleur. On les laisse frémir jusqu'à ce qu'ils tombent d'eux-mêmes au fond de l'eau; on couvre alors le chaudron et l'on étouffe le feu petit à petit, sans cependant laisser refroidir entièrement.

Après avoir laissé les choses en cet état pendant quelques heures, on ranime graduellement le feu jusqu'à ce que les fruits reviennent sur l'eau. On enlève doucement avec l'écumoire les premiers qui se présentent, comme étant les plus cuits; on les jette à mesure dans l'eau froide, et l'on continue ainsi jusqu'à ce que tous les fruits soient venus se présenter d'eux-mêmes. On est quelquefois obligé de pousser un peu le feu pour forcer les derniers à monter.

Cette méthode de blanchiment est celle que l'on suit dans les meilleurs laboratoires. Dans quelques autres, on se contente de retirer les fruits du chaudron pour les plonger dans l'eau froide, à mesure qu'ils commencent à fléchir sous les doigts, sans leur donner le second coup de feu. Ce dernier procédé, généralement adopté par les particuliers, est plus expéditif, mais le premier me semble préférable.

Beaucoup de personnes jettent leurs fruits dans le chaudron un à un, à mesure qu'elles les apprêtent, sans les laisser séjourner préalablement dans l'eau froide. Cette méthode, sans avoir aucun avantage, est défectueuse, en ce que les fruits n'étant pas jetés tous à la fois dans l'eau bouillante, blanchissent inégalement, ce qu'il faut éviter.

Aussitôt qu'on les jette dans l'eau bouillante, les fruits pâlissent ; mais le second coup de feu leur restitue en grande partie leur couleur naturelle ; l'immersion dans l'eau froide concourt au même but. C'est pour cela, et pour leur redonner un peu de fermeté, que l'on doit employer l'eau la plus froide et la plus crue possible ; il est même bon d'y faire fondre 31 ou 62 grammes d'alun par seau, surtout lorsque l'on travaille sur des fruits naturellement mous, pulpeux, ou dont la couleur tendre et délicate mérite d'être conservée, tels que la prune, la pêche, etc. Il est essentiel d'exécuter les divers temps du blanchiment vivement, afin que les fruits soient saisis en passant par les divers changements de température qu'on leur fait subir.

Le commencement de coction que l'on fait subir aux fruits par le blanchiment, enlève, du moins en grande partie, le principe acerbe, âcre ou trop aromatique, contenu dans l'enveloppe de la plupart d'entre eux ; supplée au degré de maturité qui leur manque, et concourt à conserver leur forme et leur couleur. Le succès des opérations subséquentes dépend beaucoup des soins apportés dans celle-ci, dont la durée doit être proportionnée à la consistance plus ou moins dure et à la nature plus ou moins âcre du fruit.

Si l'eau du chaudron n'est pas assez chaude, ou que les fruits la refroidissent trop, elle les pénètre, les délaie, les *mortifie* en quelque sorte, les prive de leur couleur, de leur goût, en un mot, de presque toutes leurs propriétés. Au contraire, lorsqu'elle est bien à son point, elle n'attaque presque que leur superficie, concentre leur suc, ne pénètre que très-faiblement dans l'intérieur, et ne leur ôte aucune de leurs qualités.

Ces fruits n'étant et ne devant être qu'imparfaitement mûrs, si on les mettait dans de l'eau-de-vie au sortir de l'arbre, seraient en général trop durs pour s'en imprégner convenablement ; il faut recourir au blanchiment pour les attendrir. Cet effet n'est pas identiquement le même que celui de la macération naturelle et complète; celle-ci rend les fruits mous, fondants, pulpeux, et les dispose à se dépecer promptement, tandis que cette espèce de demi-coction les rend à la fois tendres, mais fermes, élastiques et plus propres à soutenir l'effet de la longue macération à laquelle ils doivent être soumis, que s'ils étaient complétement mûrs.

Lorsque les fruits sont entièrement refroidis, et qu'ils ont, autant que possible, recouvré leur fermeté, leur fraîcheur et leur couleur, par l'effet de l'eau froide, on les range avec ménagement sur des tamis, ou entre des linges très-propres pour les faire égoutter pendant que l'on prépare tout ce qu'il faut pour les confire et que l'on dispose les bocaux.

Ceux-ci sont ordinairement de verre et plus profonds que larges ; mais, quelle que soit leur forme, il faut que l'orifice soit d'une ouverture proportionnée à la grosseur des fruits, afin que l'on puisse les ranger et les sortir avec aisance. Des vases trop larges d'orifice seraient cependant incommodes, si on ne pouvait les fermer hermétiquement.

CONFECTION.

On peut désigner par ce mot la dernière opération qu'il reste à faire subir aux fruits et la plus importante en même temps, puisque les précédentes n'ont eu d'autre objet que de les préparer à celle-ci : je veux parler de la mise en bocaux.

On suit, dans ce travail, trois ou quatre procédés différents, outre plusieurs autres qui méritent peu d'attention. Le premier, qui paraît appartenir plus spécialement aux confiseurs, consiste à faire cuire pendant quelques instants les fruits blanchis dans du sucre cuit à la plume, comme si l'on voulait les con-fire et à les conserver dans un mélange d'eau-de-vie et de sirop.

Le second procédé, plus bourgeois, consiste à les mettre en bocaux au sortir de l'arbre, et à les faire macérer soit à froid, soit à la chaleur du soleil, dans l'eau-de-vie, à laquelle on a ajouté un peu de sucre.

Les fruits préparés par le premier procédé sont plus délicats, plus fins que ceux du second, parce que, étant préalablement imprégnés de sucre jusque dans leur intérieur, ils aspirent beaucoup moins d'eau-de-vie; ils sont d'ailleurs bons à manger au bout de quelques jours, tandis que ceux que l'on prépare par la macération pure et simple, se dépouillant quelquefois en grande partie de leur propre suc, se remplissent d'eau-de-vie, au point qu'elle coule presque pure sous la dent.

Le second procédé n'est pourtant pas toujours à mépriser, surtout pour les personnes qui, ne préparant ces fruits que pour leur consommation, se soucient fort peu de prendre autant de peine, et peuvent d'ailleurs attendre leurs fruits deux ou trois mois, car il faut à peu près ce temps-là pour la plupart, surtout si on ne les a pas même blanchis. Les fruits préparés par le premier procédé ont rarement besoin de plus d'une quinzaine de jours de macération avant d'être employés.

Les marchands qui travaillent en grand préparent d'avance, en quantité proportionnée à leurs besoins, un mélange de deux parties d'eau-de-vie à 60° C. contre une de bon sirop de sucre bien clarifié; ils le filtrent comme s'ils en voulaient faire une liqueur, et attendent le moment de l'employer. A mesure que la saison des fruits qu'ils veulent confire arrive, ils les blanchissent, les rangent dans les bocaux, achèvent de remplir ceux-ci avec leur eau-de-vie sucrée, et laissent faire leurs fruits pendant un ou deux mois, ou même plus, selon leur grosseur.

Les fruits préparés de cette manière étant moins pénétrés de sucre, sans l'être trop d'eau-de-vie, sont préférés par beaucoup de personnes; ils ont aussi l'avantage d'être moins mous, et presque aussi vermeils que s'ils venaient d'être cueillis; la liqueur elle-même est aussi limpide que possible, ce qui ne contribue pas peu à flatter l'œil autant que le goût.

Quel que soit le procédé suivi, l'arôme du fruit se dissout dans l'eau-de-vie, et comme il réside spécialement dans l'enveloppe, ainsi que l'on aura plusieurs fois l'occasion de le remarquer, il convient de ne pas peler les fruits, à moins que leur peau ne soit dure et coriace.

D'un autre côté, le fruit cède plus ou moins facilement une portion de son suc pour aspirer l'eau-de-vie; en sorte que, tandis qu'il s'imbibe jusqu'au cœur du liquide dans lequel il baigne, celui-ci se combine avec le suc rendu, de manière à former un véritable ratafia.

Cet échange est plus complet et plus prompt quand l'eau-de-vie n'est pas chargée de sucre. On remarque, en pareil cas, que la liqueur a presque entièrement épuisé le fruit qui, à son tour, s'est rempli d'eau-de-vie. Ceci s'accorde parfaitement avec ce qui a été dit à l'article des ratafias, et explique pourquoi on prescrit de n'ajouter le sucre qu'après la macération des substances dont on veut extraire le parfum et la saveur, tandis que, dans la préparation des fruits à l'eau-de-vie, il convient d'*émousser* la force de cette liqueur au moyen du sucre, avant de soumettre les fruits à son action. Nous conseillons même aux personnes qui voudront obtenir des produits plus parfaits, d'y employer, au lieu d'eau-de-vie, de l'esprit-de-vin coupé avec du suc de fruit préparé à part.

On ne peut assigner au juste les proportions respectives de fruits, de sucre et d'eau-de-vie qu'il convient d'observer, ni le degré de celle-ci. Il suffit de savoir que le fruit doit être recouvert par la liqueur, qu'on emploie en général de 125 à 185 grammes de sucre par litre d'eau-de-vie, et que l'on prend celle-ci à 54 ou 60° C., en faisant fondre le sucre dans un peu d'eau. Mais l'on conçoit aisément que ces données sont très-variables; la force de l'eau-de-vie et la dose du sucre devant augmenter ou diminuer, selon que le fruit est plus ou moins sucré. Si son eau de végétation n'était pas saturée suffisamment par le sucre et l'eau-de-vie, il entrerait promptement en fermentation et ne se conserverait pas.

Les fruits bien préparés peuvent se garder en bon état pendant un an ou deux; mais, en supposant même que la fermentation les respecte, la macération continue finit par les ramollir au bout de ce temps, au point de les réduire en marmelade. Les bocaux doivent être bien bouchés, exactement remplis et rangés dans un lieu plutôt frais que chaud. Ces fruits se conservent aussi moins bien dans de grands vases que dans de petits où la fermentation s'établit moins facilement ; car c'est là l'agent de destruction qu'ils ont le plus à craindre.

Abricots.

On choisit de beaux abricots de plein vent, et on les prépare absolument de la même manière que les pêches, selon l'un ou l'autre des trois procédés indiqués pour ce fruit, ou bien après que les abricots ont été piqués et qu'on a détaché la chair du noyau, mais sans enlever celui-ci, on les jette dans l'eau glacée, on les fait blanchir dans l'eau à 95°, puis on suspend le feu pendant 15 minutes et on le ranime peu à peu pour les faire monter et les enlever dès qu'ils paraissent à la surface, pour les déposer dans une terrine contenant de l'eau très-froide et même glacée qu'on renouvelle plusieurs fois. On les fait égoutter et on les porte à la cave en les couvrant d'eau-de-vie à 56°. Après deux mois de macération, on les sucre en les mettant en bocaux qu'on remplit avec un jus de fruit composé avec :

Esprit de noyaux..................	2 litres.
Alcool à 85° C.................	24
Sucre.	12 kil.5
Eau commune..............	65 litres.

Parfois, on donne aux fruits plusieurs façons, c'est-à-dire qu'après que les fruits ont été blanchis, on verse dessus un sirop marquant 12° et bouillant, on laisse 24 heures et on recommence cette opération en rapprochant le sirop à 16°, et ainsi de suite pendant plusieurs jours, jusqu'à ce que le sirop marque 36°.

Ces fruits, dits confits au sucre, se mettent de suite en jus contenant par hectolitre 32 litres d'alcool à 85° C. et 18 à 19 kilog. de sucre.

On cherche quelquefois à donner aux abricots une belle couleur jaune, en ajoutant dans la première eau de refroidissement, 5 grammes par 20 litres de sous-carbonate de potasse, et on fixe cette couleur avec une eau d'alun dans la proportion de 50 à 60 grammes par hectolitre. Si, au contraire, on veut leur conserver la couleur blanche que leur a donnée l'eau chaude, on les plonge seulement dans l'eau alunée.

Abricots verts.

On choisit des abricots, des pêches ou autres fruits analogues avant que le bois du noyau soit formé; on les essuie avec un linge rude et on les traite absolument de la même manière que les citrons verts, auxquels d'ailleurs ces fruits ne sont pas à comparer. Ils ont besoin d'être parfumés à peu près de la même manière que les côtes de melon.

Angélique.

On choisit des tiges d'angélique grosses, glacées, charnues, fraîchement cueillies et mondées de leurs feuilles; on les essuie, les coupe en morceaux de la longueur de 27 à 40 millimètres, et on les jette à mesure dans l'eau fraîche pour les laver. On les retire de là pour leur donner quelques bouillons dans un chaudron d'eau bouillante; on apaise ensuite le feu et l'on couvre le chaudron pour les laisser infuser très-chaudement pendant une heure; après quoi, on les enlève avec une écumoire pour les jeter dans un baquet d'eau froide. En les retirant du baquet, on les égoutte entre des linges, en pressant un peu fortement dessus pour leur faire rendre toute l'eau; on les passe ensuite dans un fort sirop jusqu'à ce qu'elles soient suffisamment cuites. Enfin, on les laisse égoutter pendant vingt-quatre heures sur des tamis, on réunit le sirop qu'elles rendent avec celui dans lequel elles ont cuit, on le clarifie et on le fait réduire en consistance convenable, on range les morceaux d'angélique dans les bocaux, et on y verse ce sirop coupé avec deux parties de bonne eau-de-vie.

Cédrats.

Choisissez des cédrats dont l'écorce soit très-épaisse ; à l'aide d'un couteau qui coupe bien, vous enlèverez délicatement la partie la plus superficielle du zeste, sans mettre la partie blanche à découvert. Ces zestes, contenant une grande quantité d'huile essentielle, seront mis de côté pour être utilisés de telle manière que l'on jugera à propos ; fendez ensuite l'écorce en quatre pour enlever le fruit sans l'entamer, et traitez vos quartiers d'écorce comme ceux de coings.

Cerises.

Les cerises les plus agréables à manger et les plus grosses sont les plus estimées pour être mises à l'eau-de-vie. On les cueille, comme les autres fruits destinés à cet usage, au moment où elles vont acquérir leur parfaite maturité ; on coupe la moitié de la queue ; on fait un trou d'épingle au côté opposé, et on les jette à mesure dans l'eau froide. Après les avoir bien égouttées, on les met dans une terrine, et l'on verse dessus un sirop bien cuit et bouillant, dans lequel on les laisse tremper pendant une journée ; on retire alors et on égoutte les fruits, on les range dans les bocaux ; on rapproche le sirop, on le mêle avec deux parties d'eau-de-vie, et on le verse sur les cerises ; ou bien, sans passer les cerises au sirop, on les range de suite dans leurs bocaux; on fait un mélange de deux tiers d'esprit à 70° ou 75° C., avec un tiers de suc de cerises et 90 ou 125 grammes de sucre par litre, et l'on verse cette liqueur sur les fruits. Dans tous les cas, on ajoute un peu de cannelle, de macis, et quelques clous de girofle, le tout enfermé dans un petit linge fin et propre; on bouche le bocal avec soin, et on l'expose au soleil pendant un mois ou six semaines. On retire alors les aromates, on agite un peu le bocal, pour que toute la masse soit également parfumée, et l'on a soin de le boucher exactement chaque fois que l'on prend des cerises.

Excellentes cerises.

Cerises de Montmorency, à peine mûres.. . . . . 3 kilog.

Versez dessus eau-de-vie à 54° ou 56° C.

Laissez en repos pendant 15 jours et décantez la liqueur à laquelle vous ajouterez :

Sirop de sucre cuit à la plume. . . . 2 kilog.

D'autre part, faites infuser dans :

Eau-de-vie à 56° C.. . . . . 1 kilog.

un sachet contenant :

Girofle.. . . . . 4 gram.
Coriandre. 16
Anis étoilé.. 16
Cannelle. 8
Macis.. 2

Toutes ces substances doivent être concassées.

On verse la première liqueur sirupeuse sur les cerises; on fait digérer au soleil la seconde pendant dix jours; on filtre ensuite et on la réunit à celle dont nous venons de parler. Au bout de deux ou trois mois, on mange les cerises qui ont, ainsi que la liqueur, un goût exquis.

Cerises (Méthode belge).

L'on prend des cerises précoces, mais parvenues à leur point de maturité, on enlève la queue, on les écrase et l'on en concasse les noyaux ; on les met dans une bassine avec le sucre, et l'on fait bouillir doucement jusqu'à la réduction d'un tiers ; on verse cette compote bouillante dans l'eau-de-vie à laquelle on ajoute les aromates que l'on désire et on laisse en digestion au soleil.

Quand la saison des framboises est venue, on y en ajoute, si on le juge à propos.

La cerise à confire, celle de Montmorency, le gobet courte-queue, mûrissent les dernières de toutes, à un mois d'intervalle de la cerise précoce ; alors on passe, exprime et filtre l'infusion qui forme un excellent ratafia de cerises framboisé, et c'est dans ce ratafia que vous mêlez ces dernières cerises. Par ce moyen, le fruit n'échange plus son eau contre de l'eau-de-vie, mais bien contre une liqueur ayant déjà le goût et l'odeur de la cerise et des aromates employés. Elle conserve aussi son volume et sa couleur, et est bien plus agréable à manger.

Voici les proportions de ces diverses substances :

Cerises hâtives.............   3 kilog.
Framboises...............   500 gram.
Sucre...................   1 kil.500
Eau-de-vie à 56° C.........   6 litres.
Pétales d'œillet à ratafia......   185 gram.

On peut substituer à l'œillet : girofle, n° 6.

Ou bien 8 grammes de cannelle ou de vanille, en poudre grossière.

Chinois.

On choisit, bien avant leur maturité, de petits citrons ou de petites oranges bigarades. Après leur
avoir donné trois ou quatre coups d'épingle, on les
jette dans un chaudron contenant de l'eau et une ou
plusieurs poignées de cendres renfermées dans un
linge ; on place le tout sur le feu et on laisse bouillot-
ter pendant quelques instants ; on apaise alors le feu
pour prolonger l'infusion, sans donner cependant aux
fruits le temps de cuire, on les jette ensuite dans un
grand baquet d'eau froide que l'on renouvelle de
quart-d'heure en quart-d'heure pendant trois ou
quatre fois, en les lavant avec soin.

A la dernière fois, on les égoutte bien et on les fait
cuire dans un sirop léger, jusqu'à ce que, piquant
quelques-uns de ces fruits avec une épingle, leur
propre poids suffise pour les faire retomber de suite.
Il ne s'agit plus alors que de terminer l'opération
comme pour les tiges d'angélique.

On ne traite pas toujours les chinois par l'eau de
cendres, mais on se contente de les faire blanchir
dans l'eau et de les laisser ensuite trois ou quatre
jours dans de l'eau bien fraîche qu'on renouvelle
plusieurs fois. Cette opération leur enlève de leur
amertume. Cela fait, on leur donne sept façons au
sucre, ainsi qu'on l'expliquera à l'article *Prunes*, en
augmentant chaque jour de 4 degrés la densité du
sirop.

Enfin, ainsi préparés, les chinois sont recouverts
avec une liqueur composée comme il suit :

Sucre..	8 kil.750
Alcool à 85°.	32 litres.
Eau.	55

Produit 100 litres.

Les liquoristes se procurent souvent les chinois à l'état glacé ou à l'état égoutté. Dans le premier cas, ils les font simplement tremper dans l'eau, et dès que le sucre est fondu, ils les enlèvent et les mettent en bocaux avec la liqueur précédente. Si, au contraire, les chinois sont égouttés, c'est-à-dire n'ont pas été glacés, on les fait simplement infuser dans cette liqueur.

Coings.

Après avoir dépouillé les coings de leur duvet, on en enlève délicatement la peau, que l'on fait tomber à mesure dans l'eau-de-vie: on les coupe par quartiers pour ôter le cœur, et on les fait tremper dans l'eau alunée comme les poires. On les fait cuire ensuite à petit feu dans un bon sirop, on en retire les quartiers un à un avec l'écumoire; à mesure qu'ils fléchissent, on les range dans une terrine, on clarifie et fait recuire le sirop, et on le verse ensuite bouillant sur les fruits. Enfin, on les range au bout de vingt-quatre heures dans les bocaux, on mélange le sirop avec de l'eau-de-vie dans laquelle on infuse les peaux dans la proportion de deux parties de celle-ci contre une de celui-là; on filtre le mélange et on le verse sur les fruits. Le coing doit être, par exception aux autres fruits, choisi très-mûr pour cette préparation.

Côtes de melon.

Toutes les qualités de melons bonnes à manger peuvent être confites à l'eau-de-vie. Après avoir enlevé la portion succulente de la chair et la partie superficielle et coriace de l'écorce, on coupe la tête proprement dite en morceaux carrés que l'on jette à mesure dans une bassine contenant de l'eau froide avec un peu de jus de citron. On place la bassine sur le feu pour donner deux ou trois légers bouillons, on laisse infuser chaudement pendant une heure, on jette alors les morceaux de melon dans une nouvelle eau citronnée pour les faire refroidir, et on les traite ensuite absolument comme les quartiers de coing, en ayant seulement soin de mettre dans le sirop un peu d'angélique fraîche et un très-petit nouet de cannelle, girofle et macis mélangés, ou l'un de ces aromates seul.

La partie la moins mangeable du melon, apprêtée ainsi avec les soins convenables, ne le cède en rien à la plupart des autres fruits à l'eau-de-vie. Il est inutile de dire que le melon doit être mûr à point, de bonne qualité, et les côtes bien saines.

Marrons.

On prend des marrons glacés par le confiseur, et on les fait légèrement baigner dans un peu d'eau qu'on chauffe, puis on laisse refroidir. Alors on introduit les marrons dans une liqueur composée ainsi qu'il suit :

Alcool à 85° C.	30 litres.
Sucre.	18 kil 750
Eau.	100 litres.

quantité suffisante, en employant celle qui a servi à déglacer les marrons.

Si on veut préparer les marrons soi-même, on prend de bons marrons de Lyon, on enlève l'enveloppe extérieure, on les lave à plusieurs reprises à l'eau fraîche, puis on les fait bouillir à deux eaux jusqu'à ce qu'ils soient bien cuits, on les enlève à l'écumoire pour les mettre dans une terrine d'eau chaude, puis on les épluche de leur seconde enveloppe et on les jette dans l'eau fraîche aiguisée avec un peu de jus de citron. On les fait égoutter, on leur donne quatre façons au sucre, à partir de 20° jusqu'à 30°, et on les jette enfin dans la liqueur indiquée ci-dessus.

Mirabelles.

On la choisit grosse et point tachée, on fait un trou d'épingle à l'endroit de la queue, un autre au côté opposé, et on se conduit en tous points comme pour la cerise.

Noix vertes.

On cueille des noix de la plus belle espèce un peu avant que le bois de la coquille ne soit formé, c'est-à-dire lorsqu'une épingle peut les traverser encore facilement. On les pèle délicatement jusqu'à ce que la membrane blanche qui sert de coquille soit entièrement à découvert; on les pique et on les jette de suite dans une eau alunée, où elles doivent baigner à l'aise afin d'éviter qu'elles ne noircissent, ce qu'elles feraient très-promptement. Après les avoir laissé tremper pendant quelques instants dans cette eau, en ayant soin de la changer dès qu'elle commencera à se colorer, on les lessivera de la même manière que les citrons verts, et on les fera blanchir dans une nouvelle eau alunée, et l'on traitera, du reste, les noix absolument comme le fruit susdit, avec la seule différence que l'on mettra infuser un petit nouet d'aromates dans le sirop. On peut aussi confire à l'eau-de-vie les noix en vert en ne les pelant pas; mais comme leur écorce extérieure est extrêmement amère, il vaudrait mieux les faire cuire dans l'eau de cendres légère, jusqu'à ce que l'épingle, après les avoir traversées, ne pût les enlever; les faire ensuite tremper pendant vingt-quatre heures dans une eau de puits légèrement citronnée que l'on renouvellerait plusieurs fois, et les mettre en bocaux avec deux parties d'eau-de-vie à 56° C., sur une partie de sirop très-rapprochée et un petit nouet d'aromates.

On peut aussi prendre des noix glacées et les traiter comme nous allons le dire pour les melons.

Oranges.

De tous les fruits qui peuvent être à notre disposition, l'orange est un de ceux qui ont l'arome le plus agréable ; on en choisit de très-belles parmi celles de Malte ou d'Alger, ou tout ou moins de Portugal, qui, sans contredit, sont les meilleures ; à leur défaut, on se contente de celles qui nous viennent de Provence. Après les avoir tournées, c'est-à-dire après qu'elles ont été dépouillées de leurs écorces jaune et blanche, on les pique pour les jeter dans l'eau fraîche ; ensuite, après les avoir fait blanchir à un feu doux, on les plonge encore une fois dans l'eau froide. Après avoir liquifié du sucre en quantité suffisante, on le fait cuire à la petite nappe pour être versé sur les oranges placées dans une bassine pour leur donner un bouillon couvert ; après avoir recommencé deux fois de suite, à vingt-quatre heures de distance, en remettant toujours le sucre amené au degré de petite nappe, et en y ajoutant les oranges pour qu'elles reçoivent un ou deux bouillons ; seulement, à la troisième fois, on les laisse égoutter pour les mettre dans des bocaux. Ces opérations terminées, on met encore le sucre sur le feu pour le faire bouillir pendant quelques minutes ; après l'avoir laissé refroidir, on y ajoute deux tiers d'eau-de-vie à 66° C. que l'on mêle exactement ; après avoir filtré en passant à la chausse, on le verse sur le fruit de manière à ce qu'il soit entièrement couvert, on ferme les bocaux aussi hermétiquement que possible pour les conserver avec les précautions indiquées pour les autres fruits dont il a été déjà fait mention plus haut.

Pêches.

On prend de belles pêches d'espalier cueillies un peu avant leur parfaite maturité ; on enlève le duvet en les frottant doucement avec un linge ; on les pique jusqu'au noyau, en plusieurs endroits, et on les jette à mesure dans l'eau froide. On place en même temps sur le feu, dans une bassine proportionnée à la quantité de fruits, suffisante quantité de sucre clarifié en demi-sirop ; et, pendant qu'il est bouillant, on y jette les pêches, que l'on a soin d'enfoncer doucement avec l'écumoire jusqu'à ce qu'elles cessent de remonter.

A mesure que les fruits commencent à fléchir sous les doigts, on les enlève un à un avec l'écumoire, et on les pose délicatement sur un tamis pour les égoutter. Lorsqu'ils ont tous été passés au sirop, on verse dans celui-ci un peu d'eau de blanc d'œuf pour le clarifier : on le fait cuire en bonne consistance, et on le jette bouillant sur les pêches rangées dans une terrine ; il faut qu'il reste assez de sirop pour que le fruit en soit recouvert. Au bout de 24 heures, on range les pêches une à une dans des bocaux à large ouverture, en ayant soin de laisser peu de vide sans cependant les tasser, on clarifie de nouveau le sirop restant, s'il n'est pas parfaitement limpide ; enfin, lorsqu'il est cuit à son point et refroidi, on le mêle avec trois parties en poids d'esprit à 56° C.; on filtre la liqueur s'il est nécessaire, et on la verse dans les bocaux ; on bouche ceux-ci avec un bouchon de liége recouvert d'un parchemin mouillé. Les fruits sont bons à manger au bout d'une quinzaine de jours. La méthode suivante est moins embarrassante et tout aussi bonne.

Au lieu de passer les pêches au sirop, on les blanchit en leur donnant les deux coups de feu prescrits à l'article du blanchiment : après les avoir retirées de l'eau froide et bien égouttées sur des linges propres, on les range une à une dans les bocaux ; on remplit ceux-ci avec un mélange de sirop de sucre sur deux parties d'eau-de-vie à 56° C., et on les couvre avec le bouchon de liége coiffé de parchemin.

Enfin, les particuliers qui trouveront ce procédé encore trop compliqué, se contenteront de piquer les fruits et de les mettre à mesure dans les bocaux, avec de l'eau-de-vie chargée de 90 à 125 grammes de sucre par litre. Ils boucheront leurs bocaux avec soin, et les exposeront au soleil pendant un ou deux mois. On ajoute rarement un autre parfum à celui de la pêche ; mais ceux qui s'y allient le mieux sont la vanille et le macis. Dans cette opération comme dans celles du même genre, il faut faire attention que les fruits baignent entièrement soit dans l'eau, soit dans le sirop, sans quoi les portions qui resteraient exposées à l'air, prendraient une couleur noire que l'on ne pourrait leur faire perdre.

Poires de rousselet.

On choisit de préférence une petite poire très-parfumée, connue sous le nom de rousselet de Reims ; on la pèle très-proprement sans endommager la queue, dont on ne coupe que l'extrémité, et l'on jette le fruit dans l'eau froide alunée, afin qu'il ne noircisse pas. Après avoir laissé tremper les poires pendant une demi-heure ou une heure dans cette eau, on les retire pour les blanchir d'un seul coup de feu, et à mesure qu'elles fléchissent sous le doigt, on les jette dans une nouvelle eau froide à laquelle on a ajouté le suc de quelques citrons, et que l'on change une fois ou deux si elle s'échauffe. Enfin, après les avoir laissées bien refroidir dans cette eau, on les range une à une dans leurs bocaux, de manière à laisser le moins de vide possible et à ne pas briser la queue. D'autre part, et pendant que les fruits blanchissent, on jette du sirop de sucre bouillant sur les peaux, on ajoute deux parties d'eau-de-vie à 55° C.; lorsqu'il est froid, on passe le mélange à la chausse pour l'avoir parfaitement clair, et on le verse dessus les fruits.

On peut encore, après avoir retiré les poires de l'eau alunée, les passer au sucre comme les pêches ou les abricots, et terminer l'opération de la même manière que pour ces fruits. Le premier procédé paraît préférable; mais quel que soit celui dont on fasse usage, il est bon de ne pas oublier de peler d'abord les poires et de faire infuser les peaux dans le sirop, afin d'utiliser le parfum qu'elles contiennent. Il est inutile d'ajouter que l'on doit rejeter tous les fruits qui seraient ou véreux, ou meurtris, ou endommagés d'une manière quelconque.

On peut préparer aussi de la même manière beaucoup d'autres espèces de poires.

Prunes.

On emploie de préférence la reine-claude blanche ou violette, et on la traite de la même manière que la pêche et l'abricot. Mais, comme la prune est extrêmement délicate, il faut la blanchir avec beaucoup de précaution, en lui donnant deux coups de feu comme à la pêche. On la passe au sucre, ou bien l'on opère comme pour les pêches.

Nous ne devons pas passer sous silence les divers moyens dont on se sert pour conserver aux prunes leur belle couleur verte.

Il est des liquoristes qui emploient pour cela le vinaigre qui a le défaut de donner aux fruits une teinte olive, d'autres se servent de sucre de lait, de sel d'Epsom, d'autres ont recours au jus de citron et au verjus employés avec le sel marin ; enfin, la plupart aujourd'hui se servent du sel marin et du sulfate de cuivre ou vitriol bleu. On ne peut toutefois se dissimuler qu'on doit éprouver quelque scrupule à faire entrer dans une confection une substance aussi dangereuse que le sulfate de cuivre qui, malgré qu'on ne l'y introduise qu'à la dose de 16 à 17 grammes par hectolitre d'eau lors de la seconde cuisson d'ascension, n'en doit pas moins exercer ses propriétés toxiques et causer des accidents.

Raisins.

On cueille, au point convenable, de beaux raisins muscats dont on détache un à un, sans les froisser, les grains les plus gros et les plus sains ; on jette ces grains dans un baquet d'eau fraîche pour les laver, et l'on donne deux ou trois coups d'épingle à la peau. D'un autre côté, on exprime le suc des autres grains pour le mêler à l'eau-de-vie. Cela fait, on égoutte avec soin les grains réservés ou on les essuie doucement avec un linge fin ; on les met en bocaux et l'on achève de remplir ceux-ci avec le mélange ci-dessus, auquel on a ajouté la quantité de sucre ou de sirop jugée nécessaire. Si l'on veut ajouter un parfum étranger à celui de muscat, on peut employer un petit morceau d'angélique, ou tel autre aromate que l'on préférera.

Verjus.

On appelle verjus, dans l'art du liquoriste, des raisins secs de couleur blanche, provenant de Malaga, qu'on prépare comme il suit :

Raisin sec de Malaga. . . . .   12 kilog.
Alcool à 85° C. . . . .   24 litres.
Eau..   24

On égrappe le raisin et on le met dans un alambic avec l'alcool, on distille la moitié de cet alcool qu'on réserve pour une autre opération, on laisse un peu refroidir, on ouvre l'alambic, on agite avec l'écumoire, on referme et on abandonne à un refroidissement lent. Pour faire ensuite le verjus, on ajoute 60 grammes de sucre par litre de jus.

Nous bornerons ici la nomenclature et les formules que nous avons données pour la fabrication et la préparation des liqueurs et des fruits à l'eau-de-vie. Nous aurions pu grossir considérablement leur nombre; mais on conçoit que c'eût été sans utilité pour le distillateur ou pour la ménagère. En effet, la marche générale et particulière de chacune des opérations ayant été indiquée et décrite avec soin, c'est à celui qui veut préparer une liqueur donnée à faire entrer dans sa formule les ingrédients qu'il juge convenables, d'en déterminer la quantité en poids et d'opérer d'après les principes. Il arrive ainsi au but qu'il s'était proposé, avec beaucoup de facilité ou d'économie, et sans erreur ni sans perte.

CHAPITRE XVIII.

COMPOTES OU FRUITS AU SIROP.

Quelques liquoristes se livrent à la fabrication des compotes ou fruits au sirop qui sont plutôt du ressort de l'art du confiseur. Nous donnerons donc ici, de ce genre de préparations, quelques formules qui serviront à la fabrication de beaucoup d'autres produits de ce genre, en renvoyant au *Manuel du Confiseur* de l'*Encyclopédie-Roret*, l'amateur désireux d'avoir des recettes plus nombreuses.

Abricots et pêches.

Choisissez de beaux abricots bien fermes, faites-les

blanchir, ainsi qu'on l'a expliqué pour les fruits à l'eau-de-vie, faites-les égoutter, essuyez-les avec une toile douce, rangez-les dans les bouteilles et couvrez-les d'un sirop blanc à 25° froid ; bouchez, ficelez et traitez par le procédé Appert pendant 3 ou 4 minutes, et enfin goudronnez.

On peut opérer aussi avec des abricots trop mûrs ou pelés ; mais alors il n'est pas nécessaire de les faire blanchir.

Cerises.

On fait choix de belles cerises d'une chair encore un peu ferme et pas trop mûres, on coupe la queue à quelques millimètres du fruit, on en remplit les bouteilles et on couvre d'un sirop à 24° froid. Les bouteilles sont ensuite bouchées, ficelées, chauffées et goudronnées.

On peut traiter de la même manière les cerises auxquelles on a retiré les noyaux et les queues, sirop à 26°; les groseilles entières ou dont on a retiré les pépins, sirop à 35° ; les fraises épluchées, sirop à 26°; les framboises avant la maturité complète, sirop à 26°, etc.

Prunes de reine-claude et de mirabelle.

On fait blanchir et reverdir les prunes de reine-claude, ainsi qu'on l'a expliqué à l'article *Fruits à l'eau-de-vie ;* puis on les rafraîchit, les essuie, les range dans les bouteilles qu'on charge de sirop à 25° froid ; boucher, ficeler, chauffer pendant 5 minutes et goudronner.

Poires de rousselet, d'Angleterre, etc.

On fait blanchir, puis égoutter les poires, suivant le degré de consistance de la chair; on donne trois ou quatre façons au sucre, on met en bouteilles, on verse dessus un sirop marquant 28° froid, et on expose pendant 8 minutes à la chaleur de la bassine.

Si les poires blanchies ne reçoivent pas de façon au sucre, le sirop devra marquer 36°.

Marrons.

On prend des marrons de Lyon qu'on prépare, ainsi qu'il a été dit pour les marrons à l'eau-de-vie ; on leur donne trois ou quatre façons au sucre, on remplit les bouteilles, on ajoute un sirop de 30° froid, on bouche, ficèle, chauffe pendant 4 minutes et goudronne.

Généralement, quand on soumet les conserves de sucs de fruits au procédé Appert, on évacue au bout de peu de temps l'eau chaude de la chaudière, et, une heure après, on enlève les bouteilles. Cette opération doit être faite avec prudence et précaution pour ne pas s'exposer à casser beaucoup de vases par un passage trop subit du chaud au froid ; mais quand il s'agit de compotes, on a trouvé qu'il y avait avantage à n'enlever les bouteilles que lorsque l'eau est complétement refroidie. L'opération en devient plus longue, mais aussi elle est plus sûre et donne des produits meilleurs.

CHAPITRE XIX.

BOUCHAGE DES VASES DU LIQUORISTE.

Toutes les liqueurs qu'on introduit dans des bouteilles, des cruchons ou des flacons, ont besoin d'être bouchées avec soin pour qu'il n'y ait pas déperdition de leur force alcoolique, avec des bouchons fins et bien sains pour ne pas communiquer de mauvais goût ; et enfin, on est aujourd'hui dans l'habitude de coiffer les vases avec une capsule en étain ou en alliage d'étain et de plomb.

Cette opération de capsuler les bouteilles exige encore une certaine adresse et des ustensiles appropriés à ce service, mais à Paris et dans quelques grands centres de fabrication où la division du travail est poussée à ses dernières limites, on trouve des industriels, qui, moyennant une très-légère rétribution, se chargent du travail du capsulage, qui appliquent sur les capsules les marques, les noms ou autres signes du fabricant ou du produit, et exécutent cette opération avec propreté et élégance.

Nous allons donner ci-après un aperçu des divers procédés de bouchage des bouteilles et flacons. Cet art a pris de nos jours une assez grande importance, surtout depuis que l'on est parvenu à gazéifier les vins et les boissons au moyen de l'acide carbonique. Le manuel du *Fabricant d'Eaux et Boissons gazeuses*, publié à la *Librairie-Roret* par M. Rouget de Lisle, contient des renseignements nombreux et détaillés sur ce sujet, et, afin de ne pas dépasser le cadre de cet ouvrage, nous y renvoyons le lecteur, qui y puisera des idées utiles et pratiques.

Bouchage des bouteilles et autres vases pour les liqueurs, les sirops et les conserves.

M. W. Manès, à Bordeaux, a publié sur la question du bouchage des bouteilles et autres vases une notice très-intéressante que nous croyons devoir reproduire ici en grande partie, parce qu'elle témoigne d'une connaissance pratique étendue sur cette question qui a un grand intérêt pour le fabricant.

Les divers systèmes de bouchage, dit M. Manès, employés pour les bouteilles et autres vases de verre qui renferment les vins, les liqueurs, les sirops et les conserves, ont donné lieu à plusieurs industries, dont quelques-unes sont très-importantes.

L'unique système de bouchage employé jusqu'à ce jour pour les bouteilles à vin est celui du bouchage au liége, pour lequel on a fait successivement usage de deux procédés.

L'ancien procédé consistait à faire pénétrer le bouchon dans le goulot de la bouteille à la main, et au coup de tape ou palette, puis à recouvrir ce bouchon d'un mastic composé d'un mélange de résine et de cire, qui formait à l'entour un bourrelet régulier et le protégeait contre la moisissure. Ce mode de bouchage exigeait qu'on laissât un assez grand vide dans la bouteille, afin de ne pas s'exposer à la casser en frappant sur le bouchon, et que l'on prît beaucoup de précautions pour éviter que quelques parties de mastic ne tombassent dans la bouteille quand on la débouchait. Il revenait à 72 fr. par barrique de 320 bouteilles petit Frontignan, pour bouchons, mastic, paille d'emballage et façon.

Par le nouveau procédé, les bouchons sont enfoncés à la mécanique et par une forte pression, et ces bouchons sont ensuite recouverts d'une capsule métallique qui vient s'appliquer hermétiquement contre le goulot de la bouteille. On obtient ainsi un bouchage plus propre et plus élégant, qui met complétement à l'abri de toute moisissure et de tout coulage, qui permet de laisser moins de vide entre le vin et le bouchon, et qui est d'ailleurs moins cher que le premier, car il ne revient pas à plus de 50 fr. par barrique.

La préparation des bouchons de liége, dont il se fait, comme on peut le penser, une très-grande consommation, occupe de nombreux ateliers.

L'emploi de la capsule en remplacement du lut en

mastic a aussi amené la création d'une industrie qui prend chaque jour de nouveaux développements.

On a reproché au bouchage en liége deux inconvénients : celui du vide qu'on est, dans l'un et l'autre procédé, obligé à laisser entre le vin et le bouchon, et celui de l'altérabilité du bouchon.

On a dit, quant au peu d'air atmosphérique laissé dans la bouteille, qu'il était nuisible au vin, en ce qu'il se décomposait pendant la vinification, et en ce que, son oxygène se combinant aux matières organiques qu'il acidifiait, il empêchait le développement de l'œnanthine, de laquelle, selon M. Gay-Lussac, dépend le bouquet des vins. Pour éviter ce vide, on imagina le bouchage à la tape ou à la mécanique avec l'aiguille cannelée; mais à l'application de ce nouveau mode, il se présenta un inconvénient qui y fit renoncer, c'est que, par les chaleurs de l'été, la dilabilité du vin fit partir beaucoup de bouchons ou rompre un grand nombre de bouteilles.

Quant au vice provenant du bouchon, on a fait observer que les bouchons en liége, par leur contact continuel avec le vin, éprouvaient souvent une altération qu'ils comuniquaient au liquide, et il y a une dizaine d'années, M. Eyquem eut l'idée de leur substituer des bouchons en verre qu'il faisait préparer au moule dans les verreries et travailler chez lui, au tour à émeriller, pour les ajuster aux goulots des bouteilles auxquelles ils devaient s'adapter. Ce nouveau mode, par lequel on n'avait point à craindre que le bouchon donnât un mauvais goût au vin, fut d'abord reçu avec assez de faveur par le commerce; mais on dut aussi bientôt l'abandonner, par la raison que chaque bouchon étant dépendant de sa bouteille et ne pouvant servir indistinctement à toutes, il fallait passer beaucoup de temps à chercher celui qu'il couvenait d'employer, et ensuite par ce motif bien plus grave qu'il s'établissait souvent entre le verre du bouchon et celui de la bouteille une telle adhérence qu'au moment de déguster le vin, on n'avait d'autre moyen de déboucher la bouteille que d'en casser le goulot. Le cent de bouteilles bouchées, d'après le procédé Eyquem, coûtait de 30 à 36 fr.

Plus tard, M. Malineau imagina le bouchage en verre capsulé, bien préférable sans doute au bouchage en verre à l'émeri de M. Eyquem, et qui ne faisait revenir le cent de bouteilles qu'à 26 ou 27 fr. Dans ce système, le bouchon à rebord et pas de vis extérieur est obtenu au moule et garni d'une rondelle en liége par laquelle il s'applique sur le goulot. Le goulot de la bouteille est sillonné intérieurement d'une rainure en hélice par le moyen d'un fer fort ingénieux dont se sert l'ouvrier verrier pour exercer à la fois, sur le verre encore pâteux de ce goulot, une pression extérieure et intérieure. Il paraît que, d'une part, le peu de jeu ménagé entre le pas de vis et l'écrou, permet un serrage suffisant pour obtenir une fermeture bien hermétique; que, d'autre part, le non-rodage des surfaces prévient toute forte adhérence entre elles. Cependant, en raison de l'élévation du prix, ce mode de bouchage n'est pas encore passé dans la pratique, et il n'est qu'une seule des verreries de la ville de Bordeaux qui fasse annuellement environ 30 millions de bouteilles de ce genre pour la Nouvelle-Orléans.

Enfin, un autre système de bouchage des bouteilles fut encore essayé, qui, pour sa singularité, mérite d'être rapporté ici. Dans ce système, tout bouchon était supprimé et tout air atmosphérique expulsé. Le verre du col de la bouteille était étiré et soudé à la manière des tubes thermométriques; puis,

quand on voulait ouvrir la bouteille, on sciait le verre
du goulot et on détachait, par un coup sec, la partie
supérieure. On n'a pas besoin de dire quel succès ob-
tint cette invention, on fera seulement observer que
la facilité avec laquelle on put réunir, pour son application, le modeste capital de 100,000 fr., prouve
une fois de plus combien on est porté quelquefois à
favoriser les entreprises folles, préférablement à celles
qui sont établies sur des bases sérieuses.

Il résulte de ce qui précède que l'emploi du liége
est encore ce qu'il y a de mieux pour le bouchage
des bouteilles, et il est certain qu'en ayant soin de
choisir les bouchons les plus fins et les plus exempts
de défauts, on obtient par leur moyen de très-bons
résultats.

Les systèmes de bouchage employés pour les flacons à larges goulots et à conserves sont nombreux.
Tout d'abord on fit, comme pour les bouteilles, usage
de bouchons en liége, mais on y renonça bientôt par
la difficulté de trouver des liéges assez forts, et par
l'inconvénient qu'on crut reconnaître à cette matière
de n'être pas suffisamment imperméable. Cependant,
M. Appert, en collant ensemble des pièces de liége
de manière que les pertuis nombreux dont le liége
est perforé fussent situés horizontalement, était parvenu à obtenir des bouchons d'aussi grandes dimensions qu'il voulait, et d'une si parfaite imperméabi-
lité qu'il pouvait garder intacts ses flacons à conserves
sans les recouvrir d'aucun lut.

Quoi qu'il en soit, on a remplacé successivement
le liége par des bouchons en verre, en plâtre et en
métal.

Deux systèmes de bouchage en verre sont appliqués aux flacons et bocaux pour conserves, et préparés dans les verreries à verre blanc. Dans l'un, dit

émerillé, le bouchon en verre moulé et le goulot du flacon soufflé à l'ordinaire sont amenés, par le tour à émeriller, à avoir exactement le même diamètre. Ce mode suffit pour conserver les substances solides, mais non les liquides et spiritueux. Pour les derniers, il faut encore recouvrir le bouchon, dont la tête pénètre de quelques centimètres dans le goulot, d'une petite couche de plâtre qui rend la fermeture hermétique. Les flacons de la capacité d'un litre coûtent, avec leur bouchon à l'émeri, de 55 à 60 fr., suivant que les bouchons sont à tête plate ou à tête olive, tandis que, sans bouchons, on ne les fait pas payer plus de 35 fr. le cent.

Dans l'autre système, dit *capsulé*, le goulot du flacon est sillonné intérieurement au moule d'une rainure en hélice, et le bouchon en verre, également moulé, est sillonné extérieurement d'une vis en relief. Celui-ci vient en tournant s'engager dans le goulot et reposer par son rebord sur la tête arasée de la bouteille. Ce dernier mode à cet avantage, qu'il permet de refermer immédiatement et sans peine le bocal, après en avoir retiré une partie des substances qu'il contient ; mais il augmente beaucoup le prix.

Le bouchage au plâtre a été imaginé par M. Teysonneau, fabricant de conserves, et n'est appliqué que dans son établissement. Son procédé consiste à substituer au liége une capsule d'étain fortement et hermétiquement appliquée à l'intérieur du goulot des flacons, puis à y verser du plâtre gâché serré, qui par son gonflement, ferme hermétiquement l'ouverture. Pour faciliter le débouchage, on ménage, au centre du plâtre, une cavité, en introduisant, jusqu'à moitié de son épaisseur, une grosse tige conique que l'on retire avant la solidification complète. Lorsqu'on veut déboucher, il suffit de verser de l'eau tiède dans cette cavité, de manière à la tenir pleine durant 10 ou 15 minutes. Après ce temps, on désagrége facilement le plâtre avec la pointe d'un couteau. Le bouchage Teysonneau ne revient pas à plus de 40 fr. le cent ; mais il a l'inconvénient de ne pas permettre d'enlever en partie la substance contenue dans le flacon.

Le bouchage métallique, imaginé par **M.** Labat jeune, de Caudéran, consiste à adapter au col des flacons et bouteilles un collier métallique extérieur, portant un pas de vis sur lequel vient se visser une capsule de même matière que l'on garnit intérieurement d'une rondelle de liége sciée à la mécanique, afin de permettre d'exercer une pression suffisante contre les bords du flacon. Le collier est composé d'un alliage d'étain, de plomb et de régule d'antimoine au titre de claire, qui est fondu sur le verre dans un moule en cuivre, par lequel se trouve formé le pas de vis. La capsule, composée du même alliage, est coulée dans un moule en cuivre dans lequel on a placé une rondelle de fer-blanc qui en forme le fond. Quand on le sort du moule, l'alliage se trouve fixé solidement au fer-blanc, et la capsule porte son pas de vis intérieur, ses inscriptions et ses deux tenons extérieurs servant de points d'appui pour donnner la pression.

Les capsules et flacons portant les colliers sont placés sur des tours, afin de les polir et d'enlever les défectuosités provenant du moulage.

La perfection des moules pour chaque grandeur est telle, que la première capsule venue s'adapte à tous les colliers des vases, et réciproquement.

Le prix du bouchage Labat est supérieur de 6 à 7 centimes à celui du bouchage ordinaire pour une bouteille de 1 litre ; pour les flacons à fruits, il est aussi coûteux que le bouchage à l'émeri.

Ce bouchage, exécuté dans les ateliers de M. Labat, occupe environ 10 ou 12 ouvriers, qui préparent annuellement de 30,000 à 36,000 pièces, principalement destinées à l'envoi de prunes sèches aux Etats-Unis et à l'expédition de fruits et liquides pour la Havane.

En résumé, les divers procédés de bouchage employés pour les bouteilles à vins et spiritueux, et pour les flacons à fruits et conserves, n'ont amené l'établissement que de deux fabrications importantes ; celle des bouchons en liége et celle des capsules en métal, qui mériteront encore longtemps la faveur publique.

FIN.

TABLE DES MATIÈRES.

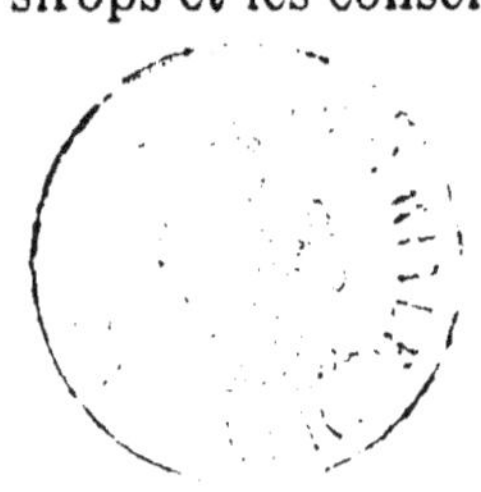

FIN DE LA TABLE DES MATIÈRES.

BAR-SUR-SEINE. — IMP. SAILLARD.

PRÉPARATIONS PRINCIPALES

PROPRES

A L'AMÉLIORATION DES EAUX-DE-VIE ET LIQUEURS.

Depuis que la chimie a mis entre les mains des distillateurs des moyens inconnus jusqu'à ce jour pour utiliser
les alcools de toute provenance, et pour leur donner un
bouquet ou un arome qu'on n'avait pu produire jusqu'a-
lors que par les plantes ou les fruits eux-mêmes, le commerce a été inondé de produits plus ou moins purs, plus
ou moins inoffensifs, que l'opinion publique a rejetés tout
d'abord. Mais on a bien dû se rendre à l'évidence lorsqu'on s'est aperçu que certaines préparations chimiques,
tout à fait inoffensives, loin de venir en aide à la fraude,
mettaient au contraire dans le commerce une grande
quantité d'alcools et par suite de liqueurs, qui étaient
perdus ou inutilisés auparavant. Il a fallu sans doute
faire un choix parmi ces préparations, adopter les bonnes
et rejeter les mauvaises; l'expérience a été le guide qui a
conduit vers ce but.

Il existait autrefois des eaux-de-vie pures : aujour-
d'hui elles sont rares. Une partie de ce qui se vend depuis
quinze ans n'est que du coupage, c'est-à-dire un mélange
d'eau-de-vie de raisin avec de l'alcool de betteraves ou
de grains, ou encore de ces derniers alcools avec de l'eau;
le tout aromatisé avec des infusions de plantes, de bois,
d'écorces, de racines, etc. Il n'y a plus que quelques rares
maisons qui livrent des eaux-de-vie en nature.

Les coupages ou dédoublages les mieux faits se masquent avec des préparations d'une puissance extraordi-

naire, qui les modifient du tout au tout dans l'espace d'une quinzaine de jours. Ces coupages obtiennent souvent un prix plus élevé que ceux faits par les bouilleurs d'eaux-de-vie communes, parce que le bouquet ou arome se développe, tandis que les eaux-de-vie communes, coupées pour être consommées de suite, ne sont passables que pendant qu'elles sont encore nouvelles : vieilles on n'y retrouve plus que le goût de trois-six.

L'état actuel de l'industrie nous a décidé à dire quelques mots des meilleures préparations que nous avons rencontrées. On en a fait beaucoup pour les vins; mais pour les eaux-de-vie et les liqueurs, nous ne connaissons rien de supérieur aux produits de la maison V.-F. Lebeuf et Cᶦᵉ, à Argenteuil (Seine-et-Oise), dont nous donnons ci-après la nomenclature.

Arome de Couvet, pour faire blanchir les absinthes et leur donner l'arome de Couvet; le flacon pour 50 litres. . . . . 2 fr. 50

Béziers concentré, liqueur pour donner aux 3/6 dédoublés la sève et le bouquet des eaux-de-vie de Béziers; le flacon pour 100 litres. . . . . 4 fr.

Bouquet de Raisin ou de Cognac, donne aux eaux-de-vie de betteraves ou de grains, le goût et le bouquet des eaux-de-vie de vin et de Cognac, le demi-litre pour un hectolitre.. . . . . 7 fr.

Caramel raisin, pour la coloration des eaux-de-vie et des trois-six, les 100 kilog., net. . . . . 100 fr.

Carmin liquide pour la coloration des liqueurs et sirops, le litre net, à. . . . . 4 fr. 50

Charentaise, pour colorer les eaux-de-vie et leur donner le goût et la couleur des eaux-de-vie vieilles; le litre pour 10 hect. . . . . 4 fr.

Cognac-Sève. — Préparation chimique perfectionnée pour donner le bouquet et la sève des eaux-de-vie de

Cognac aux dédoublages de 3/6 et aux coupages de toute nature. Le litre pour 1 hectolitre (Droits de régie à la charge du destinataire). — *S'expédie avec acquit.* . 6 fr.

Couleur Curacao et Bitter, le demi-litre. . . . 2 fr.

Couleur Safran liquide, pour colorer les liqueurs jaunes; les 100 gr. . . . . 2 fr.

Couleur rouge pour liqueurs et sirops, pour 100 litres. . . . . 5 fr.

Couleur verte en poudre, pour colorer les absinthes et liqueurs. — Avec cette poudre on obtient en quelques heures une belle couleur verte qui résiste à la lumière ; le paquet pour 100 litres. . . . . 1 fr. 50

Elixir de Cognac, préparation nouvelle et perfectionnée pour donner à tous les dédoublages, coupages et eaux-de-vie, le goût, le bouquet et la saveur des eaux-de-vie de Cognac ; le flacon pour 100 litres. . . . 5 fr.

Essence de Cognac (*garantie*). Communique aux eaux-de-vie de betteraves et de grains le goût des Cognacs ; le flacon pour 100 litres. . . . . 5 fr.

Essence de Madère, Muscat, Malaga, Alicante, Porto, Lacryma-Christi, Grenache, Xérès, Tokai, Marsala, etc., pour les fabriquer avec du vin ordinaire ; la dose pour 25 à 50 litres. . . . . 5 fr.

— Les mêmes essences pour l'usage des Colonies, pour fabriquer les vins de liqueur avec de l'eau, de l'alcool, etc. — La dose pour 100 litres. . . . . 5 fr.

Essence de punch au rhum, au kirsch, de punch Grassot ; la dose pour en faire 25 litres. . . . . 5 fr.

Essence de rhum, essence de kirsch, extrait concentré d'absinthe, de genièvre, pour les faire avec de l'alcool ; la dose pour 50 litres. . . . . 5 fr.

Ether de fine champagne, donne aux eaux-de-vie de betteraves le goût des fines champagnes ; le flacon pour 100 litres. . . . . 5 fr.

Ether œnanthique en dissolution alcoolique, le kilogramme.. . . . . 500 fr.

Esprits distillés de toutes les liqueurs connues, droits à la charge du destinataire, à fr. net le litre nu.   2 fr. 50

Extraits parfumés pour fabriquer les liqueurs, telles qu'anisette, chartreuse verte, jaune, blanche (désigner celle qu'on désire; faute de désignation on expédie la verte), liqueur des bénédictins de Fécamp, liqueur du Mont-Dore, Raspail, curaçao, noyaux, parfait-amour, rosolio, huile de rose, vespétro, vanille, Mézenc, Garus, génepi des Alpes, scubac, crème de menthe, marasquin, eau d'or et autres; la dose pour 25 à 50 litres. .   3 fr.

Extrait de Bitter, dose pour 25 litres.. . . . . . .   3 fr.

Extrait de vermout, pour convertir les vins blancs en vermout, le flacon pour 25 à 50 litres. . . . .   3 fr.

Montpellier concentré, pour donner aux dédoublages des 3/6 d'industrie le parfum et la sève de l'eau-de-vie de Montpellier, le flacon pour 100 litres.. . . . . .   4 fr.

Parfums de Toilette, pour faire l'eau de Cologne, le vinaigre de toilette, l'eau de Botot, de lavande, etc., la dose pour 1 litre.. . . . .   2 fr. 50

Poudre clarifiante des eaux-de-vie, pour clarifier, affiner les eaux-de-vie. Le demi-kilog.. . . . .   5 fr.

Poudre décolorante, pour décolorer et clarifier les eaux-de-vie, kirschs, genièvres; le kilog. pour 10 hectolitres.. . . . .   5 fr.

Poudre filtrante des distillateurs; un demi-kilog. suffit pour clarifier 50 hectolitres de liqueurs. . .   5 fr.

Rancio. Un flacon suffit pour vieillir un hectolitre d'eau-de-vie nouvelle de vin ou de marc, faire disparaître le goût de terroir; prix du flacon.. . . . . .   5 fr.

Rouge anglais, inoffensif, pour la coloration des liqueurs et sirops, le litre pour 1 hectolitre. . . . . .   5 fr.

Sirops d'orgeat, de groseilles, de vinaigre, de framboises. Le flacon d'essence ou d'extrait pour faire 25 litres à la minute. . . . . 4 fr.

Sirop blanc de fécule dit de *Glucose,* pour la fabrication des liqueurs et sirops.
Au cours. — Sujet à variations.

Sirop blanc cristal, N° 1, les 100 kil. non logés, net. 80 fr.

—	—	—	2,	—	— — 75 fr.
— **paille**	—		3,	—	— — 70 fr.
—	— **louchâtre,** 4,			—	— — 60 fr.
—	**massé,** en pains coniq. —			—	— 70 fr.

Sirop de raisin, préparé spécialement pour le dédoublage des 3/6 et le mouillage des eaux-de-vie; les 100 kilog. net. . . . . 120 fr.

Vieillisseur des eaux-de-vie. Donne six à huit ans d'âge à tout cognac ou eau-de-vie, le flacon pour 100 litres. . . . . 5 fr.

La grande consommation de liqueurs et de spiritueux, qui se fait aujourd'hui, et les prix auxquels on est obligé de les vendre, font qu'on a cherché les moyens de les produire économiquement. Les fabricants qui ne sont pas à même de se procurer les essences, plantes, bois, graines ou épices nécessaires à leur laboratoire, ou qui trouvent les procédés de fabrication trop dispendieux, peuvent avec un flacon d'extrait, un paquet de poudre, produire presque instantanément une liqueur, vieillir une eau-de-vie, avec la plus grande facilité et à peu de frais, ainsi qu'il est facile de s'en rendre compte par les prix auxquels se vendent ces produits. La manière de les employer est indiquée sur chaque paquet ou flacon; il ne s'agit que d'ajouter la quantité d'alcool au degré voulu et de sucre, et l'on obtient ainsi promptement une liqueur agréable au goût, et tout à fait inoffensive, qualité essentielle pour toutes les préparations de ce genre.

Un autre avantage incontestable qui plaide en leur faveur, est de fournir toujours d'une manière constamment régulière la saveur et le parfum des liqueurs, ce que le fabricant a beaucoup de peine à obtenir, d'après la manière dont les plantes et les épices qu'il achète sont recueillies et séchées. On comprend facilement qu'une plante, exposée aux variations de la température, perde une partie quelquefois considérable de son arome et de ses propriétés. Pour lui conserver tout son parfum, elle doit être séchée à l'ombre, dans un endroit clos, et sous une température uniforme de 15 à 20° C., ne s'élevant jamais au-dessus et ne s'abaissant jamais au-dessous.

Nous croyons donc rendre service aux fabricants et aux ménagères en les mettant à même de tirer des produits que nous leur indiquons un parti très-avantageux qu'ils apprécieront certainement.